Warum und Weil. Physikalischer Teil

Fragen und Antworten aus den wichtigsten Gebieten der gesammten Naturlehre.

Otto Ule

(Editor: F. Langhoff)

Alpha Editions

This edition published in 2022

ISBN : 9789356708907

Design and Setting By
Alpha Editions
www.alphaedis.com
Email - info@alphaedis.com

Contents

Vorwort.

Warum? Das ist die stehende Frage im Kindesmunde, die Eltern und Lehrern so viel Noth macht, und die man leider so häufig mit der Antwort zurückweist: Das verstehst Du noch nicht! oder: Das wirst Du später lernen! Es ist keineswegs, wie man meint, die Frage bloßer Neugier, sondern die Aeußerung des im Kinde erwachenden Schlußvermögens. Es ist die Frage, in welcher sich zuerst das Verlangen kundgiebt, die Gründe dessen zu erfahren, was man sieht und hört. Es ist aber auch nicht bloß eine kindliche Frage, sondern die Frage eines Jeden, der von den Erscheinungen zum Gesetze fortzuschreiten verlangt. Darum tritt sie auch nirgends so häufig und so berechtigt auf, als in derjenigen Wissenschaft, die es vorzugsweise mit den uns umgebenden Naturerscheinungen und mit der Erkenntniß ihres gesetzlichen Zusammenhanges zu thun hat: in der Naturlehre oder Physik. Die Physik besteht geradezu aus lauter »Warum«'s und »Weil«'s. Darum ist auch nirgends die Methode des Unterrichts so bestimmt vorgeschrieben, so gleichsam durch die Sache selbst gegeben, als hier. Wenn mit Recht darüber geklagt wird, daß der physikalische Unterricht in unseren Schulen zu wenig leiste, so liegt das einfach an der Verleugnung dieser naturgemäßen Methode. Man bleibt entweder bei dem bloßen Anschauungsunterricht stehen, der hier, wo es sich um einen inneren ursächlichen Zusammenhang handelt, völlig unfruchtbar bleiben muß; oder man geht gleich von den Gesetzen aus und sucht die Erscheinungen, statt sie zu erklären, nach der Schablone eines Systems zu ordnen. Man schafft in dem letzteren Falle nur ein Gedächtnißwerk, das in der Seele unverarbeitet bleibt und schwerlich befähigt, für jedes später auftauchende »Warum« auch sein »Weil« zu finden. Diese Erwägungen waren es, die mich zur Abfassung des vorliegenden Buches bestimmten. Ich habe darin eine Anzahl physikalischer »Warum«'s und »Weil«'s zusammengestellt, die den Lehrer beim Unterricht, wie denjenigen, der darauf angewiesen ist, sein eigener Lehrer aus Büchern zu werden, in den Stand setzen sollen, von den bekannten Erscheinungen aus zur Erkenntniß der wichtigsten Gesetze der Physik zu gelangen. Ich habe dabei vorzugsweise auf solche Erscheinungen Rücksicht genommen, mit denen der Lernende bereits völlig vertraut ist, oder die ihm mit Leichtigkeit ohne Hülfe besonders kostspieliger Apparate vorgeführt werden können. Selbstverständlich muß es immerhin dem Lehrer überlassen bleiben, je nach der Fassungskraft seiner Schüler, eine Auswahl unter den vorgeführten Fragen zu treffen. Ebenso wird es jedem Lehrer leicht sein, durch die Erscheinungen selbst, die er dem Lernenden vor Augen führt, noch andere vermittelnde oder weitergehende Fragen wach zu rufen. Wer dann, sei es als Lehrer oder als Lernender, das Bedürfniß eines eingehenderen und umfassenderen Studiums der Physik empfindet, den glaube ich auf meine (bei *Ernst Keil* in Leipzig erschienene) »populäre Naturlehre« verweisen zu dürfen.

Die großen Erfindungen der Gegenwart, die so tief in das Leben der Völker eingreifen, haben die Aufmerksamkeit auf die physikalische Wissenschaft, aus der sie hervorgingen, mehr als je zuvor gelenkt. Es ist kaum noch möglich, ohne Schaden und ohne Schande mit ihren Lehren völlig unbekannt zu bleiben. Selbst die Unterrichtsbehörden wagen nicht länger, dem physikalischen Unterricht seine gebührende Stellung in der Volksschule vorzuenthalten. Einem so anerkannten Bedürfniß gegenüber, glaubte ich, werde jeder Beitrag zu einer Erleichterung der physikalischen Belehrung willkommen sein, wenn er auch sonst nicht gerade Neues biete. Insbesondere hoffte ich mit dieser Schrift manchem Lehrer einen Dienst zu erweisen, indem ich ihn der Mühe und Schwierigkeit überhob, selbst die geeigneten Naturerscheinungen aufsuchen zu müssen, aus denen in methodischer Ordnung die wichtigsten Gesetze abgeleitet werden können. Ich hoffte aber auch den auf Selbstunterricht Angewiesenen mir zu Dank zu verpflichten, indem ich den von Zeit zu Zeit in ihm auftauchenden, aber vom Geräusch des Geschäftslebens übertäubten Fragen einen Ausdruck gab und ihm vielleicht dazu verhalf, sich besser als bisher in den ihn täglich umgebenden Erscheinungen zurecht zu finden und in ihren ursächlichen Zusammenhang einzudringen.

Halle a. S., den 21. November 1867.

Dr. Otto Ule.

Vorwort zur vierten Auflage.

Der hochgeachtete Verfasser des vorliegenden, originellen, vom großen Publikum nach seinem Werthe und seiner Bedeutung richtig geschätzten, mit freudigem Dank entgegengenommenen physikalischen Fragebüchleins ist leider durch ein herbes Mißgeschick am 6. August 1876 aus diesem Leben abberufen worden; sein Name und seine Werke werden fortleben, weil beide an eine hervorragend befähigte edle Persönlichkeit sich knüpfen. –

Auf Wunsch des Herrn Verlegers habe ich nach dem Tode des Verfassers es unternommen, die vierte Auflage des physikalischen Theils von Ule's »Warum und Weil« zu bearbeiten. Fragen und Antworten waren indeß selbstverständlich so correct, daß ich wenig oder gar nichts daran zu ändern hatte; ich kann nur sagen, daß ich das Buch bei genauer Durchsicht lieb gewonnen und in seiner Bedeutung als Volks- und Schulbuch schätzen gelernt habe. Nichtsdestoweniger haben sich Stellen gefunden, wo ich auf Grund neuerer Forschungen Aenderungen und Zusätze vornehmen konnte. Zu einer wesentlichen Vermehrung des Stoffs schien mir ein Bedürfniß nicht vorhanden zu sein, und so möge denn diese vierte Auflage die alten Freunde sich erhalten und neue sich erwerben.

Die selbstständige Bearbeitung des chemischen Theils habe ich gleichfalls übernommen, und wird derselbe, wenn nicht unvorhergesehene Störungen eintreten, Ende dieses Jahres dem Publikum übergeben werden können.

Potsdam, den 25. Mai 1877.

F. Langhoff.

Einleitung.

Die *Physik* oder *Naturlehre* ist die Lehre von den *Naturerscheinungen* oder von den Veränderungen in der Körperwelt und deren Zuständen, so weit sie nicht die innere stoffliche Natur der Körper betreffen. Man kann aber auch die Physik als die Lehre von den *Bewegungen* bezeichnen, da sich alle Naturerscheinungen auf Bewegungen zurückführen lassen, die freilich selbst nicht immer wahrnehmbar sind, sondern erst durch ihre Wirkungen erkannt werden können.

Aufgabe der Physik ist, die Naturerscheinungen zu *erklären*, d. h. sie auf allgemeine Naturgesetze und Naturkräfte zurückzuführen.

Naturgesetz ist der einfache Ausdruck für die allgemeinen Bedingungen, unter welchen eine Naturerscheinung erfahrungsmäßig erfolgen muß. *Naturkraft* ist der Ausdruck für die letzte, keineswegs immer bekannte Ursache, auf welche eine Naturerscheinung zurückgeführt werden kann. Ein Naturgesetz, das sich nur auf eine beschränkte Anzahl von Erfahrungen stützt und die Nothwendigkeit einer Erscheinung nur für gewisse Umstände ausdrückt, ist nur eine vermuthete Wahrheit oder eine *Hypothese.*

Allgemeine Eigenschaften der Körper.

Allgemeine Eigenschaften der Körper nennt man diejenigen Eigenschaften, welche durch den Begriff der Körperlichkeit oder Raumerfüllung bedingt sind und daher allen Körpern unter allen Umständen gemeinsam zukommen.

Ausdehnung.

Jeder Körper nimmt einen Raum ein oder ist *ausgedehnt.* Die Größe des von einem Körper eingenommenen Raumes nennt man sein *Volumen* oder seinen *Rauminhalt,* die Gesammtheit der körperlichen Theile, welche diesen Raum erfüllen, seine *Masse,* die Art seiner Begrenzung seine *Gestalt.* Ist die Gestalt eine regelmäßige, von lauter ebenen Flächen begrenzte, so nennt man den Körper einen *Krystall.*

Die Ausdehnung eines Körpers wird nach drei Dimensionen gemessen, nach Länge, Breite und Höhe oder Dicke. Das Längenmaß oder die Einheit bei Vergleichung verschiedener Längen wurde früher gewöhnlich vom menschlichen Körper hergenommen. Fuß, Elle, Spanne, Schritt waren solche Maße, die aber in den verschiedenen Ländern von sehr verschiedener Länge waren. Jetzt dient ziemlich allgemein bei allen gebildeten Nationen als Längenmaß das zur Zeit der französischen Revolution im Jahre 1793 vom Nationalconvent eingeführte *Meter,* welches dem zehnmillionsten Theile des Erdquadranten gleich ist. Seine decimalen Theile heißen Decimeter, Centimeter, Millimeter, seine decimalen Vielfache Dekameter, Hektometer, Kilometer. Ein Meter ist = 3,1862 alte preußische Fuß. Flächen werden durch das Quadratmeter, Körper oder Hohlräume durch das Kubikmeter und dessen decimale Theile und Vielfache gemessen. Ein Kubikdecimeter wird auch ein Liter genannt. Die Länge der Chausseen, Eisenbahnen und Kanäle wird nach Kilometern gemessen; 7½ Kilometer bilden eine deutsche oder geographische Meile. Die Grundstücke in den Städten werden nach Quadratmetern gemessen und verkauft, früher nach Quadratruthen; 1 Quadratmeter hat 10,15 alte preußische Quadratfuß; die Quadratruthe enthält 14,18 Quadratmeter. Acker, Wiesen und Waldflächen wurden früher nach Magdeburger Morgen berechnet, heute nach *Hektaren*; eine Hektare ist in runder Zahl 4 Morgen groß (genau 3,9166). Ein Are ist gleich 100 Quadratmeter oder rund 7 Quadratruthen, 1 Hektare gleich 100 Are. Holz, Wasser, Leuchtgas und andere umfangreiche Materialien berechnet man nach Kubikmetern, wovon jeder einzelne 32,34 alte preußische Kubikfuße enthält.

Undurchdringlichkeit.

Undurchdringlichkeit ist diejenige allgemeine Eigenschaft der Körper, vermöge deren in dem Raume, in welchem sich schon ein Körper befindet, nicht zugleich noch ein anderer Körper sein kann. So kann ein Raum, welcher Luft enthält, nicht zugleich auch Wasser enthalten. Soll daher ein Körper in den Raum eines andern treten, so muß er denselben zuvor daraus verdrängen. Diese Undurchdringlichkeit ist es besonders, durch welche wir von dem Vorhandensein der Körper außer uns belehrt werden, da dieselben auch dem Eindringen unseres eignen Körpers, etwa unseres tastenden Fingers, Widerstand entgegensetzen.

1. Warum fließt ein bis an den Rand mit Wasser gefülltes Glas über, wenn man den Finger oder einen andern Gegenstand hineintaucht?

Weil der Finger keineswegs das Wasser durchdringt, sondern es nur zwingt aus dem Raume zu entweichen, den er selbst einnehmen will. Die Menge des überfließenden Wassers mißt darum genau denselben Rauminhalt oder das Volumen des eingetauchten Körpers. Dies gilt auch für pulverförmige Körper, wie Sand etc.

Fig. 1.

2. Warum dringt das Wasser nur wenig in ein leeres Glas ein, das man lothrecht auf eine Wasserfläche aufsetzt und dann in das Wasser niederdrückt?

Weil die in dem Glase enthaltene Luft in dem Raume, den sie einnimmt, nicht zugleich einen andern Körper zulassen kann, ohne daraus verdrängt zu werden. Ein anderer Raum, in den sie übergehen könnte, ist aber nicht vorhanden, und sie muß daher ihren Raum beibehalten und das Wasser verhindern, in denselben einzudringen. Ein Stückchen Kork, das unter einem solchen Glase auf dem Wasser schwimmt, geht mit dem Glase bis zum Boden des Gefäßes hinab und steigt beim Herausziehen des Glases wieder empor, ohne daß es benetzt wird. Wenn man das Glas unter das Wasser drückt, so dringt allerdings etwas Wasser in das Glas ein, aber nicht weil die Luft darin vernichtet ist, sondern weil sie etwas zusammengedrückt ist.

3. Warum kann eine Taucherglocke bis auf den Grund des Meeres gelassen werden, ohne sich ganz mit Wasser anzufüllen?

Weil ebenfalls die in ihr enthaltene Luft als ein Körper dem eindringenden Wasser Widerstand leistet, und obwohl sie durch dasselbe etwas zusammengedrückt, d. h. auf einen kleineren Raum beschränkt wird, doch nicht völlig verdrängt werden kann, da kein Raum vorhanden ist, der die ausgetriebene Luft aufnehmen könnte. Diese Zusammendrückung der Luft empfindet der Taucher an dem unangenehmen Druck auf die Athmungsorgane, die Blutgefäße und das Trommelfell im Ohre.

4. Warum läuft Wasser, das in einen den Hals einer leeren Flasche luftdicht schließenden Trichter gegossen wird, nicht in die Flasche hinein?

Weil die in der Flasche enthaltene Luft, die in keinen andern Raum entweichen kann, dem Wasser den Eingang verwehrt. Kann die Luft entweichen, wie es der Fall ist, wenn der Trichter lose in den Hals der Flasche gefügt wird, so läuft das Wasser hinein.

5. Warum pfeifen aus Gewehren oder Kanonen abgeschossene Kugeln auf ihrem Wege durch die Luft?

Weil die Luft beim Eindringen derselben in den Raum, den sie einnimmt, nach allen Seiten ausweicht, und da die Kugeln mit außerordentlicher Geschwindigkeit und Kraft sich fortbewegen, durch das schnelle und gewaltsam erzwungene Ausweichen der Luft eine heftige Erschütterung derselben bewirkt wird, die sich bis zu unserm Ohre fortpflanzt und hier als ein Pfeifen empfunden wird. Dies erklärt uns auch das Knallen einer sehr schnell durch die Luft geschwungenen Peitsche.

Porosität.

Porosität ist diejenige allgemeine Eigenschaft aller Körper, vermöge deren die Theile eines Körpers nicht den ganzen Raum, den er einnimmt, ausfüllen, sondern Räume zwischen sich lassen, die oft mit andern Körpern, wie Luft, Wasser und dergleichen, angefüllt sind. Oft sind diese Zwischenräume dem Auge nicht sichtbar; bei einigen Körpern können sie aber doch mit bloßen Augen wahrgenommen werden, z. B. bei dem Schwamme. Dichte Körper sind daher solche, welche kleine, hingegen lockere oder poröse solche, welche große Poren haben. Zu ersterer Art von Körpern gehören die Metalle, zu letzterer Kork, Schwamm, Holz, Papier u. s. w.

6. Warum ist ein trockener Schwamm so klein, während er, in Wasser getaucht, bedeutend anschwillt?

Weil der Schwamm außerordentlich große Poren oder Höhlungen enthält, die im trocknen Zustande zusammenfallen, während sie von dem eindringenden Wasser erfüllt und ihre Wände weiter auseinander gerückt werden.

7. Warum wird frisch aufgetragene Schrift nicht ausgelöscht, wenn man ein Löschblatt darauf legt?

Weil die flüssige Dinte in die Poren des Löschpapiers, da dasselbe sehr porös ist, sogleich eindringen kann, und auf diese Weise der Schrift die überflüssige Dinte entzogen wird, während bei einem weniger porösen Papiere oder einem solchen, dessen Poren durch einen Leimüberzug verschlossen oder gar von Oel erfüllt sind, wenn man es auf die Schrift legen wollte, dieses Eindringen verhindert werden und die überflüssige Dinte daher sowohl auf dem beschriebenen als dem darauf gelegten Papiere sich ausbreiten würde.

8. Warum steigen aus frischem Brunnenwasser, wenn es erwärmt wird, Luftblasen auf, die sich an den inneren Wänden eines Glases oft als perlartige Bläschen ansetzen?

Weil auch das Wasser Poren oder Zwischenräume enthält, die von Luft erfüllt sind, diese Luft aber, wenn sie erwärmt wird, sich in einen größeren Raum auszudehnen strebt, und da sie die Poren selbst nicht erweitern kann, diese verläßt und sich nach der Oberfläche des Wassers empordrängt. Dabei vereinigen sich mehrere der benachbarten kleinen Luftbläschen und bilden so die größeren, uns sichtbar werdenden Perlen. Dasselbe findet auch statt, wenn man den gewöhnlich auf der Oberfläche des Wassers ruhenden Druck der Luft verringert, wie dies unter der Glocke einer Luftpumpe durch die Verdünnung der Luft geschieht.

9. Warum schnappen Goldfischchen so ängstlich nach Luft, wenn das Wasser in dem gläsernen Behälter seit längerer Zeit nicht erneut wurde?

Weil in dem Wasser Luft enthalten ist, welche für die Athmung der Fische unentbehrlich ist, und weil diese Luft endlich verbraucht wird, wenn man sie nicht auf andere Weise ersetzt. Man braucht dazu nicht gerade das Wasser zu erneuern, sondern kann auch Luft von unten durch ein Gebläse in das Wasser hineinpressen, oder sie durch einen kleinen Springbrunnen zuführen, dessen herabfallende Tröpfchen hinreichend Luft mit sich fortreißen, oder endlich Pflanzen in das Wasser setzen, die durch ihre Lebensthätigkeit grade diejenige Luft ausscheiden, welche für die Athmung der Thiere nothwendig ist.

10. Warum quellen oft Thüren, Tischplatten oder andere hölzerne Geräthschaften bei feuchtem Wetter oder in feuchten Zimmern auf, so daß die Thüren nicht schließen und die Tischplatten sich werfen?

Weil die Wände der Poren des Holzes, wenn dasselbe ganz trocken ist, zusammenfallen und sich einander nähern, aber bei eindringender Nässe, welche durch feuchtes Wetter oder ein feuchtes Zimmer dargeboten wird, sich wieder erweitern und auf diese Weise auch das Holz auseinander dehnen.

11. Warum wird die Wäsche, welche wir am Körper tragen, schmutzig, ungeachtet sie durch darüber gezogene Kleidungsstücke gegen das Schmutzigwerden von außen geschützt ist?

Weil die Gewebe unsres Körpers, wie alle thierischen Gewebe, Poren haben, durch welche Flüssigkeiten und Gase von innen nach außen dringen, die sich dann in den Geweben unsrer Wäsche verdichten und hier die durch die äußere Kleidung eindringenden Staubtheilchen festhalten. Die meisten dieser Flüssigkeiten werden in unsrer Haut durch besondere Drüsenorgane, die Schweiß- und Talgdrüsen, abgesondert, deren Ausgänge man uneigentlich Poren nennt. Diese Poren sind so zahlreich, daß man an manchen Stellen, z. B. in der Hohlhand 400 zählt und ihre Gesammtzahl auf der Haut eines Erwachsenen auf 2381000 schätzt.

12. Warum kann man Quecksilber durch einen ledernen Beutel hindurchdrücken?

Weil das Leder zahlreiche Poren hat und das Quecksilber, wie das Wasser, wegen seiner flüssigen Beschaffenheit, der Gewalt des Druckes nur dadurch ausweichen kann, daß es sich durch die Poren des ledernen Beutels hindurchdrängt. Man kann auch selbst durch Buchsbaumholz Quecksilber treiben, wenn man ein kleines Gefäß von Buchsbaumholz an eine lange Glasröhre kittet und diese dann mit Quecksilber füllt. Ist die Röhre lang genug, so reicht schon der eigene Druck des Quecksilbers aus, dasselbe als feinen Regen durch das Holz zu treiben. Aber sogar durch Gold und andere Metalle kann man Flüssigkeiten hindurchpressen. Wenn man eine mit Wasser gefüllte Kugel aus dünnem Golde einem starken Druck aussetzt, so dringt das Wasser in zarten Thautröpfchen hindurch*. Auch das Gold hat also Poren, obgleich es für eines der dichtesten Metalle gilt. Am wenigsten porös scheint das Glas zu sein, da es auch beim stärksten Drucke weder Wasser noch Luft durchläßt.

* Dieser Versuch wurde zuerst im Jahre 1661 in Florenz ausgeführt.

13. Warum ist es gut, Fässer, in welchen Bier aufbewahrt werden soll, im Innern mit Pech zu überziehen?

Weil die in dem Bier enthaltene und sich beständig neu entwickelnde Kohlensäure sonst durch die Poren des Holzes, auch des dicksten Eichenholzes, entweichen und das Bier dadurch schal werden würde, das Pech aber als ein sehr wenig poröser Körper die Kohlensäure an diesem Entweichen verhindert.

14. Warum wird ein Bogen Papier, der auf ein Reißbrett gespannt werden soll, zuvor befeuchtet?

Weil die in die Poren des Papiers eindringende Flüssigkeit ihm eine größere Ausdehnung nach allen Seiten giebt, während das Papier nach dem Abtrocknen auf dem Reißbrette zu seiner ursprünglichen Größe zurückkehrt und daher sehr glatt auf dem Brett ausgespannt bleibt, was der Zweck des Befeuchtens ist.

15. Warum laufen hölzerne Gefäße, die völlig ausgetrocknet sind, wenn Wasser in dieselben gegossen wird?

Weil die Zwischenräume zwischen den Dauben sich erweitert haben, indem beim völligen Austrocknen die Poren des Holzes enger werden und die Dauben sich daher zusammenziehen. Wird dagegen Wasser in die Gefäße gegossen, so werden die Poren wieder damit angefüllt, erweitern sich daher wieder, und die Dauben dehnen sich nun wieder der Breite nach aus, so daß die Zwischenräume zwischen ihnen verschwinden und die Gefäße aufhören müssen zu laufen.

16. Warum kann ein Felsenstück durch dünne Keile aus gut gedörrtem Holze, welche man in Oeffnungen desselben getrieben hat, gespalten werden, wenn man die Keile öfter mit Wasser begießt?

Weil das Wasser, wenn es in die in Folge des Austrocknens verengten Poren des Holzes eindringt, diese erweitert und dadurch das ganze Holz seiner Dicke nach ausdehnt, so daß es in seinem Bestreben, einen größeren Raum einzunehmen, eine gewaltige Kraft erlangt, die selbst ein Felsenstück auseinander zu treiben im Stande ist.

17. Warum krümmt sich Holz, dessen eine Seite naß gemacht ist, während die andere Seite über Feuer gehalten wird?

Weil die Poren des Holzes auf derjenigen Seite, auf welcher die Hitze wirkt, sich durch Austrocknen verengen und die Theilchen des Holzes daher hier näher zusammenrücken, während auf der andern Seite die Poren wegen der Feuchtigkeit, die sie aufnehmen, sich erweitern und daher auch die Holztheilchen weiter auseinander treiben. Die Folge davon ist, daß sich das Holz nach derjenigen Seite zu krümmt, welche der Hitze ausgesetzt war. Dies geschieht z. B. bei Faßdauben, welche dadurch ihre gekrümmte Gestalt erhalten.

18. Warum läßt sich ein Faß auseinander sprengen, wenn es mit trockenen Erbsen angefüllt wird und diese dann mit Wasser begossen werden?

Weil die Erbsen das Wasser in ihre Poren aufnehmen und dadurch an Umfang zunehmen. Da dies bei jeder einzelnen der Fall ist, so muß die ganze Menge der Erbsen einen beträchtlich größeren Raum als vorher einnehmen. Ist nun das Faß fest zugemacht, so verschaffen sich die aufgequollenen Erbsen den erforderlichen Raum dadurch, daß sie dasselbe auseinander sprengen, da im Innern des Fasses selbst dieser Raum nicht vorhanden ist.

19. Warum erhält man, wenn man eine Kanne Weingeist und eine Kanne Wasser zusammen in ein Gefäß gießt, weniger als zwei Kannen Flüssigkeit?

Weil auch die Flüssigkeiten Poren enthalten, und jede Flüssigkeit in die Poren der andern eindringt, so daß sie nun vereinigt weniger Raum einnehmen als vorher von einander abgesondert. Aehnliches zeigt sich auch bei Metallen, wenn sie zusammengeschmolzen werden. So nimmt das Messing einen geringeren Raum ein, als das Kupfer und das Zink, aus deren Zusammenschmelzung es entstand. Daß Metalle Poren haben, geht schon daraus hervor, daß sie durch Hämmern, Prägen etc. verdichtet werden können.

Theilbarkeit.

Theilbarkeit ist diejenige Eigenschaft der Körper, vermöge deren sich dieselben in kleinere Theile zerlegen lassen. Für unsere beschränkten Sinne und unsere ebenso beschränkten Werkzeuge hat diese Theilbarkeit indeß ihre Grenze. Einen besonders hohen Grad der Theilbarkeit zeigen manche Metalle. Bei den bekannten Goldfäden, die zu Spitzengeweben benutzt werden, und die aus einer vergoldeten Silberstange ausgezogen worden sind, beträgt die Dicke des Goldüberzugs nur den 345000sten Theil einer Linie oder den 153000sten Theil eines Millimeters. Die feinste *künstliche* Theilung haben *Fraunhofer* und *Nobert* ausgeführt, indem sie auf einem Glastäfelchen die pariser Linie in 5000, selbst bis in 8000 gleiche Theile theilten. Die feinsten Theilungen vollzieht aber die *Natur*, die selbst Thiere geschaffen hat, von denen 225 Millionen auf einen Kubikcentimeter gehen, und die doch noch ihre Organe haben. Besonders interessant und wichtig sind die Kieselpanzer der Diatomaceen, z. B. von Pleurosigma angulatum, Amphipleura pellucida; dieselben zeigen parallele Streifungen von solcher Feinheit, daß je 2 benachbarte Streifen bis zu $^1/_{5000}$ Millimeter von einander entfernt sind! Diese mikroskopisch kleinen Thierchen mit ihrer scharfen und feinen Zeichnung dienen als sogenannte Probeobjekte für die Werthbestimmung der Mikroskope.

20. Warum kann man mit einigen Pfunden Kreide eine ganze Wand anstreichen?

Weil die Kreide durch Zermahlen außerordentlich fein zertheilt werden kann, die durch Wasser in einen Brei verwandelte Kreide sich wieder in einzelne Tropfen theilt, und jeder Tropfen sich wieder über eine große Fläche ausbreiten läßt, das Wasser aber endlich bei der Verdunstung in so kleine Theilchen übergeht, daß sie von der Luft unsichtbar hinweggenommen werden und nur die feinvertheilte Kreide auf der Wandfläche zurücklassen.

21. Warum läßt sich vermittelst eines Körnchens Karmin eine ganze Tonne Wasser roth färben?

Weil sich der Karmin im Wasser in eine ungeheure Menge kleiner Theilchen wegen seiner großen Theilbarkeit trennt, so daß jedes kleinste Theilchen Wasser ein solches Karmintheilchen in sich aufnimmt und dadurch ein rothes Aussehen erhält. Ein Körnchen Karmin färbt mehr als 100000 Wassertropfen. Ebenso ist in der schwarzen Dinte der Farbestoff nicht in einem aufgelösten Zustande enthalten, sondern er befindet sich blos sehr fein vertheilt in der Flüssigkeit.

22. Warum verbreitet sich der Geruch einer einzigen Räucherkerze durch einen großen Saal?

Weil bei dem Verbrennen der Räucherkerze die riechenden Theilchen in einem höchst fein zertheilten Zustande alle Räume des großen Saales erfüllen. Noch theilbarer ist der Moschus, von dem ein Körnchen jahrelang ein Zimmer mit seinem Geruche erfüllen kann. Aller Geruch beruht auf der feinen Vertheilung von Riechstoffen. Meilenweit verräth sich daher die Nähe der Gewürzinseln dem Seefahrer durch die Riechstoffe, mit denen sie die Luft erfüllen.

Cohäsion.

Cohäsion ist der Zusammenhang der einzelnen Theile eines Körpers, und die Kraft, durch welche sie zusammengehalten werden oder einander anziehen, ist die Cohäsionskraft. Sollen Theile eines Körpers von dem Ganzen oder unter sich getrennt werden, so muß diese Cohäsionskraft überwunden werden, und der größere oder geringere Widerstand, welchen sie dabei leisten, ist daher das Maß ihrer Cohäsionskraft. In Betreff des Widerstandes, welchen die Körper der Trennung ihrer Theile entgegensetzen, zeigen sie ein sehr verschiedenes Verhalten. Bei manchen Körpern hängen sie mit solcher Kraft zusammen, daß sie sich nur schwer von einander trennen oder über einander verschieben lassen. Bei diesen Körpern vereinigen sich auch nach erfolgter Trennung die Theile nicht wieder zu einem Ganzen; die Cohäsionskraft wirkt also hier in unmeßbar kleiner Entfernung. Diese Körper nennt man *feste* Körper. Bei andern lassen sich die Theile sehr leicht von einander trennen und über einander verschieben, und sie vereinigen sich auch nach geschehener Trennung, wenn man sie zusammenbringt, wieder zu einer zusammenhängenden Masse. Diese nennt man *flüssige* Körper. Von diesen aber bilden wieder die einen, wenn sie sich selbst überlassen sind, kleine kugelförmige Massen oder Tropfen, während die andern das Bestreben zeigen, sich nach allen Seiten auszudehnen. Die ersteren heißen deshalb *tropfbare* Flüssigkeiten, die letzteren *ausdehnsame* oder *luftförmige* Körper. Diese drei Zustände der Festigkeit, Tropfbarkeit und Ausdehnsamkeit oder Luftförmigkeit nennt man *Aggregatzustände* der Körper.

Die Kraft, mit welcher die Theilchen der Körper zusammenhängen, ist theils von der Art ihres Nebeneinanderseins, theils von der Wärme abhängig, und zwar von der letztern in der Weise, daß sie um so schwächer erscheint, je größer die Wärme ist. Ein und derselbe Körper kann daher auch unter verschiedenen Wärmeverhältnissen alle drei Aggregatzustände durchlaufen, z. B. das flüssige Wasser auch als festes Eis und als luftförmiger Dampf erscheinen.

Der Widerstand, welchen die festen Körper der Lostrennung einzelner Theile entgegenstellen, wird *Härte* genannt. Der Mineraloge *Mohs* bildete 10 Härtestufen und bestimmte für jede Stufe ein die Härte dieser Stufe besitzendes Mineral. Talk, Steinsalz, Kalkspath, Flußspath, Apatit, Feldspath, Quarz, Topas, Korund und Diamant repräsentiren diese 10 Härtestufen, und zwar besitzt der Diamant die Härte 10, Talk die Härte 1; der Diamant ist also der härteste unter allen festen Körpern. Unter den Metallen ist Stahl das härteste; es erreicht die Härtestufe 7, Blei das weichste mit der Härtestufe 1.

23. Warum haften die Bruchstücke einer zerbrochenen Siegellackstange nicht wieder fest an einander, wenn man sie auch noch so genau in die frühere Lage bringt, und warum vereinigen sich diese Bruchstücke doch wieder so leicht mit einander, wenn man sie an ihren Enden schmilzt?

Weil die Cohäsionskraft, die allein den festen Zusammenhang der einzelnen Theile eines Körpers bedingt, nur in unmeßbar kleiner Entfernung wirkt, und wir natürlich die Bruchstücke eines festen Körpers nicht in so nahe Berührung bringen können, während zwischen Flüssigkeiten eine solche Berührung sehr leicht herzustellen ist.

24. Warum muß man Flüssigkeiten in Gefäßen bewahren?

Weil die Cohäsionskraft in Flüssigkeiten sehr schwach ist und schon die Schwere hinreicht, den Zusammenhang ihrer Theile aufzuheben und sie zum Auseinanderfließen zu veranlassen. Nur bei sehr kleinen Flüssigkeitsmassen, die sich bei der Verdichtung von Dämpfen bilden, ist die innere Zusammenhangskraft stark genug, die Schwere zu überwinden. Solche kleine Massen, in denen die Theilchen nur durch innere Kraft zusammengehalten werden, nehmen daher Kugelgestalt an und bilden Tropfen. So fällt der Regen in Tropfen; so ist aber auch die Erde, die ihre Kugelgestalt nur ihrem früheren flüssigen Zustande verdankt, in Wahrheit ein Tropfen im Weltraum.

25. Warum läßt sich Holz nur der Länge nach spalten?

Weil die Theilchen des Holzes in der Längsrichtung der Fasern dichter an einander gelagert sind und die Cohäsionskraft daher zwischen ihnen weit kräftiger wirkt, als in jeder andern Richtung. Den allergrößten Widerstand werden die Holztheilchen darum einer Trennung entgegensetzen, welche diese Fasern der Länge nach zerreißen will. Der Quere nach vermag man das Holz daher nur zu durchsägen.

26. Warum zerspringt ein Glastropfen, den man heißflüssig in kaltes Wasser fallen ließ, wenn man nach dem Erkalten auch nur die Spitze des daran befindlichen Glasfadens abbricht, förmlich zu Pulver?

Weil die Theilchen des Glases sich wegen der allzuraschen Abkühlung nicht naturgemäß anordnen und lagern konnten, die äußern namentlich einander nicht so nahe kommen konnten als die inneren, die länger im Zustande des Flüssigseins blieben, und weil deshalb eine unnatürliche Spannung zwischen den inneren und äußeren Theilchen besteht, die eine Zertrümmerung des ganzen Glastropfens herbeiführen muß, sobald nur die äußerste, allein noch den Zusammenhang haltende Oberflächenschicht desselben irgendwo unterbrochen wird.

27. Warum ist ein gezogener Metalldraht fester als ein gegossener Metallfaden?

Weil die Cohäsionskraft um so kräftiger wirkt, je mehr die Theilchen eines Körpers einander genähert werden. Wenn aber, wie es beim Drahtziehen geschieht, ein Metall gezwungen wird, durch sehr enge Oeffnungen hindurchzugehen, so werden seine Theilchen namentlich an der Oberfläche einander gewaltsam genähert. Ganz dasselbe ist auch beim Hämmern und Walzen der Fall, und geschmiedetes Eisen ist daher fast 3mal so fest als gegossenes, gewalztes Silber doppelt so fest als gewöhnliches. Auch ein Zwirnsfaden wird durch Bestreichen mit Wachs fester, weil er eine dichtere Oberfläche erhält.

28. Warum halten Stricke, die aus feineren Fäden bestehen, besser als solche, die aus gröberen Fäden zusammengedreht sind?

Weil in solchen feinen Fäden die Theilchen viel näher aneinander liegen, als sie in groben Fäden durch Drehen einander genähert werden können. Darum halten auch getheerte Stricke weniger fest, weil die einzelnen Fäden wegen des dazwischen befindlichen Theers einander nicht mehr so nahe sind als vorher.

29. Warum wendet man bei Hängebrücken lieber Drahtseile als gegossene oder selbst geschmiedete Eisenstangen an?

Weil Eisendraht wegen seiner dichteren Oberfläche eine viel größere Festigkeit besitzt als gegossenes oder geschmiedetes Eisen, und man den Stangen daher eine viel größere Dicke geben müßte, als den aus Drähten geflochtenen Seilen. Statt der 4 kaum 30 Centimeter dicken Seile, welche die 256 Meter lange Riesenbrücke über den Niagara tragen, würden wenigstens 8 ebenso starke Ketten aus Eisenstäben erforderlich sein. Auch die Natur verfährt ähnlich, wo es auf große Festigkeit ankommt. Der zarte Faden, an welchem die schwere Kreuzspinne herabhängt, würde nicht die Haltbarkeit besitzen, wenn er nicht aus einer ungeheuren Anzahl von äußerst dünnen Fäden zusammengesetzt wäre, welche die Spinne, indem sie sie aus ihren Spinnwarzen herauszieht, mit ihren Hinterfüßen zusammenklebt.

30. Warum erhalten Tücher und Zeuge durch das Walken eine so bedeutende Festigkeit?

Weil durch das Walken die Fäden und Fasern der Zeuge einander mehr genähert werden und die Cohäsionskraft zwischen ihnen um so stärker zu wirken und das Ganze um so besser zusammen zu halten vermag.

31. Warum bildet Oel größere Tropfen als Wasser?

Weil die Theilchen des Oels eine stärkere Zusammenhangskraft besitzen als die des Wassers und darum einen kräftigeren Widerstand gegen den

Einfluß der Schwerkraft leisten, die das Auseinanderfließen der Tropfen bewirkt.

32. Warum schwimmen Nähnadeln, besonders gebrauchte, also etwas fettige, die man behutsam auf die Oberfläche eines ruhigen Wassers legt, auf demselben, ohne unterzugehen?

Weil die schwächer wirkende Schwerkraft der Nadel durch die stärker wirkenden Cohäsionskräfte der Wassertheilchen aufgehoben wird, und sie daher nicht den Zusammenhang der Wassertheilchen zu unterbrechen vermag. Die Nadel wird darum von dem Wasser getragen und macht nur eine kleine Vertiefung in seine Oberfläche, zum Beweis, daß ihre Schwere allerdings noch wirksam ist, aber nur auf die zunächst darunter liegenden Theilchen wirkt und zwar auch nicht stark genug, um sie von einander zu trennen. Aus demselben Grunde können Wasserspinnen und Wasserkäfer über die Oberfläche des Wassers laufen, ohne einzusinken. Ueberhaupt haben gerade an der Oberfläche einer Flüssigkeit die Theilchen ein stärkeres Bestreben zusammenzuhalten, als in ihrem Innern, weil sie dort nur von unten und von der Seite gezogen werden, während im Innern die Anziehung von allen Richtungen her wirkt. Deshalb kann man in ein bis zum Rande gefülltes Trinkglas mit einiger Vorsicht noch so viel Flüssigkeit nachgießen, daß sie eine Art runder Kappe bildet.

33. Warum empfindet man einen fast ebenso heftigen Schmerz, wenn man mit der flachen Hand auf eine Wasserfläche schlägt, als wenn sie einen festen Körper getroffen hätte, während man keine solche Empfindung hat, wenn man die Hand langsam in das Wasser hineintaucht?

Weil bei einem plötzlichen Schlage auf das Wasser die Wassertheilchen nicht Zeit haben, auszuweichen, sondern vielmehr eine der Flächenausdehnung der Hand entsprechende Wassermasse hinuntergedrückt wird. Da nun die unteren Wassertheilchen nicht einzeln, sondern gleichfalls in Masse widerstehen, indem auf sie der Druck gleichzeitig und mit gleicher Stärke erfolgt, so müssen die Wassertheilchen der Oberfläche dem weitern Eindringen der Hand eben denselben Widerstand entgegensetzen, wie ein fester Körper, auf den man mit der Hand schlägt. Taucht man dagegen die Hand langsam in das Wasser, so haben die darunter liegenden Wassertheile Zeit, zur Seite auszuweichen, um dadurch der eindringenden flachen Hand Platz zu machen.

Adhäsion.

Adhäsion ist die zwischen den Oberflächen verschiedener Körper wirkende Anziehung, vermöge welcher Körper aneinander haften. Sie wirkt stets nur bei unmittelbarer Berührung oder doch nur in sehr kleinen Entfernungen. Die Kraft aber, mit welcher ein Körper an einem andern anhängt, ist nicht blos von der Stärke der Adhäsionskraft, sondern auch von dem Verhältniß derselben zur Cohäsionskraft des einen wie des andern Körpers abhängig. – Die Zahl der Adhäsionserscheinungen ist sehr groß; es haften (adhäriren) feste Körper an festen, flüssige an festen, luftförmige an festen, flüssige an flüssigen und luftförmige an flüssigen. Das Adhäriren der Gase an anderen Körpern wird leicht übersehen, ist aber nichtsdestoweniger von großer Bedeutung. Man bezeichnet das Haften der Gase und Dämpfe an anderen Stoffen, namentlich an pulverförmigen und flüssigen, auch mit dem Worte *Absorption der Gase.*

34. Warum lassen sich zwei glatt geschliffene Metallplatten, welche man über einanderlegt und fest zusammendrückt, nur schwer wieder von einander trennen?

Weil wegen der glatten Flächen die Theilchen beider Platten einander so nahe berühren, daß ihre gegenseitige Anziehung oder Adhäsion in Wirksamkeit treten kann. Eine Kupfer- und eine Silberplatte, die man über einander legt, lassen sich durch Walzen so innig mit einander vereinigen, daß sie ein untrennbares Ganzes bilden. Darauf beruht das Plattiren unedler Metalle. Spiegelplatten, mit ihren polirten Flächen auf einander gelegt, haften oft so fest aneinander, daß sie nicht mehr ohne Gefahr des Zerbrechens getrennt werden können. Verhindert man aber durch einen noch so dünnen Körper, etwa ein zwischengelegtes zartes Papier, die unmittelbare Berührung der Theilchen, so verschwindet die Adhäsion, und die Platten haften nicht aneinander.

35. Warum lassen sich zwei Glastafeln, die vorher befeuchtet und dann auf einander gelegt wurden, nur äußerst schwer wieder von einander trennen?

Weil die zwar mit bloßen Augen nicht bemerkbaren, doch dessenungeachtet noch vorhandenen Vertiefungen der Glasplatten von der Flüssigkeit ausgefüllt werden und dadurch eine Berührung der Theilchen und eine anziehende Wirkung derselben auf einander möglich machen. Die Adhäsionskraft wirkt dabei zunächst auf die Flüssigkeitstheilchen und durch diese auf die Glastheilchen.

36. Warum hält zusammengekleistertes oder geleimtes Papier so fest zusammen?

Weil die durch den Kleister oder den Leim ausgeglichenen Unebenheiten des Papiers der Wirkung der Adhäsion kein Hinderniß mehr entgegensetzen und ihr vielmehr gestatten, zunächst auf den Kleister und durch diesen auf die Papiertheilchen zu wirken, und zwar um so mehr, als durch Verdunstung die Feuchtigkeit ausgetrieben wird, und in Folge dessen die Poren des Kleisters sich zusammenziehen und dadurch auch die Papierflächen einander noch näher bringen. Natürlich wirkt auch die Cohäsion zwischen den Theilchen des Leims mit, und bei schlechtem Leim haften deshalb die geleimten Flächen nach dem Trocknen desselben nicht mehr fest. Auf derselben Wirkung der Adhäsion beruht auch das Kitten, Löthen, Verzinnen, Vergolden, selbst das Anstreichen, Malen und Schreiben, sowie das Haften des Staubes an den Wänden und der Decke des Zimmers. Wenn man eine Glasplatte mit Leim bestreicht, so wirkt oft die Adhäsion so stark, daß Stücke aus dem Glase herausgerissen werden, wenn der Leim beim Austrocknen sich zusammenzieht.

37. Warum wird die Hand naß, wenn man sie in Wasser taucht?

Weil die zwischen dem Wasser und der Hand wirkende Adhäsionskraft stärker ist, als die Cohäsion des Wassers, und die Theilchen des Wassers daher stärker von der Hand angezogen werden, als sie einander selbst anziehen.

38. Warum hängt sich Quecksilber nicht an die Hand an, wenn man sie in dasselbe taucht?

Weil die Cohäsionskraft des Quecksilbers stärker ist, als die zwischen dem Quecksilber und der Hand wirkende Adhäsion, und die Theilchen des Quecksilbers daher einander stärker anziehen, als sie von der hineingetauchten Hand angezogen werden. Dagegen legt sich Quecksilber an Zinn an, weil die Adhäsionskraft zwischen Quecksilber und Zinn die Cohäsion des Quecksilbers überwiegt.

39. Warum zieht man die Hand trocken aus dem Wasser, wenn man dieselbe vorher in Bärlappsamen, Hexenmehl genannt (die staubartigen Keimkörner des Bärlapps oder Lycopodium's), eingetaucht hatte?

Weil der Bärlappsamen die Berührung zwischen der Hand und dem Wasser verhindert und dadurch die Adhäsionskraft Beider nicht zur Wirkung kommen läßt, so daß die Anziehung der Wassertheilchen unter sich ungeschwächt bleibt. Die Adhäsionskraft zwischen dem Wasser und dem Bärlappsamen ist aber viel zu gering, um eine Trennung der Wassertheilchen durch Aufhebung ihrer Cohäsion zu bewirken.

40. Warum wird ein mit Fett bestrichener Glasstab vom Wasser nicht benetzt?

Weil zwischen Wasser und Fett keine merkliche Anziehung besteht, und die dünne Fettschicht die Anziehung zwischen dem Glas und dem Wasser verhindert, so daß die Cohäsion das Wasser zusammenhält.

41. Warum läuft ein Theil des Wassers, welches aus einem Gefäße ausgegossen wird, sehr oft an den äußeren Wänden des Gefäßes herab?

Weil die ausgegossenen Wassertheilchen, welche an den äußern Wänden des Gefäßes zunächst herausfallen, durch dieselben angezogen werden und daher ihre Bewegung nach abwärts an den äußeren Wänden desselben fortsetzen. Will man dies vermeiden, so muß die Flüssigkeit so ausgegossen werden, daß alle Theile derselben weit genug von den äußeren Wänden entfernt herabfallen, so daß die Adhäsion nicht mehr darauf wirken kann. Um dies zu erleichtern, werden an den Gefäßen oft Ausgußschnäbel angebracht; auch legt man runde Glasstäbe an den Rand der Gefäße und Ausgußschnäbel und gießt an ihnen herab die Flüssigkeit aus. Bei Gläsern und Flaschen *ohne* Ausgußschnäbel erreicht man diesen Zweck dadurch, daß man die Ränder dieser Gefäße mit Fett bestreicht und so die Anziehung zwischen den Wänden und der Flüssigkeit aufhebt. Quecksilber kann man aus gläsernen und porzellanenen Gefäßen auch *ohne* Ausgußschnabel ausgießen, da keine Adhäsion zwischen Glas und Quecksilber besteht.

42. Warum fließt ein Tropfen Wasser, den man auf einen Tisch fallen läßt, so auseinander, daß er platt wird?

Weil der Tisch gleichfalls die Theilchen des Wassers stärker anzieht, als sie einander selbst zusammenhalten. Ist dagegen der Tisch mit Bärlappsamen bestreut, so rollt ein darauf fallender Tropfen kugelrund darauf hin, weil die Berührung zwischen den Wassertheilchen und der Tischplatte jetzt verhindert ist.

43. Warum rollt ein Tropfen Quecksilber, der auf einen Tisch fällt, kugelrund darauf hin, ohne platt zu werden wie ein Tropfen Wasser?

Weil die Theilchen des Quecksilbers stärkere Anziehung gegen einander als gegen den Tisch haben und, da diese nach allen Seiten gleichmäßig wirkt, die runde Gestalt des Tropfens behaupten müssen.

44. Warum bleibt ein auf ein Brett gefallener kleiner Wassertropfen bei Umkehrung des Brettes an demselben hängen?

Weil die Adhäsionskraft, mit welcher der Tropfen an dem Brette haftet, stärker ist als die Schwerkraft, welche ihn nach unten und von dem Brette hinweg zu ziehen strebt.

45. Warum fällt ein auf ein Brett gefallener Quecksilbertropfen bei Umwendung des Brettes herunter?

Weil zwischen dem Quecksilber und dem Holze keine merkliche Adhäsionskraft besteht, und die Schwerkraft daher nicht gehindert wird, den Tropfen vom Brette loszureißen und zum Falle zu bringen.

46. Warum bleibt ein kleiner Quecksilbertropfen auf einer Zinnplatte hängen, wenn man sie umkehrt?

Weil die Adhäsionskraft zwischen Zinn und Quecksilber stärker wirkt, als die Schwerkraft. Ist der Tropfen zu groß, so bleibt an der Zinnplatte nach dem Umkehren so viel von dem Tropfen hängen, als die vereinte Wirkung der Adhäsionskraft und der in den kleinsten Theilchen des Quecksilbers wirkenden Cohäsionskraft zu tragen vermag; das Uebrige folgt der Schwerkraft und fällt daher ab. Ebenso ist es auch bei einem zu großen Wassertropfen auf einem Brette.

47. Warum bleiben weit mehr Wassertheilchen an einem Seile hängen, wenn man es sehr schnell aus dem Wasser herauszieht, als bei einem langsamen Herausziehen?

Weil bei einem langsamen Herausziehen des Seiles aus dem Wasser die Theile desselben langsamer sich von dem Wasser entfernen und daher die Cohäsionskräfte des Wassers wegen der längeren Dauer der Berührung mit den verschiedenen Theilchen des Seiles das Uebergewicht über die Adhäsionskräfte des Seiles gewinnen und die Wassertheilchen dadurch festhalten, während bei schnellerem Herausziehen des Seiles wegen der schnelleren Entfernung desselben von den Wassertheilchen die Adhäsionskräfte des Seiles das Uebergewicht über die Cohäsionskräfte des Wassers erhalten.

48. Warum werden Figuren, die wir mit dem Finger auf eine Fensterscheibe zeichnen, wenn wir darauf hauchen, sichtbar?

Weil unsere Finger beständig mit einer äußerst feinen Fettschicht bedeckt sind, die vermöge der Adhäsion an den Stellen des Glases, über welche wir hinfahren, haften bleibt, und dadurch die Feuchtigkeit des Hauchs verhindert, sich hier niederzuschlagen. Daß aber auch das Glas selbst gewöhnlich mit einer feinen Schicht und zwar von verdichteten Dünsten oder Gasen bedeckt ist, die in Folge der Adhäsionskraft, die zwischen dem Glase und diesen Luftarten wirksam ist, angezogen und festgehalten werden, können wir sehen, wenn wir eine Glasscheibe mit einem Papier, in welches wir eine Figur ausgeschnitten haben, bedecken, dann darauf hauchen, und wenn wir das Papier weggenommen haben und der Hauch von dem Glase verschwunden ist, abermals darauf hauchen. Es erscheint dann der Hauch nur auf den Stellen, welche vom Papier unbedeckt gewesen waren, und wir sehen also die ausgeschnittene Figur auf dem Glase. Beim Verdunsten des zuerst niedergeschlagenen Hauches war nämlich die verdichtete Gasschicht an diesen Stellen mit hinweggenommen worden, und auf dem reinen Glase konnte sich daher der Hauch leichter niederschlagen, als auf dem bereits mit einer Dunstschicht bedeckten.

Haarröhrchenanziehung.

Haarröhrchen sind kleine Röhren, die so enge sind, daß man nur ein Haar hindurchziehen kann. Wenn man sie in Flüssigkeiten taucht, so zeigen sich verschiedene Erscheinungen, je nachdem ihre Wände von der Flüssigkeit benetzt werden oder nicht, je nachdem also die Adhäsion zwischen der Flüssigkeit und den Röhrenwänden, oder die Cohäsion der Flüssigkeit überwiegt. In dem ersteren Falle steht die Flüssigkeit in den Röhren stets höher, in dem letzteren Falle stets tiefer als außerhalb. Die Benetzung findet nur statt, wenn die Anziehung des festen Körpers gegen den flüssigen die Anziehung der Flüssigkeitstheilchen untereinander überwiegt.

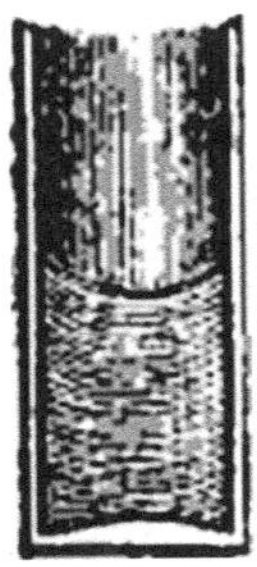

Fig. 2.

49. Warum ist die Oberfläche des Wassers in einem Glase hohl oder concav?

Weil die Adhäsionskraft zwischen den Wänden des Glases und dem Wasser stärker ist als die Cohäsionskraft des Wassers, diese Adhäsionskraft aber nur auf die zunächst liegenden Wassertheilchen wirken kann, so daß nur diese sich an den Wänden heraufziehen, während in der Mitte die Oberfläche des Wassers vertieft bleibt.

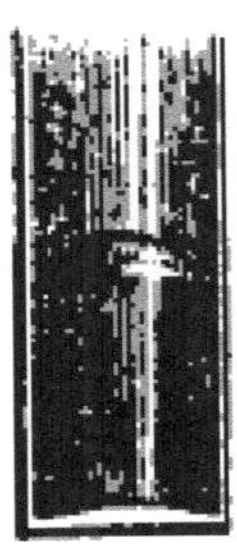

Fig. 3.

50. Warum ist die Oberfläche des Quecksilbers in einem Glase kugelförmig erhaben oder convex?

Weil die Cohäsionskraft des Quecksilbers stärker ist als seine Adhäsion gegen die Wände des Glases, seine Theilchen daher der ersten Kraft folgen und sich, ähnlich wie bei dem Tropfen, nach der Mitte zu anhäufen und so eine kugelförmig erhabene Oberfläche bilden.

51. Warum ist die Oberfläche des Quecksilbers in einem zinnernen Becher concav?

Weil die Adhäsionskraft zwischen dem Quecksilber und dem Zinn stärker ist als die Cohäsion des Quecksilbers, so daß die zunächst liegenden Theilchen desselben die Cohäsion überwinden und sich an den Wänden des Bechers hinaufziehen.

52. Warum ist die Oberfläche des Wassers in einem Glase convex, wenn man dasselbe inwendig mit Talg bestreicht und dann noch mit Hexenmehl belegt?

Weil die Adhäsionskraft zwischen dem Wasser und dem Glase durch das Hexenmehl verhindert ist zu wirken, und darum die Cohäsion des Wassers in voller Kraft bleibt und seine Theilchen zwingt, sich gegen die Mitte anzuhäufen.

53. Warum ist die Oberfläche des Wassers in einem bis an den Rand vollgefüllten Glase convex?

Weil die Adhäsionskraft zwischen Glas und Wasser hier nicht mehr wirken kann, da über der Wasserfläche kein Glas mehr vorhanden ist, so daß also die Wassertheilchen ganz ungehindert der Cohäsionskraft folgen und sich gegen die Mitte anhäufen können.

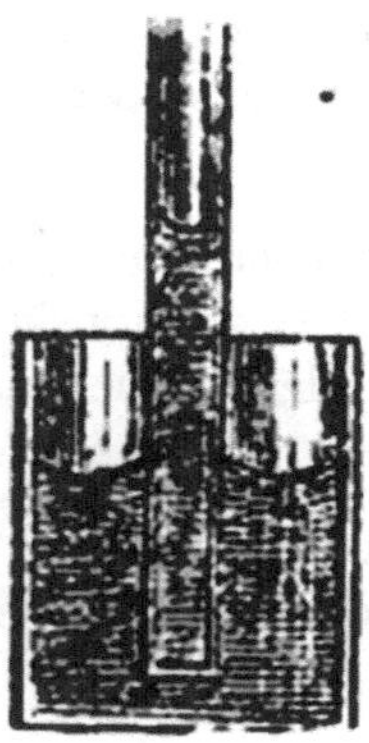

Fig. 4.

54. Warum steigt in den Haarröhrchen, wenn sie senkrecht in Wasser getaucht werden, das Wasser in die Höhe?

Weil das in ein solches Haarröhrchen eingedrungene Wasser zunächst von der innern Wand des Röhrchens angezogen und an ihr emporgehoben wird, so daß es ursprünglich zwar eine concave Oberfläche hat, die sich aber, da wegen der durch die Enge der Röhren veranlaßten Annäherung der kleinsten Theilchen des Wassers die Cohäsionskraft des letzteren ungehindert wirken kann, wieder ausfüllt und dadurch eben (horizontal) wird, worauf die Adhäsionskraft des Glases wieder eine concave und die Cohäsionskraft wieder eine ebene Fläche herstellt und so fort, bis das Gleichgewicht zwischen der gehobenen Wassersäule und den anziehenden Kräften hergestellt ist. Je enger ein solches Röhrchen ist, desto höher muß nothwendig das Wasser in demselben steigen, da die Cohäsionskraft um eben so viel stärker wirken kann.

Fig. 5.

55. Warum steht das Quecksilber in den Haarröhrchen nicht höher, sondern sogar bedeutend tiefer als in dem Gefäße mit Quecksilber, in welches man sie gestellt hat?

Weil die Adhäsionskraft zwischen dem Quecksilber und dem Glase so schwach ist, daß sie durch die Cohäsionskraft des Quecksilbers völlig aufgehoben wird, so daß diese Cohäsion die Quecksilbertheilchen hindert, in das enge Röhrchen einzudringen.

56. Warum steigt das Wasser zwischen zwei mit ihren Flächen an einander gelegten Glastafeln höher auf, als es in dem Gefäße steht, in das man sie gestellt hat?

Weil auch in diesem Falle die Adhäsion zwischen Glas und Wasser die nächsten Wassertheilchen an dem Glase emporzieht, und das Bestreben der

Cohäsion, die entstandene Vertiefung der Oberfläche auszugleichen, das Nachfolgen weiterer Wassertheilchen veranlaßt.

57. Warum wird Löschpapier, das man in Wasser taucht, auch an denjenigen Stellen nach und nach feucht, die sich außerhalb des Wassers befinden?

Weil die Poren des Löschpapiers gleichsam nur eine unzählige Menge unregelmäßig zusammengehäufter Haarröhrchen sind, und die Flüssigkeit daher in diesen ebenso wie in den Haarröhrchen aufsteigen muß. Dasselbe findet auch bei andern porösen Körpern statt, bei Zucker, Holz, Sandstein; auch ein Haufen Sand oder Asche wird auf einem feuchten Boden sehr bald bis zum Gipfel von Feuchtigkeit durchdrungen.

58. Warum bleiben Stahlwaaren, in Kohlenpulver verpackt, blank, und warum werden Eier und Fleisch durch Kohlenpulver frisch erhalten?

Weil das Kohlenpulver eine außerordentliche Porosität besitzt, und seine feinen Haarröhrchen alle Feuchtigkeit aufsaugen und sie so verhindern, die Stahlwaaren oder Eier zu verderben.

59. Warum brennt eine Lampe fort, wenn auch nur wenig Oel in dem Behälter vorhanden ist?

Weil auch der Docht der Lampe eine Menge feiner Haarröhrchen enthält, durch welche sich das Oel hinaufzieht und so der Flamme die zum Brennen nöthige Nahrung darbietet. Da nun die Wirkung der Haarröhrchenanziehung eine ununterbrochene ist, so steigt auch das in dem Oelbehälter befindliche Oel unausgesetzt aufwärts, bis es gänzlich verzehrt ist.

60. Warum verkürzen sich die Stricke, wenn sie naß werden?

Weil die Hanffasern in ihren Haarröhrchen die Feuchtigkeit aufsaugen und dadurch anschwellen, die dicker werdenden Fäden aber nun sich zurückdrehen. Die Kraft, welche durch diese Verkürzung der Stricke ausgeübt wird, ist so außerordentlich groß, daß in Rom ein Obelisk von 9000 Centner Gewicht, den man mit allen Maschinen nicht aufzurichten vermocht hatte, allein durch die feucht gewordenen Taue, die ihn hielten, emporgezogen wurde.

61. Warum kann man sich mit einem seidenen Taschentuch nicht so gut den Schweiß trocknen als mit einem leinenen?

Weil die Seidenfaser zwar auch Haarröhrchen besitzt, diese aber wegen der geringen Adhäsion, die zwischen Seide und Wasser besteht, nur wenig Feuchtigkeit aufsaugen. Baumwollene Taschentücher nehmen den Schweiß noch besser auf als leinene.

62. Warum läßt sich Quecksilber in Beuteln aus Flor forttragen, ohne daß es durch die von den Fäden gebildeten Zwischenräume hindurchfällt?

Weil die Cohäsionskraft des Quecksilbers stärker wirkt als die Adhäsionskraft der Fäden, und sich daher das Quecksilber nicht an die Fäden des Flors anlegt, sondern, durch die Cohäsion zusammengehalten, als ganze Masse von den Fäden des Flors getragen wird. Berührt man aber mit der unteren Seite des Flors einen Quecksilberspiegel, so fließt das Quecksilber sofort durch den Flor, weil nun die Cohäsion durch die Anziehung des Quecksilberspiegels überwunden wird.

Fig. 6.

63. Warum fahren zwei Korkkügelchen, welche auf Wasser schwimmen, sobald sie einander nahe kommen, auf einmal schnell an einander?

Weil an dem Umfange beider Korkkügelchen in Folge der Adhäsion das Wasser etwas höher steht, als die übrige Oberfläche des Wassers, und zwischen den Kügelchen daher, wenn sie sich einander nähern, eine hohle Wasserfläche entsteht, so daß die Wassertheilchen, indem sie diese vermöge ihrer Anziehung auszufüllen suchen, zusammenfließen und die Kügelchen mit sich fortreißen. Ein Korkkügelchen und ein Wachskügelchen aber, die man auf dem Wasser schwimmen läßt, ziehen einander nicht an, sondern stoßen sich ab, weil das Wachskügelchen, das bekanntlich vom Wasser nicht benetzt wird, von einer Senkung des Wassers umgeben ist und daher bei der Annäherung an das Korkkügelchen von der erhöhten Wasserumgebung des Letzteren wie auf einer schiefen Ebene herabrollt.

Fig. 7.

64. Warum bewegen sich kleine Körper, wie z. B. Holzspänchen, Korkkügelchen und dergleichen, wenn sie sich der Wand des Gefäßes nähern, schneller nach derselben zu, als sie sich in der Mitte des Gefäßes bewegten?

Weil vermöge der Adhäsion das Wasser sowohl an der Wand des Gesäßes als an dem Umfange der kleinen schwimmenden Körperchen höher steht, als die Oberfläche des übrigen Wassers in dem Gefäße, so daß sich zwischen der Wand und dem Kügelchen bei der Annäherung desselben eine hohle Fläche bildet, zu deren Ausfüllung die Wassertheilchen zusammenfließen und dabei das Kügelchen mit sich fortreißen.

Trägheit.

In der Natur kann keine Veränderung in dem Zustande der Dinge vorgehen, ohne daß sie durch eine besondere Ursache oder Kraft veranlaßt wird. Diese Eigenschaft der Körper, den Zustand, in welchem sie sich gerade befinden, unverändert beizubehalten, oder vielmehr ihr Unvermögen, den Zustand der Ruhe oder Bewegung von selbst zu verändern, bezeichnet man als Beharrungsvermögen oder Trägheit. Ist ein Körper in Ruhe, so ist eine Kraft nöthig, um ihn in Bewegung zu setzen; ist er in Bewegung, so ist eine Kraft nöthig, um ihn zur Ruhe zu bringen. Ein Körper, der einmal in Bewegung ist, wird ohne Einwirkung äußerer Kräfte seine Bewegung mit unveränderter Geschwindigkeit und in unveränderter Richtung fortsetzen, bis sie durch äußere Hindernisse aufgehoben wird. Solche äußere Hindernisse der Bewegung sind insbesondere die Schwere des sich bewegenden Körpers, die Reibung an der Fläche, auf welcher er sich bewegt, der Widerstand der Luft und der Stoß gegen ihm entgegenstehende oder sich ihm entgegen bewegende andere Körper.

65. Warum wird mit der größten Anstrengung ein sehr schwer beladener, ruhig stehender Wagen von den Pferden fortgezogen, während er, einmal in Bewegung gesetzt, mit viel geringerer Anstrengung fortbewegt wird?

Weil zunächst die Trägheit der Last und des Wagens überwunden werden muß, während später, wenn der Wagen einmal in Bewegung ist, die Pferde nichts weiter zu thun haben, als die seiner Bewegung entgegenstehenden Hindernisse zu überwinden, namentlich die Reibung auf dem unebenen Boden.

66. Warum bleibt die Betriebswelle einer Dampfmaschine noch in Bewegung, wenn dem Dampfe der Zugang in den Dampfcylinder bereits abgeschnitten ist?

Weil das Schwungrad der Maschine, in welchem eine bedeutende lebendige Kraft gleichsam aufgespeichert liegt, seine Bewegung noch fortsetzt und ebenso die mit demselben fest verbundene Betriebswelle. Die Bewegung dauert so lange fort, bis die Kraft des Schwungrades durch die entgegenwirkenden Reibungswiderstände vernichtet ist.

67. Warum bekommen Personen, die sich in einem schnell fahrenden Wagen befinden, wenn dieser plötzlich anhält, einen Ruck vorwärts?

Weil sie in der ihnen vom Wagen mitgetheilten Bewegung auch dann noch beharren, wenn der Wagen still steht. Sie würden sogar noch weiter vorwärts geworfen werden, wenn nicht die Reibung auf dem Wagensitze und die Muskelkraft ihrer Beine, auf die sie ihren Körper zum Theil stützen, diese vorwärtsgehende Bewegung hemmte. In einem ruhenden Wagen sitzende

Personen dagegen werden, wenn die Pferde plötzlich anziehen, rückwärts geworfen, weil sie an dem Orte zu beharren streben, an welchem sie waren.

68. Warum schlagen Kanonen- oder Flintenkugeln, die aus großer Nähe durch eine Fensterscheibe hindurchgeschossen werden, nur ein kreisrundes Loch in das Glas von fast demselben Durchmesser wie die Kugel, ohne die Fensterscheibe zu zersplittern?

Weil, wenn Theile eines Körpers durch eine heftige, ungemein schnell wirkende Kraft aus dem Zustande der Ruhe in den der Bewegung versetzt werden, wie dies bei einer aus der Nähe abgeschossenen Flinten- oder Kanonenkugel geschieht, die übrigen Theile des Körpers nicht nur in Ruhe bleiben, sondern auch vermöge ihrer Trägheit ohne alle Beschädigung für sie den Zusammenhang aufgeben, in dem sie mit den losgerissenen Theilen standen. Bei einem langsameren Schlage der Kugel gegen eine Fensterscheibe würde auch die Umgebung zertrümmert werden, da die Bewegung dann Zeit hätte, sich von den getroffenen Theilen auch den benachbarten mitzutheilen.

69. Warum muß man aus einem in schneller Bewegung befindlichen Wagen oder Fuhrwerke mit dem Gesicht nach den Pferden gewendet hinausspringen?

Weil beim Berühren des Erdbodens mit den Füßen der Oberkörper nach vorn fällt und man *sieht*, wohin man fällt; man hat die Arme zur Hülfe frei. Springt man verkehrt, so fällt man rücklings leicht auf den Hinterkopf, was sehr gefährliche Wirkungen, selbst den Tod, zur Folge haben kann. Springt man richtig und neigt dabei den Oberkörper leicht nach hinten, so, steht man beim Berühren des Erdbodens mit den Füßen senkrecht, und die Gefahr ist in der Hauptsache vermieden.

70. Warum fällt ein Geldstück, welches auf einem Kartenblatt genau über der Mündung einer Flasche liegt, in diese hinein, wenn man mit dem Finger das Kartenblatt rasch in horizontaler Richtung fortschnellt?

Weil das Geldstück wegen seines Beharrungsvermögens an der Bewegung des Kartenblattes keinen Theil nimmt, wenn die Bewegung schnell und heftig genug ist, um die Reibung, vermöge deren das Geldstück sonst an dem Kartenblatt haftet, zu überwinden. Wird daher das Kartenblatt nur langsam weggeführt, so bleibt das Geldstück darauf liegen.

71. Warum kann man einen Mauerstein in der Hand zerschlagen, ohne den Schlag des Hammers sehr zu empfinden?

Weil die durch den Schlag des Hammers bewirkte Erschütterung sich nur den der getroffenen Stelle zunächstliegenden Theilen mittheilt, die übrigen

Theile des Steins aber in ihrer Ruhe beharren, und so auch die Hand darunter von ihnen nicht erschüttert wird. Deshalb ist es auch kein großes Kunststück, wenn ein sogenannter Herkules auf einem Ambos, der auf seiner Brust liegt, hämmern läßt, wenn die Schläge nur schnell geführt werden, und der Hammer immer schnell wieder zurückgezogen wird.

72. Warum ist es so gefährlich, in den Lauf eines geladenen Gewehres Sand gerathen zu lassen?

Weil das beim Losschießen sich durch die Explosion des Pulvers entwickelnde Gas sich viel zu schnell ausdehnt, als daß sich die Bewegung der untersten Sandtheile den oberen mittheilen könnte, und das in seiner Ausdehnung gehemmte Gas daher den Lauf sprengt. Deshalb braucht man beim Sprengen von Felsen auch nur das Pulver im Bohrloch mit lockerem Sand zu bedecken, und doch wirkt die Gewalt der Explosion nach allen Seiten hin.

73. Warum müssen dauerhafte Brücken eine große Masse haben?

Weil eine um so größere Kraft dazu gehört, einen Körper in Bewegung zu setzen, je größer seine Masse ist. Die mit großer Geschwindigkeit über eine Brücke fahrenden, oder mit einer schweren Last sich über dieselbe bewegenden Wagen vermögen nur den Stellen der Brücke, auf welchen sie fahren, eine Erschütterung mitzutheilen, die aber durch den Widerstand einer bedeutenden Menge ruhender Theile, welche der Bewegung widerstehen, bald aufhört weiter fortgepflanzt zu werden und daher eine große Menge von Theilen der Brücke nicht erreicht. Starke Erschütterungen bringen freilich Wirkungen hervor, die der Dauerhaftigkeit einer Brücke sehr nachtheilig sind.

74. Warum kann man den lose gewordenen Stiel eines Hammers oder einer Axt dadurch wieder befestigen, daß man denselben umgekehrt gegen einen harten Gegenstand aufstößt?

Weil durch den heftigen Stoß nur die Bewegung des Hammers, nicht aber die des losen Eisenstücks plötzlich gehemmt wird, so daß also der Stiel weiter in das hinabgleitende Eisenstück eindringt.

75. Warum kann man eine verstopfte Röhre oft dadurch wieder öffnen, daß man gewaltsam an das eine Ende derselben schlägt?

Weil die durch das heftige Schlagen an die Röhre bewirkte Erschütterung derselben sich dem sie verstopfenden Körper mittheilt und ihn aus dem Zustande der Ruhe in den der Bewegung versetzt, wodurch er allmählich bis an die Oeffnung der Röhre gebracht wird. Dies wird um so eher geschehen können, wenn es nicht *ein* Körper ist, sondern mehrere, die sich zusammengehäuft haben.

Elasticität.

Nicht nur als Ganzes wollen die Körper ihren Zustand beibehalten, sondern auch ihre einzelnen Theile widerstreben einer Veränderung ihrer Lage. Diejenige Eigenschaft eines Körpers, vermöge welcher seine Theile, wenn sie aus ihrer Lage gebracht sind, genau wieder in dieselbe zurückkehren, sobald die störende Kraft zu wirken aufgehört hat, nennt man Elasticität. Vollkommen findet diese Rückkehr der Theilchen in ihre frühere Lage nur dann statt, wenn ihre Verschiebung gewisse Grenzen nicht überschritten hat. Solche Körper, welche diese Eigenschaft in hohem Grade besitzen, wie Stahl, Elfenbein, Gummi, nennt man elastische; solche, welche diese Eigenschaft gar nicht, oder in kaum merkbarem Grade besitzen, wie Blei, Wachs, Thon, nennt man unelastische Körper. Solche Körper, bei denen eine größere Kraft nöthig ist, um überhaupt eine Verschiebung der Theilchen hervorzubringen, wie Stahl und Elfenbein, heißen hart; solche, bei denen eine geringe Kraft die Verschiebung bewirkt, wie Gummi oder Thon, heißen weiche Körper; solche, die – sobald die Verschiebung ihrer Theilchen die Elasticitätsgrenze überschritten hat, – ihren Zusammenhang verlieren und zerbrechen, wie das Glas, werden spröde genannt; solche endlich, deren Theilchen jenseits der Elasticitätsgrenze nur eine andere Lage annehmen, ohne den Zusammenhang zu verlieren, wie Metalle, heißen dehnbar.

76. Warum wird ein von einer Armbrust geschossener Bolzen bis zu ansehnlicher Entfernung fortgetrieben?

Weil die stark ausgedehnte elastische Schnur, deren Kraft durch das gekrümmte elastische Holz, an dessen beiden Enden die Schnur befestigt ist, noch verstärkt wird, sobald sie durch den Drücker frei gemacht wird, mit aller Kraft in ihre vorige Lage wieder zurücktritt und daher auf ihrem Wege den unmittelbar vor ihr liegenden Bolzen mit großer Gewalt forttreibt.

77. Warum bekommt eine Billardkugel, welche auf eine recht eben und glatt geschliffene Marmortafel herabfällt, die man an einer Oellampe schwarz anlaufen ließ, einen ziemlich großen schwarzen Fleck, während sie an der aufstoßenden Stelle nur einen Fleck von der Größe eines Stecknadelknopfes bekommt, wenn man sie mit der Hand auf die Marmorplatte stößt?

Weil die Kugel, wenn sie auf die Marmorplatte herabfällt, wegen der Gewalt des Stoßes an der auffallenden Stelle platt gedrückt wird, und mit dieser ganzen Fläche die Platte berührt, nachher jedoch wegen ihrer Elasticität sogleich wieder in ihre runde Gestalt zurückkehrt. Wird dagegen die Kugel blos mit der Hand auf die Platte gedrückt, ist also keine Kraft vorhanden, welche die Lage der Theilchen verschiebt, so berührt sie dieselbe blos in einem einzigen Punkt und zeigt sich daher auch nur an diesem schwarz.

78. Warum springt eine mit Luft angefüllte Schweinsblase, welche man mit Gewalt etwas platt drückt, sogleich wieder in ihre vorige Gestalt zurück, sobald man zu drücken aufhört?

Weil die darin enthaltene Luft dem Drucke zwar nachgiebt und sich in einen engeren Raum zusammenzieht, sobald aber der Druck nachläßt, vermöge ihrer Elasticität wieder in den Raum zurückkehrt, den sie vorher einnahm, und daher die zusammengedrückte Blase wieder ausspannt.

79. Warum fliegt ein Gummiball, mit einer Ballkeule geschlagen, weiter als ein unelastischer Stein?

Weil die von dem Schlage getroffenen Theile des elastischen Balles soweit nachgeben, bis die Rückwirkung der Elasticität der stoßenden Kraft gleich ist, der Ball also durch das Zurückspringen der gewichenen Theile in ihre ursprüngliche Lage den ganzen Stoß erhält, während bei dem unelastischen Steine die Wirkung des Stoßes sich nicht allen Theilen mittheilt, ein großer Theil der Wirkung des Stoßes also an der Ballkeule verloren geht.

Schwerkraft.

Alle Körper auf der Erde sind schwer, d. h. sie werden von der Erde angezogen oder haben das Bestreben, sich dem Mittelpunkte der Erde zu nähern, und fallen, wenn sie nicht durch eine andere Kraft daran gehindert werden. Eine Wirkung dieser Anziehungskraft der Erde, die man ihre Schwerkraft nennt, ist der Druck, welchen jeder Körper auf eine Unterlage, die ihn am Fallen hindert, also etwa auf unsere Hand, wenn wir ihn in der Hand halten, ausübt, und diesen Druck nennt man das Gewicht des Körpers. Die Gewichte verschiedener Körper vergleichen, heißt sie *wägen*. Als Einheit für diese Vergleichung dient jetzt allgemein das Gewicht eines Kubikcentimeters destillirten Wassers oder das Gramm; die decimalen Theile desselben heißen Decigramm, Centigramm, Milligramm ($^1/_{1000}$ Gramm), die decimalen Vielfachen sind Dekagramm, Hektogramm, Kilogramm. Ein Kilogramm, kurz 1 Kilo, ist gleich 2 Pfund, 50 Kilo bilden 1 Centner.

80. Warum ist ein auf dem Tische liegender großer Quecksilbertropfen nie ganz kugelrund?

Weil bei einem großen Quecksilbertropfen der Cohäsionskraft, – welche seine Theilchen zusammenhält und, da sie von allen Seiten gleichmäßig wirkt, sie zwingt, die Kugelgestalt anzunehmen, – die Schwerkraft entgegenwirkt und jene zwar nicht völlig aufhebt, aber doch schwächt, so daß die Theilchen, ohne sich zu trennen, dem Zuge der Schwere nach unten folgend, von der Kugelgestalt abweichen müssen. Bei größeren Flüssigkeitsmassen bewirkt diese Schwere das Auseinanderfließen zur Ebene.

81. Warum wird eine Schnur, an der ein Bleigewicht hängt, straff gezogen?

Weil das Bleigewicht, wie jeder andere Körper, durch die Schwerkraft nach dem Mittelpunkte der Erde gezogen wird, die Schnur jedoch dasselbe hindert, diesem Bestreben zu folgen, so daß es nur mit der Kraft, die seinem Drucke oder Gewichte gleich ist, die Schnur straff zu spannen vermag. Dadurch bezeichnet es aber zugleich die Richtung, in welcher die Schwerkraft wirkt, und in welcher daher auch Mauern, die nicht fallen sollen, aufgerichtet werden müssen. Darauf beruht der Gebrauch des Bleiloths der Maurer. Diese Richtung des Bleiloths nennt man die senk- oder lothrechte oder auch verticale.

82. Warum fällt ein Stein, den wir in der Hand halten, sobald wir ihn loslassen, auf die Erde?

Weil unsere Hand für den Stein nur das Hinderniß war, dem Zuge der Schwerkraft zu folgen, und er nach Beseitigung des Hindernisses nun von der Wirkung dieser Kraft so lange getrieben wird, bis er auf dem Erdboden abermals einen Widerstand findet. Je tiefer er fällt, um so schneller wird seine Bewegung, da die Schwerkraft nicht *einmal*, sondern beständig in jedem Augenblick auf ihn wirkt und daher mit jedem Augenblick seine Bewegung beschleunigt.

83. Warum schießen Wagen von einer Anhöhe mit solcher Geschwindigkeit herab, wenn sie nicht gehemmt werden?

Weil auf der schiefen Ebene, wie sie eine solche Anhöhe darstellt, ein Körper nur zum Theil gegen das Herabfallen geschützt ist, und es nur einer geringen Kraft bedarf, um den Widerstand zu überwinden, durch den er vom Herabfallen abgehalten wird. Wenn daher auch die Pferde den einmal in Bewegung gesetzten Wagen nicht weiter zögen, so würde er schon durch die eigene Schwerkraft herabgetrieben werden, und zwar mit zunehmender Geschwindigkeit. Daher müssen die Pferde, sobald der Wagen auf einer abschüssigen Ebene in Bewegung gesetzt ist, statt ihn zu ziehen, ihn vielmehr mit aller Kraft zurückhalten.

84. Warum fallen leichte Körper, wie Flaumfedern, Papierstückchen u. s. w. so langsam zur Erde?

Weil die auch bei diesen Körpern wirkende Schwerkraft sie zwar nach der Erde herabtreibt, der Druck aber, den sie wegen der geringen Menge von materiellen Theilchen ausüben, die in einen für ihre Schwere ziemlich großen Raum ausgedehnt sind, durch den Gegendruck der Luft, durch welche sie fallen, zum Theil aufgehoben wird. Die Schwerkraft wirkt daher nicht mit voller Stärke. Im luftleeren Raume dagegen fallen alle Körper, Blei wie Federn, gleich schnell.

85. Warum drückt ein in eine Wagschale gelegtes Gewicht dieselbe nieder?

Weil das Gewicht vermöge seiner Schwerkraft einen der Menge seiner materiellen Theilchen entsprechenden Druck auf die Wagschale ausübt, die es hindert, dem Gesetze der Schwere zu folgen. Es muß daher durch diesen Druck die Wagschale so weit herabsinken, bis sie unterstützt wird. Legt man dagegen in die andere Wagschale einen Körper, der eben so schwer ist, als das Gewicht, so treten die beiden Wagschalen wieder ins Gleichgewicht.

86. Warum wiegt ein Maaß Quecksilber viel mehr als ein Maaß Wasser und ein Kubikcentimeter Blei mehr als ein Kubikcentimeter Holz?

Weil in dem Quecksilber und in dem Blei mehr Masse in denselben Raum zusammengedrängt ist, oder die Massentheilchen darin dichter an einander liegen, als in dem Wasser und im Holz. Man sagt daher auch, Blei und

Quecksilber haben eine größere eigenthümliche Dichtigkeit oder ein größeres eigenthümliches oder spezifisches Gewicht als Holz und Wasser, oder Quecksilber sei specifisch schwerer als Wasser.

Der Schwerpunkt.

In jedem Körper giebt es einen Punkt, dessen alleinige Unterstützung ausreicht, ihn am Fallen zu hindern. Diesen Punkt nennt man den Schwerpunkt. Er liegt stets so, daß um ihn nach allen Seiten hin die Massentheilchen des Körpers gleichmäßig vertheilt sind. In einer Kugel liegt er daher im Mittelpunkt, in einer Walze in der Mitte der Axe. Bei andern Körpern kann man ihn dadurch finden, daß man sie an zwei verschiedenen Stellen an einem Faden aufhängt. Der Schwerpunkt liegt dann jedesmal in der Richtung des Fadens, und der Durchschnittspunkt der beiden Linien giebt dann genau die Lage des Schwerpunkts an. Die senkrechte Linie vom Schwerpunkt zum Boden nennt man die Richtungslinie der Schwere oder die Schwerlinie. Ein Körper befindet sich in der Ruhe oder im Gleichgewicht, wenn er in der Richtung dieser Schwerlinie unterstützt oder befestigt ist. Man unterscheidet ein indifferentes, ein stabiles und ein labiles Gleichgewicht. Im indifferenten Gleichgewicht befindet sich ein Körper, wenn er in seinem Schwerpunkt selbst befestigt ist, wie ein Rad, das sich um seine Axe dreht. Ein stabiles Gleichgewicht findet statt, wenn ein Körper oberhalb seines Schwerpunktes befestigt, also wenn er aufgehängt ist. Der Körper findet dann seine Ruhe stets, sobald sein Schwerpunkt sich senkrecht unter seinem Aufhängepunkte befindet. Das labile Gleichgewicht tritt ein, wenn der Stützpunkt tiefer als der Schwerpunkt liegt, wie beim Balanciren auf einer Spitze. Die Ruhe kann dann nur gesichert werden, wenn man den Körper in mindestens drei Punkten unterstützt, zwischen denen die Schwerlinie hindurchgeht.

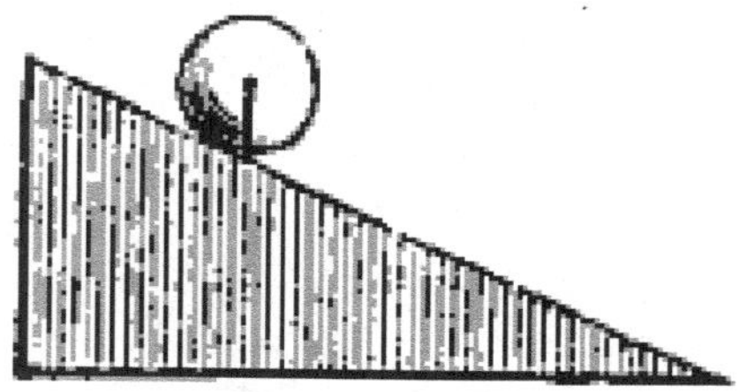

Fig. 8.

87. Warum rollt eine Kugel, welche man auf eine abschüssige Fläche legt, sogleich hinunter? (Fig. 8.)

Weil bei einer Kugel, die eine Ebene, auf der sie liegt, nur in einem Punkt berührt, die Richtungslinie der Schwere diesen Punkt nicht mehr trifft, wenn die Kugel auf einer schiefen Ebene liegt, so daß der Schwerpunkt der Kugel also nicht unterstützt ist und sie herabfallen muß.

88. Warum neigen wir uns vorwärts, wenn wir einen Berg hinaufsteigen?

Weil wir dadurch die Richtungslinie der Schwere zwischen unseren Füßen behalten, und wir nur unter dieser Bedingung fest stehen können. Denn der Schwerpunkt unseres Körpers liegt bei uns im Unterleibe, und die Schwerlinie fällt daher zwischen unsere Beine, wenn wir uns auf einer wagerechten Ebene befinden, hinter uns jedoch, wenn wir uns auf einer schiefen Ebene mit dem Gesichte nach dem Gipfel zu befinden. Wir müssen uns daher vorwärts beugen, wenn wir eine schiefe Ebene hinaufsteigen, um die Schwerlinie wieder zwischen unsere Füße zu bringen.

89. Warum müssen wir uns rückwärts beugen, wenn wir einen Berg hinabsteigen?

Weil wir dadurch, daß wir uns beim Herabsteigen rückwärts beugen, die Schwerlinie zwischen unsere Beine bringen, die bei grader Haltung vor uns liegen würde, so daß also unser Schwerpunkt in dieser Haltung nicht unterstützt wäre und wir fallen müßten.

Fig. 9.

90. Warum müssen Leute, welche vor sich eine Last tragen, sich rückwärts beugen?

Weil der Schwerpunkt des Körpers durch die vorn hängende Last verschoben und weiter nach vorwärts gerückt wird, so daß also auch die Schwerlinie nach vorn fallen würde. Durch Rückwärtsbeugung aber wird die Schwerlinie wieder zwischen die Beine gebracht. (Fig. 9.)

Fig. 10.

91. Warum müssen Leute, welche eine Last auf dem Rücken tragen, sich vorwärts beugen?

Weil durch die Last auf dem Rücken die Lage des Schwerpunktes in dem menschlichen Körper gleichfalls verändert wird, und er weiter rückwärts zu liegen kommt. Die Schwerlinie würde daher bei grader Haltung nach hinten fallen. Um dies zu verhindern, wird der Oberkörper nach vorn gebeugt. (Fig. 10.)

Fig. 11.

92. Warum muß ein Mensch, der eine Last in der rechten Hand trägt, sich nach der linken Seite zu beugen?

Weil sein Schwerpunkt durch die Last in der rechten Hand weiter nach der rechten Seite zu rückt, und daher die Schwerlinie über sein rechtes Bein hinausfallen würde. Um den Schwerpunkt wieder weiter nach links und die Schwerlinie zwischen seine Beine zu bringen, muß er sich zur linken Seite beugen. (Fig. 11.)

93. Warum stehen wir nicht fest, wenn wir blos auf einem Beine stehen?

Weil wir in diesem Falle den Körper nach dem Fuße hin, auf dem wir stehen, beugen müssen, damit die Schwerlinie unsers Körpers gerade unter diesen Fuß trifft. Da aber schon eine geringe Veränderung unserer Haltung unsern Schwerpunkt verrücken und bei einer so geringen Unterstützungsfläche der Unterstützung berauben kann, so gehört eine große Kraftanstrengung dazu, um uns auf einem Fuße stehend zu erhalten. Es ist daher auch nicht möglich, auf einem Beine zu stehen, wenn man dasselbe dicht an eine lothrechte Wand stellen soll, da die Schwerlinie dann nicht mehr in dieses Bein gelegt werden kann.

94. Warum können wir einen vor uns auf dem Boden liegenden Gegenstand nicht aufheben, ohne uns in den Hüften zu biegen?

Weil durch die Vorwärtsneigung des Oberkörpers der Schwerpunkt so weit nach vorn verschoben werden würde, daß wir fallen müßten, wenn wir nicht gleichzeitig durch die Hüftbiegung einen Theil des Körpers wieder nach rückwärts streckten.

95. Warum schleudern die meisten Menschen beim Gehen abwechselnd mit beiden Armen?

Weil unser Gehen eigentlich nur ein fortgesetztes Fallen auf den jedesmal vorausgesetzten Fuß ist und dabei die Schwerlinie immer vorwärts abwechselnd nach rechts und links gelegt wird, diese Verlegung der Schwerlinie aber durch das abwechselnde Schleudern mit den Armen erleichtert wird. Ohne dieses Schleudern würde die Haltung des Körpers eine viel schwankendere sein und eher eine Ermüdung herbeiführen.

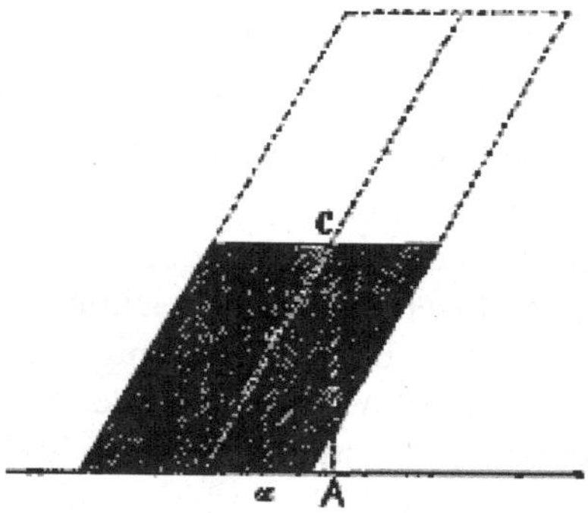

Fig. 12.

96. Warum fällt ein hoher Gegenstand in derselben geneigten Stellung leichter um als ein niedriger?

Weil ein Körper in schiefer Stellung nur so lange fest steht, als seine Schwerlinie noch in seine Grundfläche fällt, diese Schwerlinie aber um so leichter über die Grundfläche hinausgerückt wird, je höher der Körper ist, und je höher darum sein Schwerpunkt liegt. Darum pflegt man Schiffe mit Ballast zu versehen, damit ihr Schwerpunkt möglichst tief liege. Eben darum giebt man auch Gegenständen, die fest stehen sollen, wie Lampen, Leuchtern etc., einen schweren Fuß.

97. Warum steht ein sogenannter Taumelbecher sofort wieder auf, wenn man ihn auf den Tisch zu legen versucht?

Weil ein solcher Becher einen sehr dicken, halbkugelförmigen Boden hat, so daß der Schwerpunkt in diesem liegt, und die Schwerlinie daher bei horizontaler Lage des Bechers nicht in der Linie, in welcher der Becher unterstützt ist, sondern seitwärts hervortritt, und der Becher dadurch gezwungen wird, auch nach dieser Richtung hin wieder seine Unterstützung zu suchen, also aufzustehen. Dasselbe gilt auch von den mit bleiernen Füßen versehenen Stehaufmännchen aus Holundermark.

98. Warum schwebt ein Münzstück sehr leicht auf einer Nadelspitze, wenn man auf dasselbe einen Kork stellt und in diesen von entgegengesetzten Seiten zwei abwärts geneigte Gabeln steckt?

Weil durch das Gewicht der Gabeln der Schwerpunkt unter die Nadelspitze verlegt wird, das Münzstück also gar nicht fallen kann, wie man auch seine Lage verändern möge, da es gleichsam im Stützpunkt aufgehängt ist.

99. Warum fällt ein Kreisel, so lange er sich rasch dreht, nicht um, während er doch im ruhenden Zustande nicht auf seiner Spitze stehen kann?

Weil der Schwerpunkt des Kreisels, der im ruhenden Zustande allerdings nicht genügend unterstützt ist, durch die rasche Drehung (Schwungkraft) in jedem Augenblick seinen Ort ändert, so daß der Kreisel, wenn er nach einer Seite hin fallen will, im nächsten Augenblick schon nach der andern Seite gezogen wird. Durch dieses beständige Entgegenwirken der Kräfte (Schwerkraft und Schwungkraft) wird er im Gleichgewicht erhalten und bleibt aufrecht. Aus demselben Grunde ist es auch leicht, einen in schnelle Drehung versetzten Teller auf einer Degenspitze zu balanciren.

Gleichgewicht und Bewegung fester Körper.

Kein ruhender Körper kommt durch sich selbst in Bewegung; es bedarf dazu einer bewegenden Ursache, einer Kraft. Wenn mehrere Kräfte in ihren gegenseitigen Wirkungen sich vollständig aufheben, so sagt man, sie halten sich das Gleichgewicht. Das Gleichgewicht findet statt, wenn zwei genau gleiche Kräfte nach entgegengesetzten Richtungen wirken. Wenn eine Kraft auf einen Körper wirkt, so bewegt er sich nur in der Richtung dieser Kraft, und seine Bewegung ist eine gradlinige. Wenn auf einen bewegten Körper in jedem Augenblick eine andere Kraft einwirkt, so verändert er in jedem Augenblicke seine Richtung, und seine Bewegung wird eine krummlinige. Eine solche in jedem Augenblick wirkende Kraft ist die Schwere, und geworfene Körper beschreiben daher krummlinige Bahnen. Durchläuft ein Körper in gleichen Zeiten immer gleiche Räume, so ist seine Bewegung eine gleichförmige. Durchläuft er in gleichen Zeiten verschiedene Räume, so ist seine Bewegung eine ungleichförmige, und zwar eine beschleunigte oder verzögerte, je nachdem die in gleichen Zeiten durchlaufenen Räume zu- oder abnehmen. Ein fallender Körper hat eine beschleunigte, ein aufwärts geworfener Körper eine verzögerte Bewegung. Das Verhältniß zwischen der Länge des Weges und der Zeit, in welcher er zurückgelegt wird, nennt man die Geschwindigkeit der Bewegung. Von zwei bewegten Körpern hat derjenige die größere Geschwindigkeit, welcher in derselben Zeit den größeren Weg zurücklegt. Die Wirkung eines bewegten Körpers hängt sowohl von der Masse desselben als von der Geschwindigkeit seiner Bewegung ab; sie entspricht dem Produkt aus der Masse und der Geschwindigkeit.

100. Warum bringt eine mit der Hand geworfene Kugel eine viel geringere Wirkung hervor, als eine aus der Büchse geschossene?

Weil die geworfene Kugel sich mit einer viel geringeren Geschwindigkeit bewegt, als die geschossene, die Wirkung eines bewegten Körpers aber nicht blos von der Masse desselben, sondern auch von seiner Geschwindigkeit abhängt.

101. Warum ist man trotz aller Anstrengung nicht im Stande, einen Korkpfropfen ebenso weit zu werfen, wie einen gleich großen Stein?

Weil der Kork, auch wenn wir ihm dieselbe Geschwindigkeit geben wie dem Stein, doch nicht dieselbe Wirkung auf die widerstehende Luft ausüben kann, da diese Wirkung außer von der Geschwindigkeit auch von der Masse des bewegten Körpers abhängt, die Masse des Korks aber eine außerordentlich geringe gegen die Masse des Steins ist. Die Bewegung des

Korks wird daher viel früher durch den Widerstand der Luft aufgehoben als die Bewegung des Steins.

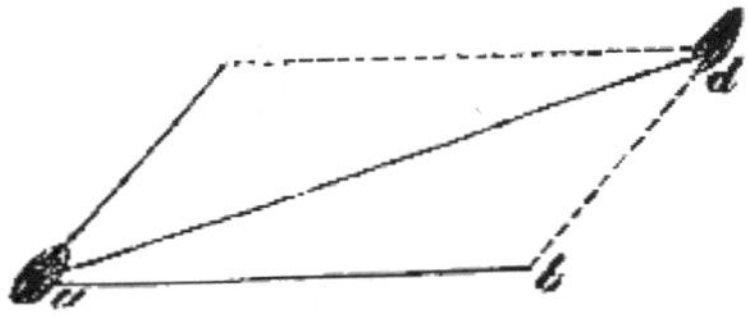

Fig. 13.

102. Warum gelangt ein Kahn, der zugleich vom Strom und von einem von der Seite her wehenden Winde getrieben wird, in schräger Richtung über einen Fluß?

Weil ein Körper, auf welchen gleichzeitig zwei Kräfte in verschiedenen Richtungen wirken, weder der Richtung der einen noch derjenigen der andern Kraft folgen kann, sondern eine mittlere Richtung einschlagen muß. Der Kahn gelangt genau an dieselbe Stelle des andern Ufers, an welche er gelangt wäre, wenn er zuerst nur von der Kraft der Strömung (von a nach b) und dann nur von der Kraft des Windes (von b nach d) getrieben worden wäre. Er hat also die Mittellinie oder Diagonale eines Parallelogramms durchlaufen, dessen Seiten die beiden auf ihn wirkenden Kräfte ihrer Stärke wie ihrer Richtung nach vorstellen. Er hat sich also so bewegt, als ob er von einer einzigen Kraft, welche diese Diagonale vorstellt, getrieben wäre. Dieses Gesetz, welches allgemein die Bewegung eines von zwei verschieden gerichteten Kräften bewegten Körpers bestimmt, nennt man das Gesetz des Parallelogramms der Kräfte.

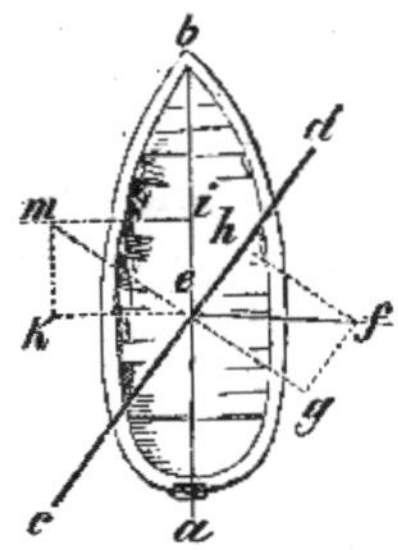

Fig. 14.

103. Warum wird ein Schiff auch von einem Seitenwinde, der seine schief gestellten Segel trifft, vorwärts getrieben?

Weil der Stoß des Windes (fe), wenn er schief auf die Segelfläche (cd) trifft, gleichsam in zwei Kräfte zerlegt wird, von denen die eine (eh) längs der

Fläche des Segels wirkt, also nutzlos bleibt, die andere (ge) aber senkrecht gegen das Segel trifft, also zur Wirkung kommt. Wegen der schiefen Stellung des Segels kann aber auch diese letztere Kraft für die Bewegung des Schiffes selbst nicht ihre volle Wirkung ausüben, wird vielmehr wieder gleichsam in zwei Seitenkräfte zerlegt, von denen die eine (ei) das Schiff in der Richtung des Kiels vorwärts treibt, die andere (ek) es seitwärts drängt. Da nun das Schiff so gebaut ist, daß es in der Richtung nach vorn vom Wasser einen möglichst geringen, in der Richtung nach seitwärts einen möglichst großen Widerstand erfährt, und da das Steuerruder diese Stellung des Rumpfes behauptet, so folgt das Schiff dem Stoße des Windes nach vorn möglichst vollständig, dem Stoße nach der Seite aber nur in sehr geringem Grade.

104. Warum steigt ein Papierdrache, den ein Knabe am Faden gegen den Wind zieht, in die Höhe, obwohl er doch als schwerer Körper zu Boden fallen sollte?

Weil auch hier der Stoß der Luft wegen der schiefen Stellung des Drachen zerlegt wird und nur einen Theil seiner Kraft in einer auf die Fläche des Drachen senkrechten Richtung wirksam machen kann, dieser abgelenkte Stoß aber sich wieder mit dem Zuge des Fadens verbindet und so eine von dem Faden weg nach oben strebende Bewegung hervorbringt.

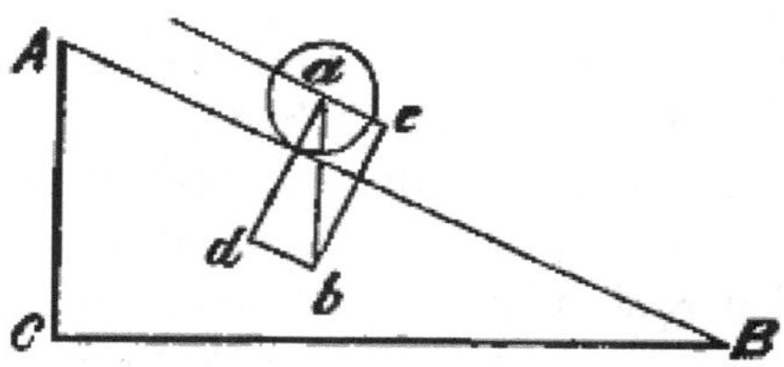

Fig. 15.

105. Warum kann der Auflader vermittelst der Schrotleiter ein schweres Faß auf den Wagen bringen, das er sonst nicht zu heben vermag?

Weil das Fallbestreben eines Körpers auf der schiefen Ebene, wie sie die Schrotleiter darstellt, nicht mehr dem ganzen Gewichte des Körpers entspricht, der Druck desselben vielmehr in zwei Kräfte zerlegt wird, in eine senkrecht auf die Ebene wirkende (ad), welche aber durch den Widerstand der Ebene aufgehoben wird, und in eine mit der Ebene parallel wirkende (ae), welche allein noch überwunden werden muß, wenn der Körper aufwärts bewegt werden soll. Diese noch zu überwindende Kraft ist aber selbstverständlich viel kleiner als das Gewicht des schweren Fasses und steht zu diesem in demselben Verhältniß, wie die Höhe der schiefen Ebene (AC), d. h. hier die Höhe des Wagens zu der Länge derselben (AB), d. h. hier die Länge der Schrotleiter.

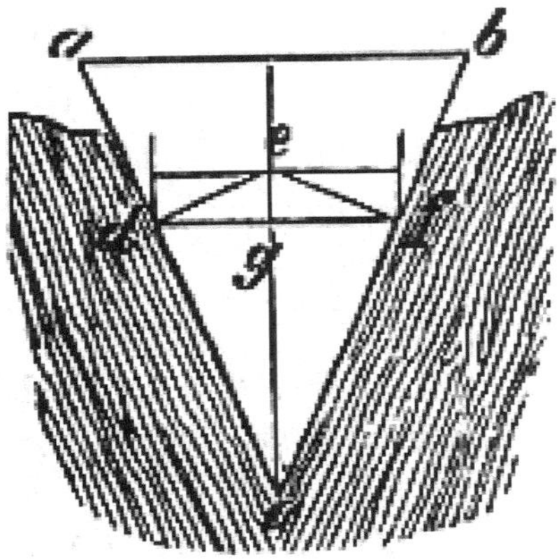

Fig. 16.

106. Warum kann der Holzhauer mit Hülfe des Keils die großen Klötze leichter spalten als mit der Axt?

Weil auch der Keil nach zwei Seiten eine schiefe Ebene darbietet, und daher die Widerstände, welche das Holz dem Eindringen des Keils entgegensetzt, an den schiefen Flächen desselben eine Theilung erfahren, und zwar jeder in eine senkrecht nach oben gerichtete Kraft (eg) und in eine andere (dg und fg) senkrecht auf die Richtung, in welcher der Keil eindringt, zerlegt wird. Die letzteren beiden aber heben einander auf als gleich und entgegengesetzt gerichtet, so daß nur die nach oben wirkenden Kräfte übrig bleiben, um den Keil aus dem Spalt hinauszutreiben. Nur diese hat der Schlag des Hammers auf den Keil zu überwinden. Sie sind aber kleiner als die ursprünglichen Widerstände selbst und verhalten sich zu diesen wie der halbe Rücken zur Seitenfläche des Keils. Auch die Axt, wie jedes schneidende Werkzeug ist zwar ein Keil, aber mit schmälerem Rücken. Sie dringt darum zwar leichter in das Holz ein, erfährt aber einen stärkeren Druck durch die Widerstände des Holzes von der Seite her. Deshalb bedient man sich zum Spalten von Scheitholz einer Axt, deren Schneide einen ziemlich stumpfen Keil bildet, zum Kleinhauen aber einer Axt mit sehr spitzem Keile.

107. Warum kann man einen Balken eines Hauses, der sich etwas gesenkt hat, wieder heben, wenn man einen Keil darunter treibt?

Weil dieser Keil nur eine bewegliche schiefe Ebene ist, und der Balken, wenn er an seiner Fläche gleichsam hinaufgeschoben wird, mit einem um so geringeren Theile seines Gewichtes widersteht, je flacher der Keil ist.

108. Warum führt man Wege in vielen Windungen auf hohe und steile Berge?

Weil man durch diese Windungen die Steilheit des Weges vermindert, da der gewundene Weg gleichsam nur eine bedeutend verlängerte schiefe Ebene darstellt, deren Neigung um ebenso viel kleiner ist, dieselbe Last aber eine um so geringere Kraft zur Aufwärtsbewegung erfordert, je geringer die Neigung der Ebene ist. An Arbeit wird allerdings dabei nichts erspart; denn was an Kraft gewonnen wird, geht am Wege verloren. Die Last muß vielleicht 8 oder 10mal so weit fortbewegt werden, als die Höhe des Berges, zu der sie gehoben wird, beträgt.

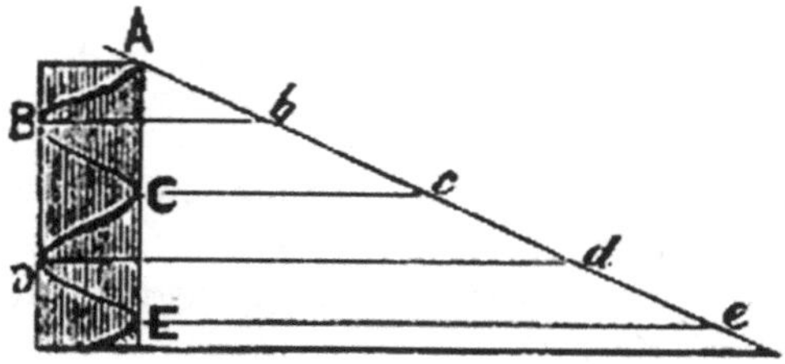

Fig. 17.

109. Warum kann man mit Hülfe der Schraube bei der Buchdrucker- oder Weinpresse einen so starken Druck ausüben?

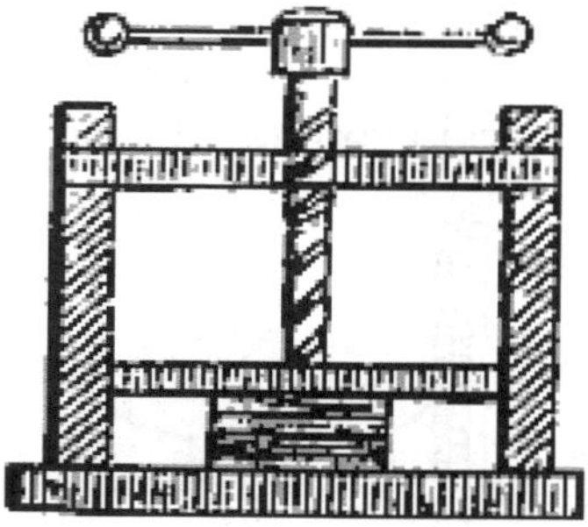

Fig. 18.

Weil eine Schraube nichts Anderes ist, als eine um einen Cylinder gewundene schiefe Ebene, und ein gegen diese geleisteter Widerstand theilweise wirkungslos an der schiefen Ebene abgleitet, so daß eine auf die Schraube wirkende Kraft einem weit größeren Gegendrucke das Gleichgewicht halten kann. Bei der Schraube verhält sich die Kraft zu dem Widerstande oder der Last, der sie das Gleichgewicht zu halten vermag, wie die Höhe des Schraubenganges zu dem Umfange der Spindel. Hat also eine solche Schraube einen Durchmesser von 1 Centimeter, und ist jeder Schraubengang 1 Millimeter hoch, so vermag sie mit einem Kraftaufwande von nur 1 Pfund einen Druck von 31½ Pfunden auszuüben. Um die Reibung zu vermindern, welche die Wirkung der Schraube schwächen muß, pflegt man sie sich in einer Schraubenmutter bewegen zu lassen, d. h. in einem hohlen Cylinder, an dessen innerer Fläche sich genau dieselbe schiefe Ebene, vertieft oder eingeschnitten, hinaufwindet. Man kann auch die Schraubenspindel fest machen und die Schraubenmutter sich daran auf und nieder bewegen lassen. Darauf beruhen die Buchbinderpresse und die Kartenpresse. Man kann natürlich auch die Schraube benutzen, um schwere Lasten zu heben, freilich wird bei jedem Umgang der Schraube die Last nur um die Höhe des Schraubenganges gehoben werden.

110. Warum kann man mit dem Pfropfenzieher den Kork aus einer Flasche ziehen?

Weil der Pfropfenzieher ein schraubenförmig gewundener Keil ist, dessen Keilform das Eindringen in den Kork erleichtert, dessen Schraubenform aber die Reibung beim Aufwärtsziehen so vergrößert, daß der Kork an dem Propfenzieher hängen bleibt.

111. Warum kann man mit Hülfe einer vom Dampfe getriebenen Schraube ein Schiff bewegen?

Weil, wenn die Schraube umgedreht wird, sie mit ihrer schiefen Fläche einen Stoß gegen das Wasser ausübt, dessen Wirkung, wenn sie auch wegen der schiefen Richtung des Stoßes zum Theil seitwärts verloren geht, doch stark genug ist, um durch den Widerstand, den die Wassermasse diesem Stoße entgegensetzt, das Schiff vorwärts zu treiben.

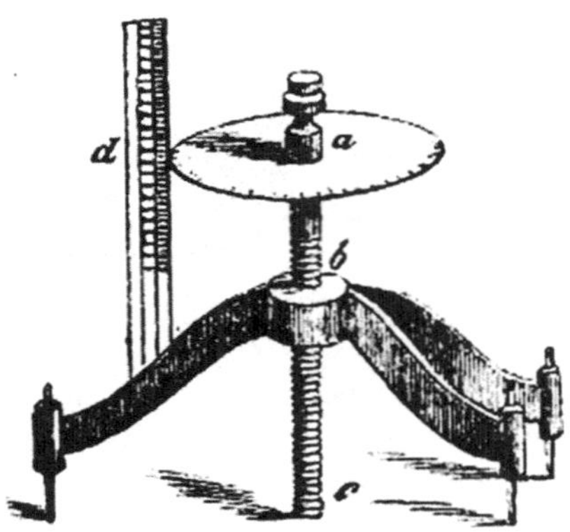

Fig. 19.

112. Warum wird die Schraube häufig zu feinen Messungen, namentlich zur Messung sehr dünner Gegenstände benutzt, wo alle anderen Meßinstrumente nicht mehr ausreichen?

Weil jede ganze Umdrehung der Schraube auch eine Hebung oder Senkung ihrer Spindel um die Höhe ihres Schraubenganges bewirkt, und wenn man sie mit einer Scheibe versieht, die an ihrem Umfange mit einer feinen Theilung versehen ist, auch jede Umdrehung um einen Theilstrich eine Hebung oder Senkung um einen entsprechenden Theil dieser Höhe bewirken muß. Ist der Rand der Scheibe z. B. in 100 Theile getheilt, und zählt die Schraube auf jeden Centimeter 100 Schraubengänge, so entspricht jede Drehung der Scheibe um einen Theilstrich einer Hebung oder Senkung der Spindel um $^{1}/_{10000}$ Centimeter. Ruht die Schraubenmutter also mittelst dreier stählerner Füße auf einer geschliffenen Glasplatte, und legt man einen dünnen Gegenstand unter ihre Spindel und dreht die Scheibe, bis die Spindel den Gegenstand berührt, so kann man an der Größe der Drehung die Dicke des Gegenstandes messen.

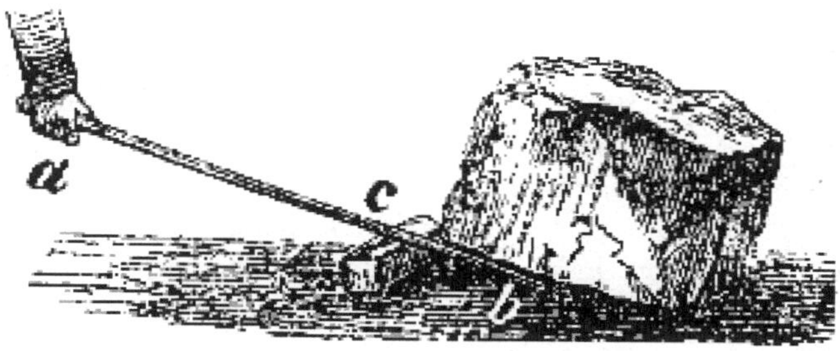

Fig. 20.

113. Warum kann ein Arbeiter mit Hülfe eines einfachen Hebebaumes einen viele Centner schweren Ballen bewegen?

Weil dieser Hebebaum ein sogenannter Hebel und zwar ein zweiarmiger Hebel ist, dessen Stützpunkt ein dem zu hebenden Ballen möglichst nahe untergeschobener Klotz oder Stein ist, und an welchem eine Kraft um so mehr leistet, in je weiterer Entfernung vom Stützpunkt sie wirkt. Indem der Mann den Hebebaum an einem Ende niederdrückt, um am anderen Ende die Last zu heben, dreht er die Stange um ihren Stützpunkt (c). Das entferntere Ende beschreibt dabei einen größeren Bogen als das nähere, und zwar einen genau so viel größeren, als die Entfernung des Angriffspunktes vom Stützpunkt (ac) größer ist, als die Entfernung der Last vom Stützpunkt (cb). Die Leistung einer Kraft oder eine Arbeit wird aber gemessen durch das Produkt aus dem zu überwindenden Widerstande und dem zurückgelegten Wege. Um so viel kleiner der Weg, um so größer kann also der Widerstand oder die zu hebende Last sein. Am Hebel halten sich also Kraft und Last das Gleichgewicht, wenn sie sich umgekehrt wie die Abstände ihrer Angriffspunkte vom Stützpunkt oder, wenn man diese Abstände Hebelarme nennt, umgekehrt wie die Hebelarme verhalten. Ist der Hebebaum 2 Meter lang und der Klotz ¼ Meter vom Ballen untergeschoben, so kann der Arbeiter diesen Ballen mit einem Kraftaufwande von 50 Pfund in Bewegung setzen, wenn derselbe auch 4 Centner wöge.

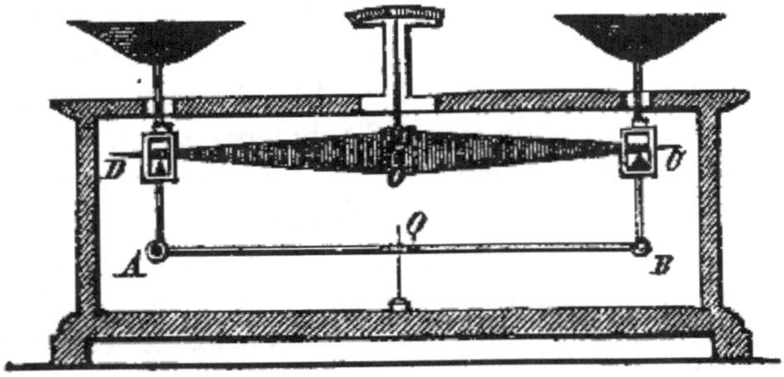

Fig. 21.

114. Warum müssen die beiden Arme einer Wage genau gleich lang sein?

Weil bei der Wage zwei gleiche Gewichte einander das Gleichgewicht halten sollen, die Wage aber ein zweiarmiger Hebel ist, an welchem zwei gleiche Gewichte nur dann im Gleichgewicht sein können, wenn sie auch in gleichem Abstande vom Drehpunkt wirken. Wären die Arme der Wage ungleich, so würde schon ein kleines Gewicht am längeren Arme hinreichen, einem größeren am kürzeren Arme das Gleichgewicht zu halten. Gleichwohl kann man auch auf einer unrichtigen Wage richtig wägen. Man legt nämlich zuerst auf die eine Schale der Wage den zu wägenden Körper, auf die andere so viele Gewichte oder Schrotkörner, als nöthig sind, um das Gleichgewicht herzustellen, nimmt dann den Körper selbst weg und ersetzt ihn durch Gewichte. Die Größe dieser letzteren bestimmt das Gewicht des Körpers. Man nennt dieses Verfahren Tariren. In Haushaltungen bedient man sich jetzt häufig der sogenannten *Roberval*'schen Tafelwage (Fig. 21), die den Vorzug großer Bequemlichkeit hat, wenn sie auch keine sehr genauen Wägungen zuläßt. Bei dieser stehen die Schalen über dem Wagebalken, der gewöhnlich in einem Kasten verborgen ist. Die Träger der Schalen ruhen auf scharfen Schneiden (C und D) des Wagebalkens, sind aber zugleich unten durch ein Querstück (AB) beweglich verbunden, das sich um einen festen Stift (Q) dreht, der genau senkrecht unter dem Aufhängepunkte (O) des Wagebalkens steht. Dadurch sind die Träger gezwungen, bei den Schwankungen der Wage stets in senkrechter Stellung zu bleiben.

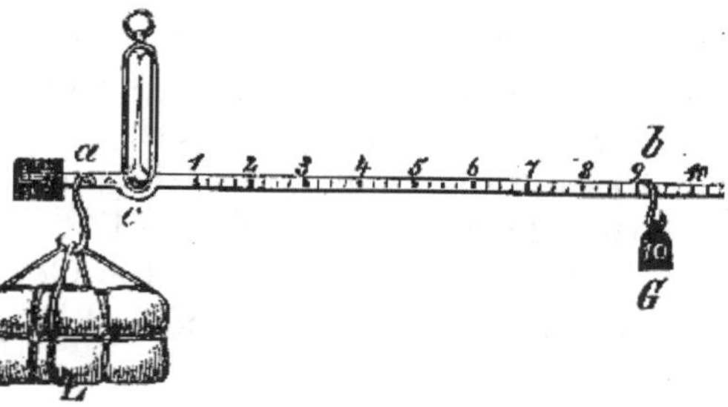

Fig. 22.

115. Warum kann man bei der Schnellwage mit demselben Gewichte verschiedene Lasten wägen?

Weil die Schnellwage (Fig. 22) ein ungleicharmiger Hebel ist, an dessen längerem Arme das Gewicht verschoben wird, welches daher in verschiedenen Abständen vom Drehpunkt auch verschiedenen Lasten am kürzeren Arme das Gleichgewicht halten muß. Ist der längere Arm mit Theilstrichen versehen, deren Abstände der Länge des kürzeren Armes gleich sind, so wird das Laufgewicht am 2ten Theilstrich der 2fachen, am 3ten der 3fachen, am 10ten der 10fachen Last am kurzen Arme das Gleichgewicht halten.

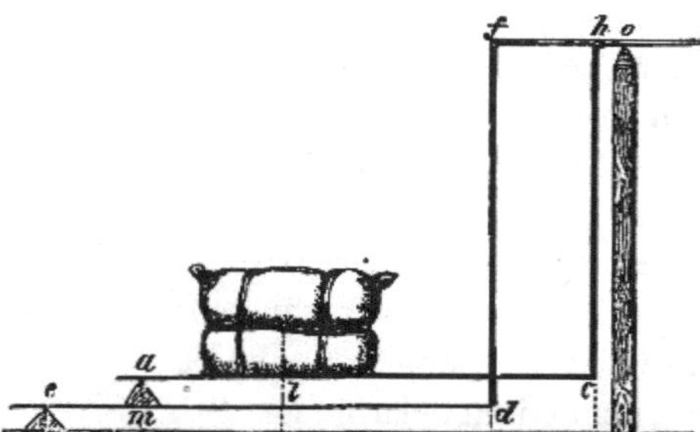

Fig. 23.

Bequemer und genauer ist die Brückenwage oder Decimalwage (Fig. 23), welche auf einer Verbindung von zwei einarmigen und einem zweiarmigen Hebel beruht. Bei dieser wird die Last nicht aufgehängt, sondern auf eine sogenannte Brücke (ac) gelegt, welche an einem Ende mittelst einer Stange (ch) an den Wagebalken gehängt ist, und zwar in einem Abstand vom Drehpunkte (o) desselben, der genau $^1/_{10}$ von dem Abstande (og) ist, in welchem die Wagschale mit dem zur Wägung dienenden Gewichte hängt. Das andere Ende der Brücke ruht auf einem einarmigen Hebel (de), welcher mittelst einer Stange (df) ebenfalls an den Wagebalken gehängt ist. Die Aufhängepunkte an dem Wagebalken und die Stützpunkte der beiden einarmigen Hebel sind so gewählt, daß zwischen ho und fo genau dasselbe

Verhältniß besteht wie zwischen me und de. Die Folge davon ist, daß die ganze Wirkung der Last in dem Punkt c vereinigt ist, gerade als ob die ganze Last an der Zugstange ch angehängt wäre. Da sie also hier an einem Hebelarme wirkt, der an Länge von dem Hebelarme, an welchem das Gewicht hängt, um das Zehnfache übertroffen wird, so wird ihr auch durch $^1/_{10}$ ihres Gewichts das Gleichgewicht gehalten. Ein Gewicht von 1 Pfund wägt an dieser Wage also eine Last von 10 Pfund.

Fig. 24.

116. Warum hebt man eine auf einer Schiebkarre liegende Last leichter auf, als wenn man sie vom Boden aufheben soll?

Weil auch die Schiebkarre ein Hebel ist und zwar ein sogenannter einarmiger, dessen Stützpunkt am Ende desselben in der Axe des Rades liegt, und bei dem die Last dem Stützpunkt möglichst nahe angebracht ist, während die hebende Kraft am äußersten Ende wirkt. Auch hier beschreiben Last und Kraft bei der Drehung des Hebels in dem Maße verschiedene Bogen, als ihre Abstände vom Stützpunkt verschieden sind. Auch hier hält also die Kraft einer Last das Gleichgewicht, wenn ihr Verhältniß zu einander das umgekehrte der entsprechenden Hebelarme ist.

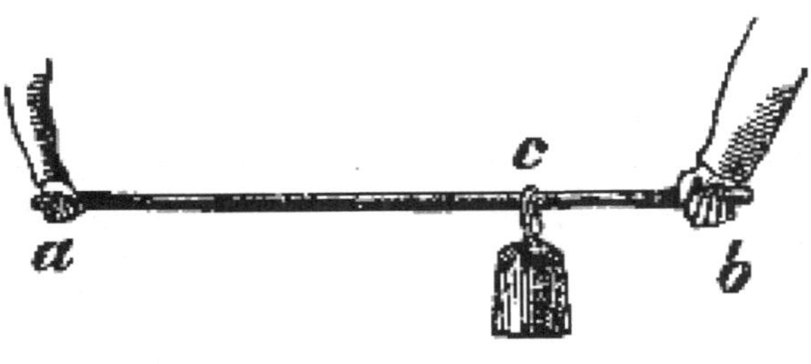

Fig. 25.

117. Warum darf man eine Last nicht in die Mitte einer Tragstange hängen, welche zwei Menschen auf ihren Schultern oder in den Händen zwischen sich tragen, wenn diese Träger nicht gleich an Kraft sind, der eine etwa ein Knabe, der andere ein Mann ist?

Weil jeder dieser Träger an einem einarmigen Hebel trägt, dessen Stützpunkt auf der Schulter oder in der Hand des Andern liegt, und weil also die schwächere Kraft gegen die stärkere im Nachtheil sein würde, wenn sie nicht in einer größeren Entfernung von der Last als jene anzugreifen hätte. Wenn der Mann anderthalb mal so stark ist als der Knabe, so muß an einer $2\frac{1}{2}$ Meter langen Stange die Last 1 Meter von dem Manne, $1\frac{1}{2}$ Meter von dem Knaben entfernt hängen, wenn die Kraft beider in gleichem Verhältniß in Anspruch genommen werden soll.

118. Warum sind an Kaffeemühlen, Kaffeetrommeln, Schleifsteinen, Drehorgeln etc. besondere Handhaben oder Kurbeln zum Drehen angebracht?

Weil diese Kurbeln nichts anderes als Hebel sind, an deren äußerstem Ende die Kraft der Hand wirkt, während sich die Last am Anfang einer Welle von kleinem Durchmesser, also sehr nahe am Drehpunkt befindet, und weil daher zur Bewegung oder Umdrehung dieser Last grade so viel weniger Kraft erforderlich ist, als die Länge der Kurbel den Durchmesser der Welle übertrifft.

Fig. 26.

119. Warum kann man mit Hülfe der Winde viel leichter einen Eimer voll Wasser aus einem Schöpfbrunnen ziehen als mit der Hand?

Weil die Winde ebenfalls ein Hebel ist, an dessen längerem Arme, der Kurbel oder den Speichen eines Rades, die Kraft wirkt, während an dem kürzeren Arme die heraufziehende Last wirkt. An Arbeit wird dabei nichts gespart; denn was an Kraft gewonnen wird, geht an Weg und Zeit verloren. Um so viel die Kraft kleiner ist als die Last, um so viel ist der Kreis, welchen die Hand an der langen Kurbel beschreibt, größer als der Umfang der Welle, um welche sich das Seil mit der daran hängenden Last aufwindet. Die Arbeit ist nur anders eingerichtet und gleichsam vertheilt, so daß sie mit geringeren Kraftmitteln ausgeführt werden kann.

120. Warum müssen die Wagen Räder haben, und warum fährt man nicht auch ohne Schnee mit Schlitten?

Weil das Rad, indem es nur mit wenigen Punkten den Boden berührt, die der Fortbewegung entgegenwirkende Reibung am Boden bedeutend vermindert, was bei Schnee nicht nöthig ist, da dieser theils die Unebenheiten des Weges ausgleicht, theils durch die Glätte, die er in Folge des Druckes annimmt, nur geringe Reibung verursacht; weil aber auch zugleich jedes Rad wie ein Hebel wirkt, da die Zugkraft der Pferde an dem Umfange der Räder wirkt, während die Last an der Axe den Widerstand leistet. Die Last, welche die Pferde zu überwinden haben, ist übrigens nicht eigentlich das Gewicht des Wagens und seiner Ladung, da dieses von dem Boden getragen wird, sondern die Reibung an der Axe, welche freilich nicht blos durch die Unebenheiten des Bodens, sondern auch durch das Gewicht des Wagens vermehrt wird.

121. Warum werden Dampfwagenzüge auf Eisenbahnen im Winter oft durch Glatteis aufgehalten?

Weil bei der Locomotive keineswegs eine ähnliche Zugkraft vorhanden ist, wie bei dem vom Pferde gezogenen Wagen, die Räder vielmehr nur eine umdrehende Bewegung erhalten und diese in eine Fortbewegung nur durch den Reibungswiderstand verwandelt wird, welchen die Räder in ihrer Umdrehung an den Schienen finden. Ist dieser Reibungswiderstand daher durch Glatteis vermindert, so fehlt auch jeder Stoß zur Fortbewegung und die Räder drehen sich nur um sich selbst.

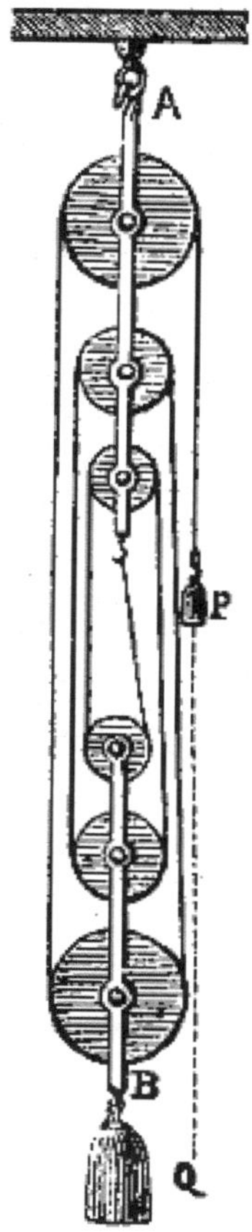

Fig. 28.

122. Warum pflegt man zum Emporziehen der Balken auf neu errichtete Gebäude sich eines Flaschenzuges (Fig. 28) statt eines einfachen Seiles zu bedienen?

Fig. 27.

Weil ein solcher Flaschenzug aus mehreren Paaren fester und beweglicher Rollen besteht, und jedes solches Rollenpaar wie ein Hebel wirkt und dadurch die Hebung der Last erleichtert. Sowohl der oben befestigte Kloben, als der unten mit der Last verbundene bewegliche enthält nämlich 3 oder mehr Rollen, um welche abwechselnd das Seil geschlungen ist, an dem die Last gezogen werden soll. Eine bewegliche Rolle (Fig. 27) aber, wie sie jede der in dem untern Kloben befindlichen Rollen darstellt, ist gleichsam ein einarmiger Hebel, in dessen Mitte (c) die Last hängt, während die ziehende Kraft an dem einen Ende (b), der Stützpunkt am andern Ende (a) sich befindet. Jede solche Rolle gestattet also die Last mit dem halben Kraftaufwande zu heben. Sind demnach 3 solcher Rollen vorhanden, so wird nur der 6ste Theil der Kraft nöthig sein, die Last zu heben. Allerdings entspricht auch hier der Verminderung der Kraft eine Verlängerung des Weges. Für jeden Meter, um den die Last gehoben wird, muß jedes der 6 Seile, welche die Rollen umschlingen, sich um 1 Meter verkürzen, das Seil also, an welchem das Pferd zieht, sich um 6 Meter verlängern, und das Pferd die Last 6 Meter weit ziehen.

Fall, Pendel und Centralbewegung.

Die Bewegung eines fallenden Körpers ist eine gleichmäßig beschleunigte, da die Schwerkraft der Erde in jedem Augenblicke gleichmäßig auf den bewegten Körper fortwirkt. Die Geschwindigkeit eines fallenden Körpers nimmt daher in gleichem Verhältnisse mit der Dauer des Falles zu. Der von dem fallenden Körper durchlaufene Raum wächst aber in größerem Verhältniß, da mit der von Moment zu Moment wachsenden Geschwindigkeit er auch immer größere Räume durchfallen muß. In der ersten Sekunde fällt ein Körper erfahrungsmäßig durch 4,905 Meter oder $15^5/_8$ preußische Fuß. In 2 Sekunden durchfällt er den 4fachen, in 3 Sekunden den 9fachen Raum etc. Ueberhaupt wächst der durchfallene Weg wie das Quadrat der Zeit. Die am Ende der ersten Sekunde erlangte Geschwindigkeit ist so groß, daß damit das Doppelte des in der ersten Sekunde zurückgelegten Weges durchlaufen werden würde. Ebenso verhält es sich am Ende jeder folgenden Sekunde. Die Endgeschwindigkeit beträgt also nach der ersten Sekunde 2 × 4,905 = 9,81 Meter oder 31¼ preußische Fuß, nach der zweiten Sekunde 2mal, nach der dritten Sekunde 3mal 9,81 Meter etc. Diese Gesetze des Falles, die vollkommen freilich nur für den Fall im luftleeren Raume gelten, sind zuerst von *Galilei* im Jahre 1602 aufgefunden und nachgewiesen worden.

Ein geworfener Körper folgt gleichfalls den Gesetzen des Falles. Aber seine Bewegung setzt sich aus der gleichförmigen Bewegung, welche ihm durch den Stoß ertheilt wird, und der beschleunigten Bewegung des Falles zusammen. Der Weg des geworfenen Körpers ist darum immer eine krumme Linie, eine sogenannte Parabel.

Auch die Bewegung eines Pendels oder die Schwingung eines an einem Faden aufgehängten schweren Körpers ist nur eine Fallbewegung. Die Dauer der Schwingungen eines Pendels ist daher nicht von der Natur des Stoffes, aus welchem es besteht, auch nicht von der Weite der Schwingungsbogen, sondern nur von der Länge des Pendels abhängig. Ein 4mal längeres Pendel schwingt 2mal, ein 9mal längeres 3mal langsamer.

Wird ein Körper an einem Faden geschwungen oder durch irgend eine Kraft beständig nach einem Punkte gezogen und zugleich durch einen Stoß nach einer andern Richtung fortgetrieben, so wird der Körper gezwungen, eine krummlinige Bahn zu durchlaufen, und zwar ist diese Bahn eine kreisförmige, wenn die anziehende Kraft stets gleichmäßig wirkt, da der Körper immer in der gleichen Entfernung von dem anziehenden Punkte gehalten wird. Hört die anziehende Kraft zu wirken auf, oder wird sie von der forttreibenden Kraft überwunden, läßt man also den Faden los, oder zerreißt er, so fliegt der Körper fort und zwar in einer Richtung, welche senkrecht zur Richtung des Fadens im Augenblicke des Zerreißens ist. Man nennt diese Bewegung Centralbewegung, die anziehende Kraft Ziehkraft oder Centripetalkraft, die forttreibende Fliehkraft, auch Schwungkraft oder Centrifugalkraft. Im Großen zeigen uns diese Centralbewegung die Erde und die Planeten in ihrer Bewegung um eine Axe, wie in ihrer Bahnbewegung um die Sonne.

123. Warum kann in tiefen Schächten das Herabfallen eines kleinen Steines gefährlich werden?

Weil die Geschwindigkeit des fallenden Steines unter dem Einfluß der beschleunigenden Kraft der Schwere beständig wächst und bei bedeutender Fallhöhe eine solche Gewalt erlangen kann, daß der Stein trotz seiner geringen Masse zerschmetternd wirkt. Fällt ein Stein durch einen 300 Meter tiefen Schacht, so hat er schließlich eine Geschwindigkeit von ca. 76 Metern in der Sekunde erlangt, die doppelt so groß ist, als die des heftigsten Orkans.

124. Warum muß man den Lauf einer Büchse nicht auf das Ziel selbst, sondern auf einen etwas höher gelegenen Punkt richten, wenn man aus weiter Entfernung schießt und das Ziel treffen will?

Weil die abgeschossene Kugel niemals in grader Linie fortfliegt, sondern, da beständig die Zugkraft der Schwere auf sie wirkt, allmählich in einem Bogen sich zur Erde herabsenkt. Eine Büchsenkugel, die mit etwa 470 Meter Geschwindigkeit den Lauf verläßt, fällt auf eine Schußweite von 48 Meter, die sie in $^{1}/_{10}$ Sekunde durchfliegt, etwa um 4 Centimeter. Auf einen um ebenso viel über dem Ziel liegenden Punkt muß daher auch visirt werden.

125. Warum bedient man sich ganz allgemein des Pendels zur Regelung der Uhren?

Weil wegen der unveränderlichen Größe der Schwere an demselben Orte der Erde die Schwingungen desselben Pendels in genau gleichen Zeiten geschehen und diese gleichdauernden Schwingungen auf die Bewegung des Räderwerks übertragen werden. Diese Uebertragung geschieht durch einen an der Pendelstange befestigten Doppelhaken, die sogenannte Hemmung, dessen Spitze abwechselnd in die Zähne eines Rades eingreifen und dadurch bewirken, daß das Rad erst nach jeder vollendeten Pendelschwingung um einen Zahn weiterrücken kann. Die Benutzung dieses Pendels zur Regelung der Uhren rührt von dem holländischen Physiker *Huyghens* her, der im Jahre 1658 die erste Pendeluhr herstellte.

126. Warum pflegt eine Pendeluhr im Sommer nachzugehen?

Weil das Pendel in Folge der Ausdehnung durch die Wärme sich etwas verlängert, das längere Pendel aber langsamer schwingt, und darum auch der

Gang des ganzen Uhrwerks, der durch die Pendelschwingungen regulirt wird, ein langsamerer werden muß.

127. Warum muß man das Pendel einer Berliner Uhr am Aequator verkürzen, wenn die Uhr richtig gehen soll?

Weil die Geschwindigkeit der Pendelschwingungen von der Schwerkraft der Erde abhängt, die Schwerkraft aber wegen der Anschwellung der Erde am Aequator hier schwächer wirkt als unter höheren Breiten, und die Schwingungen des Pendels darum auch langsamer sein müssen. Damit sie wieder schneller und den bei uns stattfindenden gleich werden, muß also das Pendel etwas gekürzt werden. Ein Secundenpendel, d. h. ein Pendel, das genau in jeder Sekunde eine Schwingung macht, hat bei uns (unter 52½ Grad Breite) eine Länge von 0,994 Meter, am Aequator aber eine Länge von 0,991 Meter.

128. Warum wird ein Ball, den man an einen Faden bindet und, nachdem man ihn schnell im Kreise geschwungen, losläßt, viel weiter geschleudert, als wenn man ihn mit der Hand wirft?

Weil auf den am Faden geschwungenen Ball die Fliehkraft wirkt, die bei dem Wurfe mit der Hand nicht thätig ist, und weil diese Fliehkraft mit der Länge des Fadens und der Geschwindigkeit des Umschwungs wächst.

129. Warum spritzen die Räder eines schnell fahrenden Wagens?

Weil durch den schnellen Umschwung der Räder Fliehkraft erzeugt wird, welche am stärksten am Umfange der Räder wirkt und hier die Adhäsion der damit in Berührung kommenden Körper, wie der Wassertheilchen oder des Straßenkoths, überwindet und diese Körper darum fortschleudert. Auf derselben Erscheinung beruhen auch die verschiedenen Centrifugalmaschinen, deren man sich zum Trocknen der Wäsche, zum Ausschleudern des Honigs aus den Wachsscheiben, oder in Zuckerfabriken zum Reinigen des Zuckers vom anhängenden Syrup bedient. Es sind im Wesentlichen siebförmig durchlöcherte Trommeln, durch deren Oeffnungen in Folge eines heftigen Umschwungs die Flüssigkeiten ausgeschleudert werden, während die festen Körper – die Wäsche, das Wachs, die Zuckerkrystalle – zurückbleiben.

130. Warum fließt aus einem mit Wasser gefüllten Glase, das man in einen Reifen stellt, das Wasser nicht aus, wenn man diesen Reifen schnell im Kreise schwingt, obgleich dabei die Oeffnung des Glases nach unten gekehrt wird?

Weil die durch den Umschwung erzeugte Fliehkraft, die das Wasser im Glase nach außen, also gegen den Boden des Glases treibt, der Schwerkraft entgegenwirkt, und diese bei hinreichender Geschwindigkeit des Umschwungs völlig überwunden wird. Man hat sogar sogenannte

Centrifugalfahrbahnen eingerichtet, welche einen senkrecht stehenden Kreis bilden, so daß die darauf fahrenden Personen mit dem Kopf nach unten zu stehen kommen. Der Wagen mit der darin sitzenden Person geht zuerst in einer sehr steilen Bahn abwärts, bevor er in die Kreisbahn kommt, damit er hinreichende Schwungkraft erlange. Denn je größer die Geschwindigkeit, desto eher überwiegt die Centrifugalkraft das Gewicht des Wagens und der darin sitzenden Person, und desto sicherer und gefahrloser ist die Fahrt.

131. Warum muß ein Dampfwagenzug bei starken Krümmungen der Bahn langsam fahren?

Weil mit der Geschwindigkeit die Schwungkraft wachsen würde, die ein sich in solcher Krümmung bewegender Zug erlangt, und weil diese Schwungkraft den Zug aus den Schienen schleudern würde, Um den Wirkungen der Schwungkraft entgegenzutreten, legt man indeß an solchen Krümmungen die äußere Schiene etwas höher als die innere und zwar um so mehr, je stärker die Krümmung ist.

132. Warum flacht sich auf der Töpferscheibe eine weiche Thonkugel zu einer Scheibe ab?

Weil durch die schnelle Umdrehung der Töpferscheibe alle Theilchen der Thonkugel das Bestreben erhalten, sich nach außen zu entfernen, und sie auch, wenn ihre Zusammenhangskraft nicht groß genug wäre, hinweggeschleudert werden würden. Durch das Zusammenwirken der Schwungkraft und der Cohäsionskraft werden die Theilchen gezwungen, eine abgeplattete Kugel zu bilden, die bei großer Schnelligkeit der Umdrehung fast die Form einer Scheibe annimmt. Auch die abgeplattete Kugelgestalt unserer Erde wird einem früheren Flüssigkeitszustande derselben und der Einwirkung der Axendrehung zugeschrieben.

Gleichgewicht und Bewegung flüssiger Körper.

Die flüssigen Körper unterscheiden sich von den festen durch die größere Verschiebbarkeit ihrer Theile. Sie können niemals wie diese eine ihnen eigenthümliche Gestalt besitzen, sondern müssen die Form des Gefäßes annehmen, von welchem sie eingeschlossen sind. Nur sehr kleine Flüssigkeitsmassen zeigen das Bestreben, die Kugelform anzunehmen, und bilden Tropfen. Größere Flüssigkeitsmassen stellen an ihrer Oberfläche eine wagerechte Ebene dar.

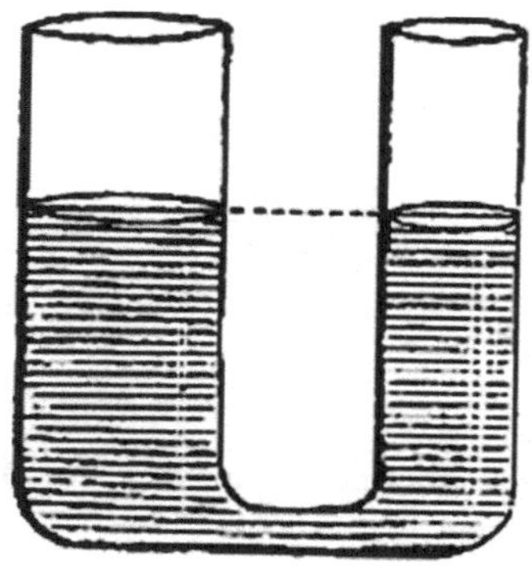

Fig. 29.

133. Warum steht Wasser oder irgend eine andere Flüssigkeit in zwei Gefäßen gleich hoch, wenn diese so mit einander verbunden sind, daß die Flüssigkeit frei aus dem einen in das andere treten kann?

Weil der Druck des Wassers in dem einen Gefäße genau so groß sein muß, als der Druck des Wassers in dem andern, und dies nicht anders der Fall sein kann, als wenn das Wasser in Beiden gleich hoch steht. Da nämlich das Wasser, wie jeder andere Körper, das Bestreben hat, zu fallen, bis es am weiteren Fallen gehindert wird, so würde, wenn das Wasser in dem einen Gefäße höher stünde als in dem andern, Ersteres auf das in der Verbindungsröhre befindliche Wasser einen größeren Druck ausüben als das Wasser in dem andern Gefäße, in welchem es niedriger stünde. Die Folge davon würde sein, daß das Wasser in dem ersteren Gefäße so lange Wasser aus der Verbindungsröhre in das andere Gefäß drängen würde, bis der Druck des Wassers in beiden Gefäßen auf das Wasser in der Verbindungsröhre gleich wäre, d. h. das Wasser in beiden Gefäßen gleich hoch stünde. So verbundene Gefäße nennt man communicirende Gefäße (oder Röhren).

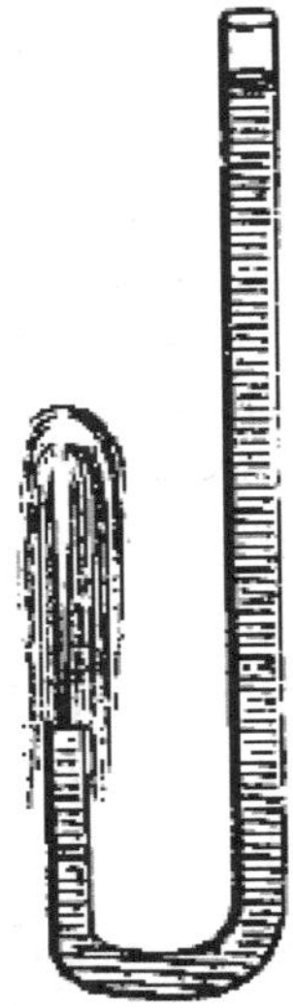

Fig. 30.

134. Warum springt das Wasser aus der kürzeren von zwei communicirenden Röhren heraus, wenn der Stand des Wassers in der längeren höher als die kürzere Röhre ist?

Weil das Gleichgewicht des Wassers nicht hergestellt ist, so lange das Wasser in der einen Röhre höher steht als in der anderen, und der Druck des Wassers in der längeren Röhre daher so lange aus der Verbindungsröhre in die kürzere drängen muß, bis es in beiden gleich hoch steht. Da nun aber die Höhe der kürzeren Röhre nicht ausreicht, um das Wasser zu fassen, so muß es nothwendig oben herausspringen und zwar, wenn die Reibung an den Wänden der Röhre, an den Rändern der Ausflußöffnung und der Widerstand der Luft nicht hinderlich wären, genau so hoch, daß die Höhe des Wasserstrahles der Höhe des Wasserstandes in der längeren Röhre gleichkäme.

135. Warum springt das Wasser aus den sogenannten Springbrunnen so hoch empor?

Weil auch Springbrunnen nur communicirende Röhren sind, die das Wasser aus höher gelegenen Behältern der tiefer gelegenen Springbrunnenöffnung zuführen, und daher der Druck der gesammten Wassermasse, welche sich über dem Niveau dieser Oeffnung befindet, das Wasser hinaustreibt.

136. Warum kann man ein mit Wasser angefülltes, gehörig verschlossenes Faß, in das man eine 6 bis 9 Meter lange Röhre festkittet, und zwar so, daß sie mit dem Wasser im Fasse in Verbindung steht, sprengen, sobald man in diese Röhre Wasser hineingießt?

Weil der durch das Wasser in der Röhre auf das im Fasse befindliche Wasser verursachte Druck sich nicht nur den Wassertheilchen mittheilt, die unmittelbar unter der Röhre liegen, sondern durch dieselben sich auch gleichmäßig nach allen Richtungen auf alle darunter und daneben befindlichen Theilchen fortpflanzt. Da nun das Wasser im Fasse keinen Raum findet, wohin es, durch den Druck des Wassers der Röhre gedrängt, ausweichen könnte, so muß es auf die Wände des Fasses drücken und diese, wenn sie nicht stark genug sind, auseinandertreiben.

137. Warum zerspringen Flaschen, wenn sie mit Wasser oder Wein bis an den Rand gefüllt sind, und man dann einen Kork auf die Mündung aussetzt und mit einem leichten Schlage einzutreiben versucht?

Weil auch ein von außen geübter Druck nach allen Richtungen durch die ganze Flüssigkeitsmasse sich fortpflanzt und daher auch auf die Wände der Flasche wirkt, die ihrer Zerbrechlichkeit wegen einem solchen Schlage nicht widerstehen können. Man muß daher beim Füllen von Weinflaschen die Vorsicht üben, stets eine zollhohe Luftschicht über dem Weine zu lassen, durch deren leichte Zusammendrückbarkeit jede Gefahr beseitigt wird.

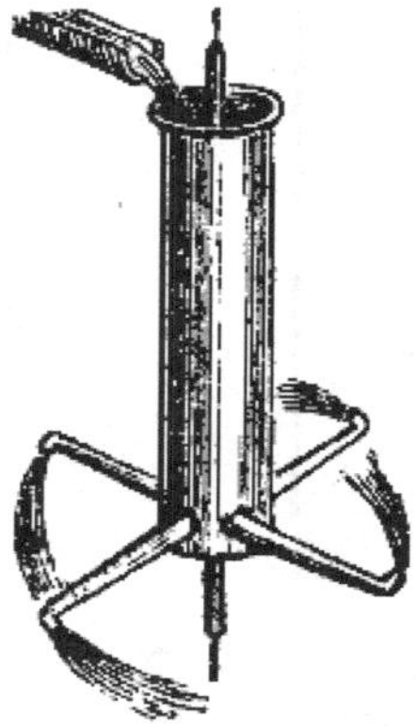

Fig. 31.

138. Warum kann ein mit Wasser gefüllter Cylinder dadurch in drehende Bewegung versetzt werden, daß man unten in der Nähe des Bodens mehrere Röhren anbringt, die sämmtlich nach derselben Seite hin umgebogen sind, und durch welche das Wasser ausfließt?

Weil, wenn das Wasser aus einer solchen umgebogenen Röhre ausfließt, es nur auf die gegenüberstehende Wand einen Seitendruck ausübt, und das Gefäß daher, wenn es beweglich ist, nach dieser Richtung hin ausweichen muß. Da der Druck des ausfließenden Wassers bei allen diesen Röhren nach derselben Richtung wirkt, so muß eine Drehung des Gefäßes erfolgen. Darauf beruht das sogen. *Segner*'sche Wasserrad. (Fig. 31.)

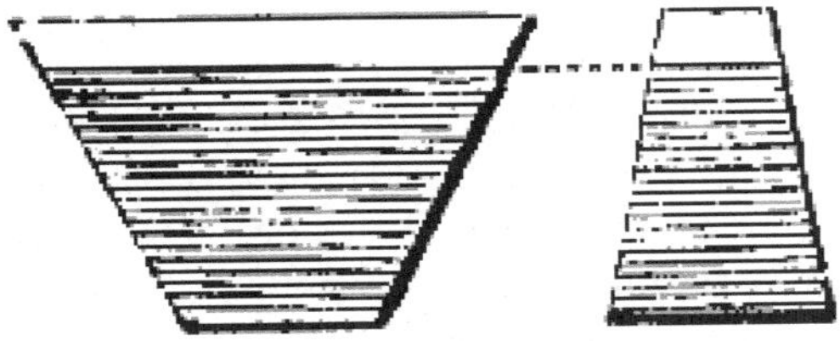

Fig. 32.

139. Warum ist der Druck des Wassers auf den Boden in zwei Gefäßen, von denen das eine sich nach oben erweitert, das andere nach oben verengt, doch völlig gleich, wenn beide eine gleichgroße Bodenfläche haben und in beiden das Wasser gleich hoch steht? (Fig. 32.)

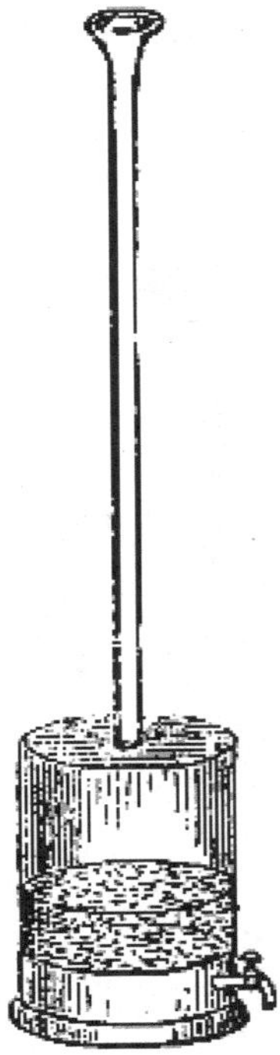

Fig. 33.

Weil bei der Verschiebbarkeit der Flüssigkeitstheilchen jedes Theilchen nicht blos nach unten, sondern auch nach allen Seiten drückt, jedes Theilchen an der Bodenfläche daher den gleichen Druck erleiden muß, und der Gesammtdruck auf die Bodenfläche darum nicht von der Menge der vorhandenen Flüssigkeit, sondern nur von der Höhe derselben und von der Größe der Bodenfläche abhängen kann. Der Druck auf den Boden eines Gefäßes ist also unter allen Umständen dem Gewicht einer Flüssigkeitssäule gleich, welche den Boden zur Grundfläche und die Höhe des Flüssigkeitsspiegels zur Höhe hat. Daraus geht hervor, daß man mit einer kleinen Wassermasse einen bedeutend größeren Druck ausüben kann, als das Gewicht der Wassermasse beträgt. Man macht davon bei der *Real*schen Presse (Fig. 33) zum Auspressen von Pflanzensäften Gebrauch, indem man in ein oben verschlossenes starkwandiges Gefäß eine sehr dünne Röhre einkittet, und diese mit Wasser füllt. Der Druck ist dabei so stark, als ob das Gefäß selbst die ganze Höhe der Röhre hätte und mit Wasser gefüllt wäre.

140. Warum werden leere Flaschen, die man in bedeutende Meerestiefe hinabsenkt, zerdrückt oder mit Wasser gefüllt?

Weil nicht blos der Boden und die Seitenwände eines Gefäßes, sondern auch jede Stelle im Innern der Flüssigkeit einen Druck erleidet und zwar einen Druck, welcher dem Gewichte der darüber stehenden Flüssigkeitssäule gleich ist. Jeder Körper, der an Stelle der Flüssigkeitstheilchen einen Raum im Innern der Flüssigkeit einnimmt, erleidet also denselben Druck, und dieser wird in einer Meerestiefe von 400 Metern, wenn man das Gewicht eines Kubikdecimeters Wasser zu 2 Pfund annimmt, auf jeden Quadratmeter Fläche 800000 Pfund betragen. Natürlich kann eine Flasche einem solchen Drucke nicht widerstehen, sondern wird entweder zerdrückt, oder es wird der Pfropfen, durch den sie verschlossen ist, in dieselbe hineingetrieben. Wegen dieses Druckes können auch Thiere in großen Meerestiefen nicht mehr leben.

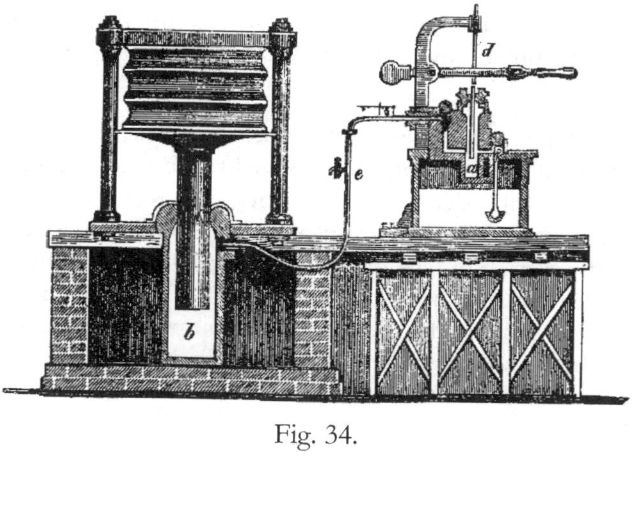

Fig. 34.

141. Warum kann man vermittelst einer hydraulischen Presse bei Anwendung einer sehr mäßigen Kraft einen ungeheuren Druck ausüben?

Weil sich der Druck, der hier auf eine Flüssigkeitssäule von geringem Durchmesser ausgeübt wird, durch eine communicirende Röhre auf eine Flüssigkeitssäule von sehr bedeutendem Querschnitt fortpflanzt und die Oberfläche derselben nun einen Druck erleidet, der gerade so groß ist, als ob jeder Theil derselben dem ursprünglichen Druck ausgesetzt gewesen wäre. Diese hydraulische Presse (Fig. 34) besteht nämlich aus zwei Cylindern von sehr verschiedenen Querschnitten, welche durch ein Rohr mit einander verbunden sind, und in welchen sich Kolben auf und nieder bewegen lassen. Der kleinere Cylinder hat die Einrichtung einer Druckpumpe, und durch das Spiel seines Kolbens wird Wasser in den hohlen Raum des andern Cylinders getrieben, das nun hier den Kolben desselben in die Höhe schiebt. In demselben Verhältniß, in welchem der Querschnitt des Druckkolbens von der untern Fläche des Preßkolbens übertroffen wird, in demselben Verhältniß wird auch die Kraft, mit welcher man den Druckkolben niederdrückt, von der Kraft übertroffen, mit welcher der Preßkolben gehoben wird. Beträgt z. B. der Querschnitt des Druckkolbens 1 □Centimeter, der des Preßkolbens 100 □Centimeter, und wendet man zum Niederdrücken des Druckkolbens eine Kraft von 50 Pfund an, so wird zunächst der Druck, den der Druckkolben erfährt, da er durch Vermittelung eines Hebels ausgeübt wird, beispielsweise um das 6fache vermehrt, und die Fläche des Preßkolbens erleidet also einen Druck von 100 × 300 Pfund oder 30000 Pfund. Bekanntlich werden solche Pressen besonders zum Pressen von Tuch und Papier, zum Auspressen von Oelsamen und zum Heben und Fortschieben großer Lasten angewandt. (Hydraulische Aufzüge!)

142. Warum sinken manche Körper im Wasser unter, während andere auf demselben schwimmen und nur mit Gewalt in dasselbe hineingedrückt werden können?

Weil ein Körper im Wasser nur dann dem Drucke des Wassers das Gleichgewicht halten kann, wenn sein Gewicht dem einer Wassermenge von gleichem Rauminhalt oder Volumen gleich ist. Körper, deren Gewicht größer ist, als das Gewicht des gleichen Volumens Wasser, oder die specifisch schwerer sind als das Wasser, müssen untersinken, da der Gegendruck des Wassers ihnen nicht widerstehen kann. Körper aber, deren Gewicht geringer ist, als das der gleichen Raummenge Wasser, oder die specifisch leichter sind, schwimmen auf demselben, weil ihr Druck geringer ist als der Gegendruck des Wassers.

143. Warum tritt das Oel, auf welches man Wasser oder eine andere Flüssigkeit gießt, auf die Oberfläche des Wassers oder der Flüssigkeit und schwimmt oben auf?

Weil Oel weniger wiegt als eine gleich große Menge Wasser, oder mit anderen Worten, weil Oel ein geringeres specifisches Gewicht hat als Wasser, und daher das auf das Oel gegossene Wasser, weil es von dem Oele nicht getragen werden kann, auf den Boden des Gefäßes sinken muß. Es folgt zugleich daraus, daß, wenn mehrere Flüssigkeiten, z. B. drei, zusammengegossen würden, die specifisch schwerste zu unterst, die specifisch leichteste oben auf, die Flüssigkeit von mittlerem specifischen Gewichte aber sich in der Mitte zwischen Beiden lagern würde.

144. Warum schwimmt eine dünne hohle Metallkugel auf dem Wasser?

Weil ein Volumen Wasser, das dem Inhalte der Kugel gleich kommt, mehr wiegt als die hohle Metallkugel, und sie daher nur so weit in das Wasser einsinken kann, bis das Gewicht des dadurch aus der Stelle getriebenen Wassers dem der Metallkugel gleich ist. Würde dagegen die Metallkugel zusammengedrückt, so würde sie, da sie nun einen bedeutend kleinern Raum einnähme, und das Metall selbst specifisch schwerer ist als das Wasser, sogleich im Wasser untersinken.

145. Warum sinken Glasflaschen, die mit Wasser angefüllt sind, im Wasser unter?

Weil sie in diesem Falle specifisch schwerer als das Wasser sind, da zwar das Wasser im Wasser nicht wiegt, das Glas aber, woraus die Flaschen bestehen, specifisch schwerer als Wasser ist. Leere Flaschen schwimmen nur deshalb auf dem Wasser, weil sie mit Luft gefüllt sind, und ein ihrem Umfange gleiches Volumen Wasser schwerer ist als die Glasmasse der Flaschen und die von ihnen Umschlossene Luft zusammengenommen.

146. Warum kommen Ertrunkene, die einige Tage unter dem Wasser gelegen haben, auf die Oberfläche desselben?

Weil während dieser Zeit wegen eintretender Fäulniß ihr Körper aufschwillt und, da dieses Aufschwellen nur von Luftarten herrührt, welche sich durch die Verwesung entwickeln, an specifischem Gewichte abnimmt. Im lebenden Zustande ist aber schon der Körper der meisten Menschen etwas leichter als das Wasser, und nur beim Ertrinken ist er in Folge des eingedrungenen Wassers etwas schwerer geworden. Durch die in seinem Innern entwickelten Luftarten muß er daher wieder leichter geworden sein als das Wasser und deswegen auf die Oberfläche gehoben werden.

147. Warum schwimmt das Eis auf dem Wasser?

Weil das Eis specifisch leichter als das Wasser ist und daher in demselben nicht untersinken kann. Das Wasser hat nämlich die besondere Eigenthümlichkeit, daß es beim Festwerden oder Erstarren, statt, wie die meisten anderen Körper, sich zusammenzuziehen und dichter zu werden, sich ausdehnt. Eine bestimmte Menge Wasser nimmt als Eis einen um $^1/_{13}$ größeren Raum ein. Eis ist also specifisch leichter als Wasser.

148. Warum schwimmen Schiffe mit Lasten, die so schwer sind, daß sie, für sich allein in das Wasser geworfen, sogleich untersinken würden, auf demselben?

Weil ein Volumen Wasser, das dem Umfange oder Volumen eines Schiffes gleich kommt, mehr wiegt als das Schiff mit allen darin befindlichen Lasten, da die große Menge der Luft, welche die Wände des Schiffes umschließen, wegen der großen specifischen Leichtigkeit derselben das Gewicht der schwereren Lasten mehr als ausgleicht. Der Druck, den das Schiff vermöge seiner Schwere auf das Wasser ausübt, vermag daher nicht den Gegendruck des Wassers völlig aufzuheben; das Schiff sinkt deshalb nur so weit in das Wasser ein, bis es eine seinem Gewichte gleiche Menge Wasser aus der Stelle getrieben hat.

149. Warum schwimmen Menschen ohne alle Anstrengung auf dem Wasser, wenn sie unter den Armen über der Brust große mit Luft gefüllte Blasen befestigen?

Weil diese mit Luft angefüllten Blasen, welche bei weitem specifisch leichter als das Wasser sind, bewirken, daß der ganze Umfang des Menschen und der Blasen zusammengenommen weniger wiegt, als eine Wassermenge von gleichem Umfange; so daß der Mensch also nicht untersinken kann, sondern auf der Oberfläche des Wassers bleibt. Gürtel oder Jacken aus Kork bewirken dasselbe.

150. Warum fällt auf den Boden der Gefäße, worin manche Flüssigkeiten enthalten sind, ein Satz nieder, wenn man sie einige Zeit ruhig stehen läßt?

Weil die in der Flüssigkeit enthaltenen kleinen festen Körperchen ungeachtet ihrer Kleinheit ein größeres specifisches Gewicht haben als das Wasser, und daher der Schwerkraft folgend zu Boden sinken, wenn nicht der Druck des Wassers durch einen hinzutretenden anderweitigen Druck vermehrt wird, der die kleinen Körperchen schwimmend erhält. Ein solcher anderweitiger Druck wird aber durch Schütteln, Kochen und überhaupt durch jede innere Bewegung der Wassermasse verursacht, da die kleinen Körperchen vermöge ihrer Kleinheit von den bewegten Wassertheilchen mit fortgerissen und so am Untersinken verhindert werden.

151. Warum tauchen manche Körper, die auf dem Wasser schwimmen, tiefer ein als andere, Eichenholz z. B. tiefer als Fichtenholz?

Weil die einen ein größeres specifisches Gewicht als die anderen haben, schwerere Körper aber bei gleichem Raumumfang eine größere Menge Wasser aus der Stelle treiben müssen, wenn ihrem Drucke das Gleichgewicht gehalten werden soll. Ein auf dem Wasser schwimmender Körper taucht nämlich stets so tief ein, daß das Gewicht des durch den eingetauchten Theil verdrängten Wassers genau dem ganzen Gewichte des Körpers gleich ist.

152. Warum sinken Schiffe im Flußwasser tiefer ein, als im Meerwasser?

Weil das Meerwasser wegen seines Salzgehaltes specifisch schwerer als das Flußwasser ist. Da nun feste Körper, die auf dem Wasser schwimmen, immer so viel Wasser aus der Stelle treiben, als sie selbst wiegen, so braucht natürlich nur eine geringere Menge von Meerwasser aus der Stelle verdrängt zu werden als von Flußwasser, um doch das gleiche Gewicht zu erhalten. Wird aber weniger Wasser aus der Stelle getrieben, so kann das Schiff auch nicht so tief einsinken, als in dem Falle, wenn eine größere Menge Wasser aus der Stelle getrieben wird.

153. Warum schwimmt ein Hühnerei in starkem Salzwasser, während es in süßem Wasser untersinkt?

Weil starkes Salzwasser specifisch schwerer als ein Hühnerei, süßes Wasser aber specifisch leichter als dasselbe ist, der Druck daher, den das Hühnerei auf das Salzwasser ausübt, durch den Gegendruck desselben überwältigt wird, so daß es nicht untersinken kann. Im süßen Wasser dagegen kann das Ei seiner Schwerkraft ungehindert folgen und sinkt deswegen zu Boden, indem sein Druck den Gegendruck des süßen Wassers überwindet. Es ergiebt sich zugleich hieraus, daß Salzwasser specifisch schwerer als süßes Wasser sein muß.

154. Warum steigt das Wasser in einem Gefäße, wenn ein Pfund Eisen hineingethan wird, höher, als wenn ein Pfund Blei in dasselbe hineingelegt wird?

Weil ein Pfund Eisen einen größeren Raumumfang oder ein größeres Volumen hat als ein Pfund Blei, und es daher auch mehr Wasser aus der Stelle treiben muß als das Blei, das Wasser also im ersteren Falle im Gefäße höher steigen muß als im letzteren.

155. Warum ist der Branntwein desto besser, je tiefer die Branntweinwage in denselben einsinkt, während das Bier desto besser ist, je weniger tief die Bierwage in dasselbe einsinkt?

Weil der Branntwein desto besser ist, je geringeres specifisches Gewicht er hat, was dann der Fall ist, wenn er mehr specifisch leichteren Alkohol und weniger specifisch schwereres Wasser enthält; weil das Bier aber desto besser ist, je größer sein specifisches Gewicht ist, was dann stattfindet, wenn dasselbe mit mehr Malz bereitet wurde, also mehr Gummi und Zucker enthält. Ein fester Körper sinkt aber um so tiefer in eine Flüssigkeit ein, je geringer das specifische Gewicht derselben ist.

156. Warum ist das Gewicht der Körper im Wasser leichter als außerhalb desselben?

Weil alle Körper im Wasser so viel an Gewicht verlieren, als das Wasser wiegt, welches sie aus der Stelle treiben, oder mit andern Worten, so viel als das Wasser wiegt, dessen Menge hinreichen würde, den Raum dieser Körper einzunehmen. Man bezeichnet dieses Gesetz mit dem Namen des Archimedischen Prinzips, weil es von *Archimedes* in Sicilien (220 vor Christo) zuerst angewandt sein soll.

157. Warum vermag ein Hund einen untergesunkenen Menschen wieder auf die Oberfläche des Wassers zurückzubringen und ihn im Wasser bis an das Ufer zu schleppen?

Weil der Mensch, wie jeder andere Körper, im Wasser an seinem Gewichte verliert, und zwar so viel, als ein seinem Körperumfange gleiches Volumen Wasser wiegt. Da der Mensch aber meist sogar etwas specifisch leichter, selten wenig specifisch schwerer als das Wasser ist, so bleibt von seinem Gewichte im Wasser auch im ungünstigsten Falle nur so wenig übrig, daß ein Hund es leicht tragen und aus der Tiefe emporziehen kann.

158. Warum kann ein Hund einen schweren Stein wohl vom Grunde des Wassers heraufholen, muß ihn aber über der Oberfläche fallen lassen?

Weil der Stein im Wasser so viel weniger wiegt, als das Gewicht des von ihm verdrängten Wassers beträgt, er außerhalb desselben aber wieder mit seinem ganzen Gewichte drückt.

159. Warum vermag man einen in Wasser getauchten Eimer mit dem kleinen Finger bis an die Oberfläche des Wassers zu ziehen?

Weil ein mit Wasser angefüllter Eimer im Wasser noch leichter ist, als ein leerer Eimer außerhalb desselben, da das Gewicht des im Eimer befindlichen Wassers durch den Gegendruck des umgebenden Wassers aufgehoben wird, also nur noch das Gewicht des Holzes übrig bleibt, welches aber bekanntlich geringer ist, als das des Wassers und daher vom Wasser getragen wird. Der gefüllte Eimer bietet daher im Wasser gar keine Last dar, und es ist beim Aufziehen desselben nur der Widerstand der darüber befindlichen Wassertheilchen zu überwinden.

160. Warum erhält sich der Mensch auf der Oberfläche des Wassers, wenn er mit den Händen oder Füßen gewisse Bewegungen macht, d. h. schwimmt?

Weil durch die künstlichen Schwimmbewegungen, die in einem Stoß der Füße und der flachen Hände gegen das Wasser bestehen, ein hinreichender Gegendruck gegen das Wasser geübt wird, um den schon an sich das Wasser gar nicht oder wenig an specifischer Schwere übertreffenden Körper am Tiefersinken zu verhindern. Da die meisten Menschen $^{1}/_{9}$ bis $^{1}/_{10}$ leichter als Flußwasser zu sein pflegen, so können sie auch ruhig auf dem Rücken im Wasser liegend, mit über dem Kopf zusammengeschlagenen Armen und gespreizten Beinen, ohne die geringste Bewegung sich auf der Oberfläche des Wassers erhalten. In jeder andern Lage würde freilich das Gesicht unter das Wasser tauchen und dadurch die Athmung verhindert werden, wenn nicht durch die Schwimmbewegungen der Kopf wieder darüber gehoben würde. Beine, Arme und Kopf haben das größte Gewicht unter allen Körpertheilen, wie überhaupt die Knochenmasse das Gewicht vermehrt, während die Fettmasse es vermindert; weshalb auch fette Menschen leichter schwimmen als magere. Das geringste Gewicht hat die Brust wegen der Höhlung, die sie umschließt. Jedes Ein- und Ausathmen ist mit einer abwechselnden Erweiterung und Verengung der Brusthöhle verbunden und bedingt darum auch ein abwechselndes Heben und Sinken des Körpers im Wasser. Die meisten Menschen würden, wenn sie in das Wasser fallen, nur bis zur Nase einsinken und darum durch Zurücklegen des Kopfes leicht im Stande sein, Mund und Nase über dem Wasser zu erhalten, wenn sie nicht in besinnungsloser Angst gewöhnlich selbst ihre Rettung dadurch vereitelten, daß sie die Arme über das Wasser emporstrecken und so den Kopf zwingen, zur Wiederherstellung des Gleichgewichts unterzutauchen.

161. Warum können die Fische sich nach Belieben im Wasser auf- und abwärts bewegen?

Weil sie im Innern ihres Leibes eine lufterfüllte Schwimmblase haben, welche sie durch eine Rippenbewegung willkürlich zusammendrücken oder erweitern können. Durch Zusammendrücken der Schwimmblase erlangen sie aber ein größeres specifisches Gewicht und bewegen sich darum abwärts. Durch Erweiterung der Schwimmblase werden sie specifisch leichter und bewegen sich deshalb aufwärts. Die Flossen des Fisches unterstützen diese Bewegung noch, indem sie mit ihren breiten Flächen den Fisch gleichsam nach oben oder unten oder seitwärts fortschnellen.

Gleichgewicht und Bewegung luftförmiger Körper.

Die Luft hat die allgemeinen Eigenschaften aller Körper. Sie nimmt für sich einen Raum ein und behauptet denselben, so lange sie nicht entweichen kann. Sie ist daher ein Körper, obgleich sie ihrer Durchsichtigkeit wegen von unseren Augen nicht wahrgenommen wird. Als Körper ist sie auch schwer und übt auf andere Körper einen Druck aus, der sogar unter Umständen sehr bedeutend werden kann.

Von den festen und flüssigen Körpern unterscheidet sich die Luft wesentlich durch das Bestreben ihrer Theilchen, sich immer weiter von einander zu entfernen oder einander abzustoßen. Die Luft kann daher niemals, wie ein flüssiger Körper, einen abgeschlossenen Raum nur theilweis erfüllen, sondern dehnt sich aus, wenn der Raum erweitert wird, und zieht sich zusammen, wenn der Raum verengt wird. Dieselbe Luftmenge kann daher jeden, den größten wie den kleinsten Raum ganz erfüllen. Ist sie zusammengedrückt worden, so nimmt sie, sobald der Druck aufhört, den vorigen Raum wieder ein. Dieses wichtige Ausdehnungsvermögen der Luft, das man auch Spannkraft oder Elasticität nennt, bewirkt manche Abweichungen von den Gesetzen des Gleichgewichts und der Bewegung, welche für feste und flüssige Körper gelten. Es giebt mehrere Luftarten, die sich sowohl durch Dichtigkeit, Farbe, Geruch, als durch ihr Verhalten gegen andere Körper unterscheiden. Die atmosphärische Luft, welche uns umgiebt, ist im Wesentlichen ein Gemenge von zwei Luftarten, die man Sauerstoff und Stickstoff nennt; verhältnißmäßig geringe Mengen von Wasserdampf und Kohlensäure gehören indeß gleichfalls zu den nothwendigen Bestandtheilen unserer Atmosphäre.

162. Warum haben wir, wenn wir die flache Hand hin und her bewegen, das Gefühl eines Windes?

Weil wir durch die Hin- und Herbewegung der Hand einen Körper, welcher uns allenthalben umgiebt, in Bewegung setzen und aus seinem Raume verdrängen. Dieser Körper ist die Luft, und das Gefühl des Windes rührt von der bewegten Luft her; denn Wind ist nichts anderes als bewegte Luft.

163. Warum wird ein größeres Stück Papier, das wir an dem einen Ende anfassen, wenn wir es schnell seiner Fläche nach vorwärts bewegen, zumal im Anfange der Bewegung sich an dem anderen nicht festgehaltenen Ende zurückschlagen?

Weil die uns umgebende Luft an dem andern nicht festgehaltenen Ende dem Papier einen Widerstand entgegensetzt, der dasselbe in seiner Bewegung hindert. Da es aber mit dem vorwärts bewegten festgehaltenen Ende im

Zusammenhange steht, so muß es der Bewegung desselben zwar folgen, vermag es aber erst etwas später zu thun, nachdem es die widerstehende Luft aus ihrer Stelle verdrängt hat.

164. Warum füllt sich ein Trinkglas, das wir umgestülpt in's Wasser eintauchen und darin niederdrücken, nicht mit Wasser?

Weil Luft in dem Glase vorhanden ist, welche das Wasser nicht eindringen läßt. Wäre in dem Glase durchaus kein Körper enthalten, so müßte das Wasser in dem Glase so hoch steigen, als es außerhalb desselben steht. Da dies nicht der Fall ist, so muß ein Körper darin vorhanden sein, der die allgemeine Eigenschaft aller Körper, die wir Undurchdringlichkeit nennen, besitzt, und dieser Körper ist die Luft.

165. Warum lassen sich mit Luft gefüllte Blasen, wenn sie gut zugebunden sind, mit der größten Mühe nur wenig zusammendrücken?

Weil die darin enthaltene Luft dem äußern Druck einen um so kräftigeren Widerstand entgegensetzt, als sie keinen Raum findet, wohin sie entweichen kann. Nur wenn der äußere Druck stärker ist, als der Druck der inneren Luft, wird sie in einen kleineren Raum zusammengedrängt, nimmt jedoch sofort den vorigen größeren Raum wieder ein, sobald der Druck nachläßt. Der heftige Widerstand, den wir beim Drücken auf die zugebundene Blase fühlen, ist ein weiterer Beweis für die Körperlichkeit der Luft, die wir freilich nicht sehen, wenn wir die Blase öffnen.

166. Warum fühlen wir, wenn wir ein umgestürztes Glas in das Wasser tauchen, einen gewissen Widerstand?

Weil die in dem Glase eingesperrte Luft, durch das entgegenstehende Wasser zusammengedrückt, vermöge ihrer Spannkraft wieder in einen größeren Raum sich auszubreiten strebt und daher dem auf das Glas mit der Hand verursachten Drucke einen andern auf die innere Bodenfläche ausgeübten Druck entgegenstellt, der das Glas nach entgegengesetzter Richtung treibt.

167. Warum werden Windmühlen durch den Wind in Bewegung gesetzt?

Weil der Wind, welcher nichts anderes als bewegte Luft ist, einen Stoß auf die Flächen des Flügels ausübt, welcher gerade so wirkt wie der Stoß des Wassers, wenn es auf die Schaufeln eines Mühlrades fällt. Bei ganz ruhiger Luft können sich daher die Windmühlen nicht bewegen.

168. Warum drehen bei den Feuerwerken die Feuerräder sich um?

Weil die durch Verbrennung des Pulversatzes sich bildenden erhitzten und darum stark ausgedehnten Luftarten, indem sie mit Heftigkeit aus dem vorderen Theile der Hülse, welche das Pulver einschließt, ausströmen, rückwärts einen heftigen Druck auf diese Hülse ausüben und sie, da sie an einer drehbaren Scheibe befestigt ist, nach der entgegengesetzten Richtung sich zu drehen zwingen. Der Stoß der ausströmenden Luftarten oder Gase auf die vorn in Ruhe befindliche und dem Beharrungsgesetze unterworfene Luft unterstützt die Bewegung nach rückwärts. Die Erscheinung ist dieselbe wie die des Segner'schen Wasserrades (Fr. 138), nur daß dort ausströmendes Wasser, hier ausströmende Luft den Rückstoß bewirkt.

169. Warum steigen Raketen in die Höhe?

Weil die nach unten ausströmenden erhitzten Luftarten oder Gase durch ihre Rückwirkung die Rakete aufwärts treiben. Der lange Stab, welcher an der Rakete befestigt ist, bewirkt durch sein Gewicht, daß die Mündung der Rakete immer nach unten gerichtet ist, die Ausströmung der Gase also auch immer nach unten geschieht, der Druck derselben aber nach oben wirkt.

170. Warum springen Kanonen beim Abfeuern zurück?

Weil die durch Entzündung des Schießpulvers entwickelten Gase wegen ihrer Elasticität einen Druck nach allen Seiten hin üben, und dieser Druck, so lange noch die Kugel im Rohre ist, von allen Seiten durch den entgegengesetzten gleichen Druck aufgehoben wird, sobald die Kugel aber das Rohr verlassen hat, von der Mündung des Rohres her kein Druck mehr erfolgen kann, der einseitige Druck auf den hintern Verschluß des Rohres also als Rückstoß übrig bleibt. Dieser Rückschlag kann sehr bedeutend sein, trotzdem der Stoß durch die große Masse der Kanone vertheilt wird.

171. Warum schlägt ein gewöhnliches Steinschloß- oder Percussionsgewehr, das beim Losdrücken an die Backe gehalten wird, mit einiger Heftigkeit an die Backe an?

Weil der Druck der sich mit Heftigkeit ausdehnenden, durch Verbrennung des Pulvers entwickelten Luft von der Seite, wo sich das Zündloch befindet, keinen Gegendruck mehr erhält, und deshalb als einseitiger Stoß nach der entgegengesetzten Seite wirksam werden muß. Bei Hinterladungsgewehren kann daher kein Anschlagen zur Seite, sondern nur ein Rückstoß stattfinden.

Druck und Schwere der Luft.

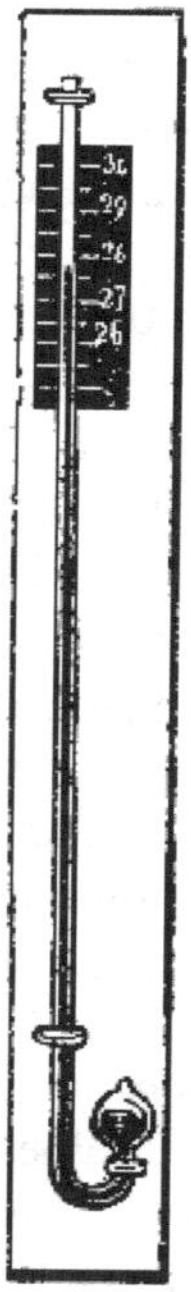

Fig. 35.

Das Instrument, durch welches der Druck der Luft gemessen wird, heißt Barometer, wohl auch im gemeinen Leben Wetterglas. Es besteht in einer gläsernen Röhre, deren oberes Ende zugeschmolzen ist, während das untere Ende derselben gewöhnlich umgebogen ist und in ein kugelförmiges oder birnförmiges Gefäß ausläuft, welches offen ist. Diese Röhre, welche etwas über 28 Zoll oder 760 Millimeter lang sein muß, wird mit Quecksilber angefüllt, nachdem jedoch so viel als möglich zuvor die Luft daraus entfernt worden ist. Ebenso müssen zuvor alle Lufttheilchen aus dem Quecksilber durch Kochen ausgetrieben werden. Doch muß man bei diesem Auskochen vorsichtig zu Werke gehen, daß nicht etwa die Glasröhre zerbricht und das Quecksilber in das Feuer läuft, da die dann entstehenden Quecksilberdämpfe giftig und beim Einathmen lebensgefährlich sind. – Da der Druck der Luft sehr veränderlich, bald größer, bald geringer ist, so wird auch die Höhe der Quecksilbersäule in dem längeren Schenkel der Röhre bald höher, bald niedriger sein. Man kann daher schließen: je höher die Quecksilbersäule in dem längeren Schenkel steht, desto größer muß der Druck der Luft sein; je niedriger dagegen die Quecksilbersäule in dem längeren Schenkel steht, desto geringer muß der Druck der Luft sein. Je höher ferner die Quecksilbersäule in dem längeren Schenkel steht, desto weniger Quecksilber ist in dem kugelförmigen Gefäße des kleinen Schenkels; dagegen ist desto mehr Quecksilber darin, je niedriger die Quecksilbersäule in dem längeren Schenkel steht. Auch muß man bedenken, daß das Quecksilber in dem unteren Stücke des längeren Schenkels, welches dem kleineren Schenkel der Röhre gleich ist, durch das in dem letzteren Schenkel befindliche Quecksilber getragen wird, und daß daher die Quecksilbersäule, welche durch den Luftdruck gehalten wird, erst von diesem Theile des längeren Schenkels anfängt. An dem oberen Ende des längeren Schenkels ist eine Skala angebracht, an der man beobachten kann, wie weit das Quecksilber gestiegen oder gefallen ist. Dieses Instrument heißt darum auch Wetterglas, weil es zugleich bevorstehende Aenderungen des Wetters andeutet. Der Grund davon liegt darin, daß die mit Feuchtigkeit erfüllte warme, also leichtere Luft einen geringeren Druck ausübt, als völlig trockne und kalte, also schwerere Luft; weswegen im ersteren Falle das Barometer fällt, während es im letzteren steigt. Dazu kommt, daß der Wechsel der Luftströmung gewöhnlich in den oberen Regionen früher als in den unteren eintritt, und indem derselbe den Luftdruck vermehrt oder vermindert, das Barometer schon steigt oder fällt, ehe noch die Drehung der Windfahne eine Aenderung des in den unteren Regionen herrschenden Windes angezeigt hat und ein Witterungswechsel eingetreten ist. Das Steigen des Quecksilbers im Barometer zeigt daher in der Regel schönes Wetter an, während das Fallen desselben Regenwetter ankündigt. – Der Druck der Luft wurde zuerst von *Torricelli*, einem Schüler *Galilei's*, im Jahre 1643 entdeckt und durch einen Versuch nachgewiesen, aus welchem sich später das Barometer entwickelte.

172. Warum fällt das Quecksilber in dem Barometer, das wir beim Ersteigen eines Berges bei uns führen?

Weil, je weiter wir uns von dem Meeresspiegel entfernen, oder je höher wir steigen, eine desto kürzere und darum leichtere Luftsäule auf das Quecksilber des Barometers drückt und dieses daher, seiner Schwerkraft folgend, etwas herabsinken muß. Auf dem Brocken steht die Quecksilbersäule im Barometer nur 640 Millimeter, auf dem Montblanc sogar nur 330 Millimeter hoch, während sie am Meeresspiegel 760 Millimeter hoch steht. Man kann daher auch das Barometer benutzen, um Bergeshöhen zu messen. Jeder Millimeter, um den das Barometer fällt, entspricht in den unteren Regionen einer Höhe von 10½ Meter.

173. Warum fällt das Quecksilber im Barometer bei feuchtem Wetter?

Weil die Luft um so stärkeren Druck ausübt und um so elastischer ist, je vollkommener luftartig die mit ihr gemischten Dünste sind, der Luftdruck dagegen um so geringer, die Luft um so weniger elastisch ist, je mehr wässriger Natur ihre Dünste werden, wie es bei feuchtem Wetter der Fall ist.

Der geringere Luftdruck bewirkt daher, daß die Quecksilbersäule im Barometer bei feuchtem Wetter fällt.

174. Warum steigt das Wasser in Pumpen nicht höher als 32 Fuß oder 10 Meter empor?

Weil durch den Druck der äußeren Luft, welcher das Wasser in den luftleeren Raum der Pumpenröhre hineindrängt, nur eine Wassersäule gehoben werden kann, die dem Drucke der Luft das Gleichgewicht hält. Das ist aber eine Wassersäule von 32 Fuß oder 10 Meter Höhe. Von dem 14mal schwereren Quecksilber vermag darum nur eine Säule von dem 14ten Theile dieser Höhe, also von 28 Zoll oder 760 Millimeter Höhe, durch den Druck der atmosphärischen Luft getragen zu werden.

175. Warum behält eine mit Wasser angefüllte Flasche, die man blos mit der Mündung in's Wasser taucht, während der übrige Theil derselben über die Oberfläche desselben hervorragt, ihr ganzes darin befindliches Wasser?

Weil der Druck der atmosphärischen Luft auf die Oberfläche des Wassers, in das man die Mündung der Flasche getaucht hat, so groß ist, daß das in der Flasche befindliche Wasser durch diesen Druck getragen wird; der Druck der atmosphärischen Luft vermag ja sogar, wie wir gesehen haben, eine Wassersäule von 32 Fuß oder 10 Meter Höhe zu tragen.

Fig. 36.

176. Warum bleibt das Wasser in einem Glase, auf dessen Rand man ein Stück steifes Papier drückt, wenn man die eine Hand auf das Papier legt, das Glas mit der andern umdreht, und darauf die auf das Papier gelegte Hand wegzieht?

Weil der Druck der atmosphärischen Luft das im Glase befindliche Wasser trägt, dem Drucke der Luft von unten aber kein Luftdruck auf die Oberfläche des Wassers entgegenwirkt, wodurch der Druck von unten aufgehoben würde. Das Papierblatt dient nur dazu, zu verhindern, daß das Wasser und die drückende Luft sich gegenseitig ausweichen, die Luft in dem Wasser emporsteigen und das Wasser an Stelle der ausweichenden Luft herabsinken kann. Zieht man daher das Papier unter dem Glase hinweg, so stürzt das Wasser sogleich wegen des geringen Zusammenhanges seiner Theilchen heraus.

177. Warum läuft keine Flüssigkeit aus einem Fasse beim Oeffnen des Hahnes heraus, wenn das Spundloch oben durch den Spund verschlossen ist?

Weil der Druck der Luft auf die Oeffnung des Hahnes das Herausströmen der Flüssigkeit hindert, so lange der Verschluß des oberen Spundlochs der Luft nicht gestattet, auf die Oberfläche der Flüssigkeit zu drücken und dadurch den unteren Luftdruck aufzuheben. Würde dagegen das Spundloch geöffnet, so würde die Flüssigkeit zum Hahne herausströmen, da in diesem Falle die Luft von oben eben so stark drückte als von unten.

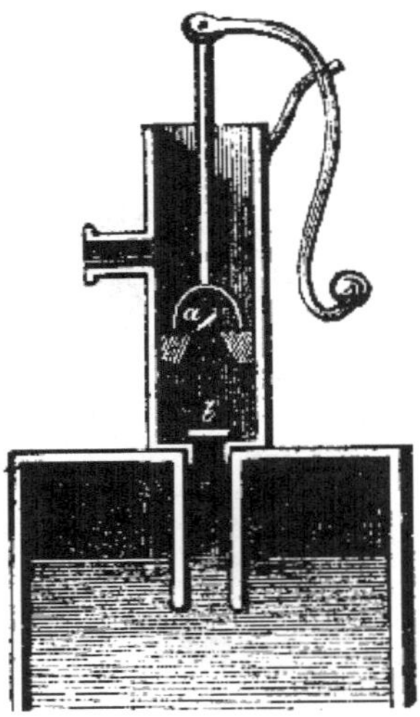

Fig. 37.

178. Warum strömt Wasser aus einem Brunnen heraus, wenn wir pumpen?

Weil durch das Herausziehen der Pumpenstange ein luftleerer Raum in dem unteren Theile der Brunnenröhre zwischen dem Kolben an der Stange und der Wasserfläche entsteht, und daher durch den Druck der Luft auf die Oberfläche des Wassers Letzteres in die Brunnenröhre hineingetrieben wird, indem es das unten befindliche Ventil öffnet. Wird daher die Pumpenstange wieder hinuntergedrückt, so kann, da das untere Ventil durch den Druck wieder verschlossen wird, das in die Röhre eingedrungene Wasser nicht wieder auf diesem Wege entweichen; es ist daher genöthigt, das Ventil des Kolbens zu öffnen und so zu der Seitenröhre des Brunnens auszuströmen.

179. Warum können wir in beengender Kleidung nicht recht kräftig Athem holen?

Weil wir beim Athmen nur dadurch Luft in unsere Lungen bringen, daß wir den Brustkasten mit Hülfe der Brustmuskeln erweitern und dadurch einen luftverdünnten Raum in den Lungen herstellen, in welchen die äußere Luft hineinströmt. Beim Ausathmen verengen wir den Brustkasten und drücken die Lungen zusammen, so daß die verdichtete Luft durch die Luftröhre nach außen tritt. Bei enger Kleidung sind aber unsere Brustmuskeln verhindert, den Brustkasten gehörig zu erweitern. Da nun von der Athmung die Versorgung unseres Körpers mit ernährendem Blute abhängt, so begreift man wohl, wie schädlich beengende Kleider, namentlich Schnürleiber für die Gesundheit sein müssen.

180. Warum fließt beim Trinken die Flüssigkeit in unsern Mund hinein?

Weil die Luft auf die Oberfläche des Getränkes drückt, während durch Erweiterung des Brustkastens und der Lungen in diesen und in unserer Mundhöhle ein luftverdünnter Raum gebildet wird. Es wirkt daher dem äußern auf die Oberfläche des Getränkes wirkenden Luftdrucke kein jenem das Gleichgewicht haltender Druck der inneren verdünnten Luft entgegen, so daß durch den äußeren Luftdruck das Getränk in unsern Mund hineingetrieben wird.

Fig. 38.

181. Warum kann man mit einem Stechheber Wein aus einem Fasse heben?

Weil der Stechheber, wenn er in das Faß getaucht wird, sich zwar mit Wein füllt, so lange die obere Oeffnung frei ist, der Luftdruck also oben und unten gleichmäßig wirkt, der Wein dagegen nicht ausfließen kann, wenn man den Stechheber herausnimmt, nachdem man die obere Oeffnung desselben mit dem Finger verschlossen hat. In dem letzteren Falle ist nämlich der Luftdruck von oben her nicht vorhanden, und die Luft trägt daher die Flüssigkeitssäule in dem Stechheber, auf die sie nur von unten drückt.

Fig. 39.

182. Warum kann man vermittelst eines Hebers Flüssigkeiten aus einem Gefäß in ein anderes überfüllen?

Weil, während der kürzere Schenkel des Hebers sich in der Flüssigkeit befindet und aus dem längeren mit dem Munde die Luft zum Theil herausgezogen wird, ein luftverdünnter Raum im Heber entsteht, in welchen der Druck der Luft auf die Oberfläche der Flüssigkeit Letztere hineintreibt, worauf dann die Flüssigkeit in dem längeren Schenkel herabfällt und nach Belieben in ein Gefäß hineingelassen werden kann. Jedoch darf der kürzere Schenkel des Hebers nicht über 32 Fuß oder 10 Meter lang sein, da der Druck der atmosphärischen Luft nur eine Wassersäule von dieser Höhe trägt. Auch muß der kürzere Schenkel des Hebers sich in der Flüssigkeit selbst, nicht blos im Gefäße befinden.

183. Warum fühlt der Mensch den Druck nicht, welchen die umgebende Luft auf ihn äußert?

Weil dieser Druck von allen Seiten gleichförmig ist und ihm das Gleichgewicht durch die in den Höhlen unseres Körpers befindliche Luft gehalten wird, die sich vermöge ihrer Elasticität mit ebenso großer Kraft auszudehnen strebt, als sie durch die äußere Luft zusammengedrückt wird.

Der Druck der Luft beträgt auf jeden Quadratcentimeter ungefähr $2^1/_{15}$ Pfund, da so viel eine Quecksilbersäule von 760 Millimeter Höhe und 1 Quadratcentimeter Grundfläche, die einer Luftsäule von derselben Grundfläche das Gleichgewicht hält, wiegt. Der ganze Luftdruck beträgt daher bei einem erwachsenen Menschen, welcher eine Oberfläche von ungefähr 1½ Quadratmeter dem Drucke der Luft darbietet, über 30000 Pfund. Drückte die Luft auf den Menschen nur von *einer* Seite, so würde es für ihn unmöglich sein, sich nach dieser Seite hin zu bewegen.

184. Warum spritzt oft aus den Poren unserer Haut, besonders aus Lippen und Nasenöffnungen, Blut heraus, wenn wir sehr hohe Berge erstiegen haben?

Weil die Luftsäule, welche auf unsern Körper drückt, auf den Bergen nicht so hoch ist, wie in der Ebene, und daher einen geringeren Druck auf denselben ausübt, wodurch aber auch der Gegendruck vermindert wird, welcher bisher der dichten Luft im Innern unseres Körpers das Gleichgewicht hielt. Diese innere Luft dehnt sich daher gewaltsam aus und sprengt die kleinen Blutgefäße, aus denen nun das Blut hervorspritzt.

185. Warum ermüden Reisende auf hohen Bergen und selbst bei Wanderungen über sehr hochgelegene Ebenen leichter als in der Tiefebene?

Weil wir beim Gehen nicht das ganze Gewicht unserer Arme und Beine zu heben haben, sondern die atmosphärische Luft sie uns tragen hilft, diese aber auf hohen Bergen viel weniger dicht ist und darum auch viel weniger zu tragen vermag als unten in der Ebene. Die Arm- und Beinknochen befinden sich nämlich mit ihren halbkugelförmig abgerundeten Enden (Köpfen) in ebenso ausgetieften Höhlungen (Pfannen) anderer Knochen; der Zwischenraum zwischen ihnen ist aber äußerlich durch mehrere luftdicht anschließende Häute von der atmosphärischen Luft abgesperrt, so daß diese die Gliedmaßen an den Körper andrückt. Wenn man daher an einem menschlichen Leichnam alle Muskeln durchschneidet, welche das Gelenk am Becken umgeben, so fällt das herabhängende Bein doch nicht ab. Sobald man aber die Pfanne des Beckenknochens durchbohrt, so daß die äußere Luft in den inneren Zwischenraum dringen kann, fällt das Bein sofort ab.

186. Warum fühlen wir oft bei übermäßiger Hitze, oder kurz vor heftigen Stürmen, solche Schwere, Müdigkeit und Unbehaglichkeit in den Gliedern?

Weil die durch Wärme oder andere Ursachen stark verdünnte und darum leichtere Luft, zumal wenn sie mit Feuchtigkeit erfüllt ist, nicht in der gewöhnlichen Stärke auf uns drückt und darum die in unserm Körper befindliche Luft nicht im Gleichgewicht erhält, letztere daher, indem sie bei ihrem Bestreben, sich auszudehnen, einen Druck auf Gefäße und Nerven ausübt, unserer Empfindung Unannehmlichkeiten verursacht.

187. Warum strömt aus einer gut zugestöpselten, mit Luft in der Ebene angefüllten Flasche die Luft mit einiger Heftigkeit aus, wenn wir sie auf einem sehr hohen Berge öffnen?

Weil die untere Luft, welche die ganze darüber stehende Luftsäule zu tragen hat, eine größere Dichtigkeit besitzt, als die obere, und darum auch einen größeren Druck als diese ausübt. Daher strömt die erstere so lange aus, bis das Gleichgewicht mit der letzteren hergestellt ist.

188. Warum zerbrechen zuweilen flache mit Flechtwerk bedeckte Glasflaschen, deren sich Reisende zu bedienen pflegen, während aus denselben getrunken wird?

Weil die mit Flüssigkeit zuvor angefüllte Flasche, sobald ein Theil ihres Inhalts durch das Trinken daraus entfernt wird, am untern Theile einen luftleeren Raum darbietet, und daher dem Drucke der äußern Luft auf die flachen Seiten des Glases kein Druck von innen das Gegengewicht hält, so daß das schwache Glas dem äußeren Drucke nachgiebt und zerbricht.

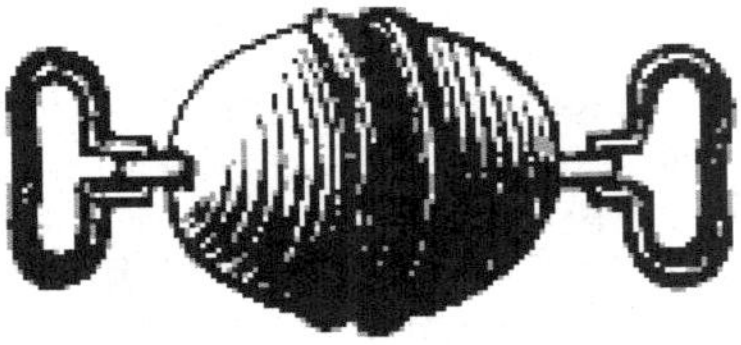

Fig. 40.

189. Warum werden zwei hohle Halbkugeln, die an einander passen und luftdicht oder hermetisch verschlossen sind, wenn vermittelst einer Luftpumpe die Luft aus dem hohlen Raume derselben entfernt wird, so fest an einander gedrückt, daß kein Mensch im Stande ist, sie zu trennen?

Weil die äußere Luft mit ihrem ganzen Gewichte auf die Halbkugeln drückt, während keine innere Luft diesem Drucke das Gegengewicht hält. Da der Druck der äußeren Luft auf jeden Quadratcentimeter $2^1/_{15}$ Pfund beträgt, so muß der auf die ganze Oberfläche der Kugel ausgeübte Druck, selbst bei einem nicht bedeutenden Umfange derselben, bis auf mehrere Centner steigen. Läßt man durch eine kleine Oeffnung Luft hineindringen, so wird der Gegendruck von innen wieder hergestellt, und die Halbkugeln lassen sich mit Leichtigkeit von einander trennen. Diese Halbkugeln werden auch die Magdeburger Halbkugeln genannt, weil *Otto von Guericke*, Bürgermeister von Magdeburg, sie im Jahre 1654 zuerst anwandte, um auf dem Reichstage zu Regensburg vor dem Kaiser und den Reichsfürsten die Wirkungen der von ihm im Jahre 1650 erfundenen Luftpumpe zu zeigen; 16 Pferde waren erst im Stande, die Halbkugeln auseinander zu reißen, die nur eine Magdeburger Elle im Durchmesser hatten. Der Druck der Luft, welcher sie zusammenpreßte, kam etwa dem Gewichte von 6800 Pfund gleich.

190. Warum schwillt eine Blase, in der eine kleine Menge Luft enthalten ist, in einem dicht verschlossenen, durch die Luftpumpe luftleer gemachten Raume an?

Weil zugleich mit der Dichtigkeit der die Blase umgebenden Luft beim Auspumpen sich auch der Druck auf die Blase von Außen vermindert, und daher die innere Luft, durch keinen Gegendruck mehr gehindert, die Blase auftreibt, indem sich diese innere Luft in einen größeren Raum auszudehnen strebt.

191. Warum zerbricht eine zugestöpselte, mit Luft angefüllte Flasche von dünnem Glase in einem luftleeren Raume?

Weil durch das Auspumpen der Luft der Gegendruck aufgehoben ist, den die äußere Luft dem Drucke der in der Flasche enthaltenen Luft entgegensetzt, und letztere daher, indem sie sich weiter auszudehnen strebt, das Glas auseinander treibt.

192. Warum entledigt sich ein Ei, in das man an seinem spitzen Ende ein kleines Loch macht, seines Inhalts, wenn es mit dem spitzen Ende nach unten in einen luftverdünnten Raum gebracht wird?

Weil das Ei an seinem oberen runden Ende zwischen der Schaale und der lederartigen Haut etwas Luft enthält, bei Verdünnung der äußeren Luft daher die sich ausdehnende innere Luft den Inhalt des Eies durch die Oeffnung hinaustreibt. Bringt man das Ei wieder in die gewöhnliche atmosphärische Luft, so treibt der Druck derselben den Inhalt wieder zurück.

193. Warum erhält ein eingeschrumpfter Apfel im luftleeren Raume wieder die Rundung und Glätte des frischen?

Weil, bei aufgehobenem Gegendruck der äußeren Luft, die innere, unter der Schale des Apfels befindliche Luft sich ausdehnt und daher die Schale auftreibt, so daß die eingeschrumpfte Gestalt des Apfels sich wieder in eine volle verwandelt.

194. Warum schwillt ein Frosch an, wenn er sich unter einer gläsernen Glocke befindet, aus der man die Luft zum Theil ausgepumpt hat?

Weil beim Mangel an äußerer Luft, die auf die Oberfläche des Frosches drückt, die zwischen den Häuten des Frosches befindliche Luft sich ausdehnt und die Häute auseinander treibt, indem der äußere Gegendruck, welcher dem inneren Drucke das Gegengewicht hielt, bei der Entfernung der äußeren

Luft aufgehört hat. Der Frosch kehrt erst wieder nach Zulassung der Luft in seine vorige Gestalt zurück.

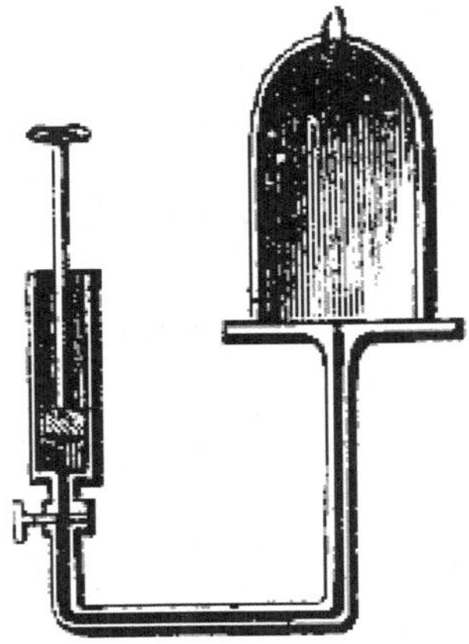

Fig. 41.

195. Warum wird eine gläserne Glocke, die man auf den Teller einer Luftpumpe setzt, wenn man nur ein wenig von der darin enthaltenen Luft auspumpt, so fest an den Teller angedrückt, daß man durchaus nicht im Stande ist, sie wegzunehmen?

Weil die äußere Luft auf den oberen Theil der Glocke drückt und zwar mit der Kraft einer Quecksilbersäule von 760 Millimeter Höhe, deren Grundfläche dem Umfang der Glocke gleich ist, oder was einerlei ist, mit der Kraft einer Wassersäule von 10 Meter Höhe und der gleichen Grundfläche, während keine oder doch nur eine sehr verdünnte Luft von innen dem äußeren Drucke das Gleichgewicht halten kann. Die Folge wird also sein, daß die Glocke mit einer dem Gewichte der Quecksilbersäule gleichen Kraft auf den Teller der Luftpumpe aufgedrückt wird, so daß man sie nicht davon wegnehmen kann. Bei einer Glocke von nur 15 Centimeter Durchmesser würde der Druck der Luft 365 Pfund betragen.

196. Warum wird, wenn man einen oben und unten offenen Cylinder oben mit einer genau anschließenden Blase bedeckt, die man an den Cylinder fest bindet, und ihn mit dem unteren Ende auf den Teller der Luftpumpe stellt, sobald man nur ein wenig Luft aus dem Cylinder ausgepumpt hat, sogleich die darüber gedeckte Blase zersprengt?

Weil, wie im vorigen Falle, nach Entfernung der Luft aus dem Cylinder die äußere Luft mit der eben angegebenen Kraft auf die Blase drückt, welche den Cylinder oben verschließt, die Blase aber diesem Drucke nicht widerstehen kann (da von innen kein Luftdruck dem äußeren entgegenwirkt und ihn aufhebt) und daher zerspringt. Daß eine gläserne Glocke den Druck aushalten kann, hat seinen Grund in dem gewölbten Baue des oberen Theiles derselben, der ein Zersprengen derselben unmöglich macht. Gebrauchte man dagegen ein Glas mit flachem Boden, so würde dieser, wenn er nicht sehr stark wäre, auch durch den Luftdruck zersprengt werden.

197. Warum kann der Heber im luftleeren Raume nicht fließen?

Weil in einem Raume, in welchem keine Luft sich befindet, auch kein Druck auf die Oberfläche der Flüssigkeit stattfinden kann, durch den dieselbe in den Heber hineingetrieben würde. In der gewöhnlichen uns umgebenden Luft ist dieser Druck, wie wir gesehen haben, gleich dem Gewicht einer Wassersäule von 10 Meter Höhe und einer der Oberfläche, auf welche die Luft drückt, gleichen Grundfläche. Auch in einem luftverdünnten Raume kann daher dieser Druck schon so gering sein, daß er das Wasser nicht in den Heber treibt, dieser also nicht fließt.

198. Warum verlieren Selterswasser, Bier und Champagner ihren angenehmen Geschmack, wenn sie unter die Glocke der Luftpumpe gebracht werden, und dann die Luft aus der Glocke ausgepumpt wird?

Weil das, was diesen Getränken den angenehmen Geschmack ertheilt, die Kohlensäure oder das kohlensaure Gas, in dem luftverdünnten Raume der Glocke aus ihnen entweicht und aufsteigt, da kein Druck der atmosphärischen Luft dem Drucke dieser Gasart mehr das Gleichgewicht hält. Diese Getränke müssen daher durch den Verlust dieses Gases den angenehmen Geschmack verlieren. In dem Champagner und Bier wird dieses Gas durch Gährung erzeugt, dem Selterswasser aber wird es durch den gewaltigen Druck einverleibt, den die Gesteinschichten ausüben, welche das Wasser unter der Erde durchdringen muß, um als Quelle an die Oberfläche zu treten. Bei künstlichen Selters- und Sodawassern wird das kohlensaure Gas durch künstlichen Druck entweder vermittelst einer Druckpumpe oder durch den eigenen Druck des Gases in einem abgeschlossenen Raume mit dem Wasser vermischt.

199. Warum fallen in einem gläsernen, hohen Cylinder, aus welchem die Luft ausgepumpt wurde, ein Geldstück und eine Flaumfeder mit gleicher Geschwindigkeit herab?

Weil bei allen Körpern, sie mögen von einer Art sein, von welcher sie wollen, die Schwerkraft, welche sie nach dem Mittelpunkte der Erde zieht, völlig gleich ist, folglich auch die Geschwindigkeit der Bewegung, in welche sie durch diese Kraft versetzt werden, völlig die gleiche sein muß. Wenn nun aber der Erfahrung zufolge unter gewöhnlichen Verhältnissen ein Geldstück und eine Flaumfeder mit ungleicher Geschwindigkeit, und zwar das erstere geschwinder, die letztere langsamer, zur Erde fallen, so liegt der Grund in der umgebenden Luft, welche durch ihren Widerstand die Flaumfeder nur langsam auf die Erde fallen läßt. Da nun unter einer ausgepumpten Glocke keine Luft vorhanden ist, so kann sie die Flaumfeder nicht hindern, mit gleicher Geschwindigkeit wie das Geldstück herabzufallen.

200. Warum haben die Körper im luftleeren Raume ein (freilich nur sehr wenig) größeres Gewicht als im lufterfüllten?

Weil die Körper im lufterfüllten Raume so viel an Gewicht verlieren, als die Luft wiegt, welche den Raum, den die Körper einnehmen, erfüllen würde, da ebensoviel von dem Gewichte des Körpers, als die von ihm aus der Stelle getriebene Luft wiegt, von der umgebenden Luft getragen wird. Haben daher die Körper eine sehr geringe Dichtigkeit, so ist dieser Gewichtsverlust sehr bemerkbar, während derselbe bei Körpern von größerer Dichtigkeit im Verhältniß zur Schwere derselben nur sehr gering sein kann. Daher muß ein Pfund Wolle im lufterfüllten Raume merklich mehr an Gewicht verlieren, als ein Pfund Eisen, da Ersteres einen viel größeren Raum einnimmt als Letzteres.

201. Warum spritzt, wenn Wein durch einen Trichter in eine Flasche gegossen wird, derselbe zuweilen heraus, ohne die Flasche anzufüllen?

Weil die in der Flasche enthaltene Luft, wenn der Trichter genau in den Hals der Flasche paßt und daher keinen Ausweg läßt, durch den diese Luft entweichen kann, durch den bereits hineingegossenen Wein in einen kleineren Raum zusammengedrängt wird, daher vermöge der durch ihre größere Dichtigkeit vermehrten Spannkraft sich durch die Mündung des Trichters drängt und auf diese Weise die in demselben enthaltene Flüssigkeit heraustreibt.

202. Warum berstet oft die Eisdecke eines Gewässers in kalten Wintern mit einem sehr starken Knalle?

Weil die zwischen dem Eise und dem Wasser enthaltene atmosphärische Luft, durch die zunehmende Dicke des Eises zusammengedrückt, zuletzt eine solche Dichtigkeit erhält und vermöge derselben einen solchen Druck auf das darüber befindliche Eis ausübt, daß Letzteres endlich der Gewalt weichen muß und berstet. Da dies nicht ohne heftige Erschütterung der das Eis umgebenden äußeren Luft geschehen kann, so erfolgt ein Knall, wie dies auch beim Losschießen eines Gewehres oder einer Kanone der Fall ist.

203. Warum bläst oft der Wind mit solcher Heftigkeit, daß er Bäume ausreißt und Häuser abdeckt?

Weil die Luft, namentlich in Folge verschiedener Erwärmung, oft an einem Theile der Erdoberfläche von anderer Dichtigkeit ist als an dem anderen, die dichtere Luft daher vermöge ihrer größeren Spannkraft in die minder dichte Luft hineinströmt und zwar bisweilen mit solcher Heftigkeit, daß sie ihren Weg durch große Verwüstungen bezeichnet. Der Wind ist also nur eine Bewegung der Luft in Folge eines verschiedenen Druckes der Luft in verschiedenen Gegenden, und der größere Druck ist es, welcher einen Stoß auf die der Bewegung Widerstand leistenden Gegenstände ausübt und sie zu Boden wirft oder mit fortreißt.

Fig. 42.

204. Warum springt aus einer sogenannten Knallbüchse, einem gewöhnlichen Spielzeuge für Kinder, ein an dem einen Ende in derselben befindlicher Pfropfen mit einem heftigen Knalle heraus, sobald man an dem anderen Ende den genau anschließenden Stempel der Knallbüchse, oder durch denselben einen zweiten dicht anschließenden Pfropfen in dieselbe hineintreibt?

Weil die Luft zwischen dem luftdicht schließenden Stempel und dem ebenso luftdicht schließenden Pfropfen durch den hineingetriebenen Stempel so sehr verdichtet wird, daß sie sich wieder mit der äußeren Luft in Gleichgewicht zu setzen sucht, und daher in ihrem Bestreben, sich in einen größeren Raum auszudehnen, den Pfropfen mit Gewalt und unter heftigem Knalle heraustreibt.

205. Warum wird eine Kugel aus einer sogenannten Windbüchse mit solcher Gewalt fortgetrieben, daß selbst Menschen dadurch getödtet werden können?

Weil in dem hinteren metallenen Behälter der Windbüchse, der die Form eines Flintenkolbens besitzt, zuvor mit Hülfe einer Druckpumpe die Luft sehr stark zusammengepreßt ist und daher sich mit einer sehr großen Spannkraft auszudehnen strebt. Wenn nun ein Ventil, vor dem die Kugel unmittelbar liegt, geöffnet wird, so stürzt die Luft, ihrer großen Spannkraft wegen, heraus und schleudert die Kugel mit großer Heftigkeit fort. Ein bedeutender Knall kann dabei nicht erfolgen, weil bei der Windbüchse vor und hinter der Kugel während des Abschießens verdichtete Luft vorhanden ist, während beim Feuergewehr durch die Abkühlung der Pulvergase sich ein sehr stark luftverdünnter Raum bildet, in welchen die umgebende atmosphärische Luft mit großer Heftigkeit stürzt, wodurch eben der Knall entsteht.

Fig. 43.

206. Warum springt aus dem sogenannten *Heronsballe* Wasser heraus, wenn man zuvor Luft hineingeblasen hat?

Weil, wenn der Glaskolben oder die Glaskugel, woraus der Heronsball besteht, soweit mit Wasser angefüllt ist, daß die luftdicht in den oberen Theil derselben eingekittete gläserne Röhre mit ihrem unteren Ende unter Wasser steht, die hineingeblasene Luft durch das Wasser in dem Gefäße empor steigt, sich in den über dem Wasser befindlichen, mit Luft erfüllten Raum begiebt und dadurch diese Luft verdichtet, so daß diese innere Luft nunmehr eine größere Dichtigkeit und Spannkraft besitzt als die äußere, und mit so großer Heftigkeit auf die Oberfläche des Wassers drückt, daß dasselbe durch die Röhre in einem Strahl herausgetrieben wird. Dies wird so lange geschehen, bis die innere Luft sich in einen größeren Raum wieder ausgedehnt hat, und dadurch das Gleichgewicht zwischen der äußeren und inneren Luft wieder hergestellt worden ist. – Der Heronsball hat seinen

Namen von dem griechischen Gelehrten *Heron*, der um das Jahr 250 v. Chr. zu Alexandrien lebte und bereits die Erscheinungen des Hebers kannte und den Windkessel erfand.

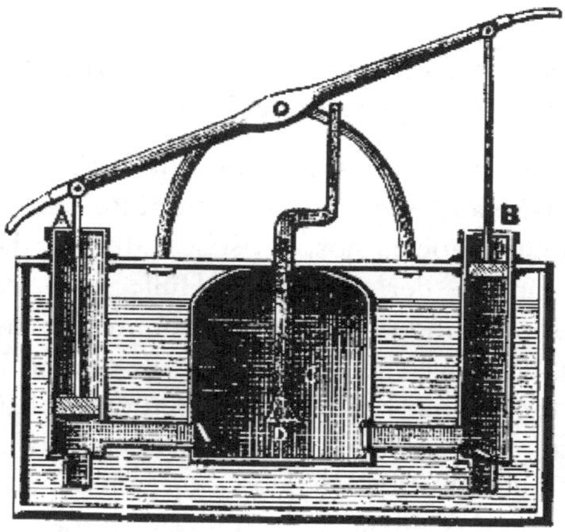

Fig. 44.

207. Warum spritzt das Wasser bei einer Feuerspritze in einem ununterbrochenen Strahle haushoch empor?

Weil die Luft in dem sogenannten Windkessel, durch den Druck des Wassers, welches mit Hülfe zweier Druckpumpen in den Windkessel getrieben wird, gewaltsam zusammengepreßt, das Wasser in das nahe am Boden mündende Steigrohr hineintreibt. Da aber dieses Steigrohr anfangs gleichfalls durch einen Hahn verschlossen ist, das Wasser also durch dieses auch nicht entweichen kann, so wird die Luft in dem oberen Theile des Windkessels durch das neu eintretende Wasser mehr und mehr zusammengedrückt und erreicht endlich eine solche Spannkraft, daß, wenn der Hahn geöffnet wird, sie das Wasser in einem hohen Strahle durch das Steigrohr und den Spritzenschlauch hinaustreibt. Die Feuerspritze besteht also eigentlich aus einem großen Heronsball, in welchen zwei Druckpumpen abwechselnd das Wasser hineintreiben.

208. Warum steigen kleine, aus Goldschlägerhaut oder aus Collodium verfertigte Ballons in die Höhe, wenn sie mit Leuchtgas oder mit Wasserstoffgas gefüllt sind?

Weil jeder in der Luft befindliche Körper so viel an Gewicht verliert, als die durch ihn verdrängte Luftmasse wiegt, ein Körper also, der, wie das Wasserstoffgas, viel weniger wiegt, als die gleiche Raummenge Luft, die durch ihn verdrängt wird, ebenso in der Luft schwimmen muß, wie ein Stück Holz oder eine lufterfüllte Blase im Wasser schwimmt. Wasserstoff ist 14½mal leichter als atmosphärische Luft, Leuchtgas 2½mal so leicht. Ein mit solchem Gase gefüllter Ballon muß so hoch steigen, bis die Luft, in welche er gelangt, ebenfalls nicht dichter ist als das Gas, welches ihn erfüllt. Ein mit Wasserstoffgas gefüllter Ballon steigt darum höher als ein mit Leuchtgas gefüllter.

209. Warum steigt ein Luftballon, unter dessen unterer Oeffnung man ein Stroh- oder Spiritusfeuer angezündet hat?

Weil die Luft im Innern des Ballons durch das Feuer erwärmt und ausgedehnt wird, diese ausgedehnte und verdünnte Luft aber leichter ist, als die den Ballon umgebende atmosphärische Luft, so daß die den Ballon erfüllende Luft sammt der taffetnen Hülle und selbst sammt der darangehängten Gondel und den etwa darin befindlichen Personen weniger wiegt als die Luftmenge, welche er aus der Stelle drängt. Den ersten solcher mit erwärmter Luft gefüllten Luftballons ließen die Gebrüder *Montgolfier* am 5. Juni 1783 zu Annonai in Frankreich steigen. Den ersten mit Wasserstoffgas gefüllten Luftballon ließ *Charles* am 27. August 1783 zu Paris aufsteigen. Man nennt deshalb auch die mit erwärmter Luft gefüllten Ballons Montgolfieren, die mit Wasserstoff gefüllten Charlieren. Der Erste, der es wagte, mit einem Luftballon aufzusteigen, war *Pilâtre de Rozier*, der schon am 15. October 1783 mit Hülfe einer Montgolfiere sich bis zu 26 Meter Höhe erhob. Die größte Höhe wurde wohl von dem berühmten Physiker *Gay-Lussac*, der sich im Jahre 1804 bis zu 6550 Meter, und von dem neueren Luftschiffer *Green*, der sich bis zu 8460 Meter erhob, erreicht. Neuerdings sollen sogar Höhen von 10–11000 Metern erreicht worden sein (Glaisher und Coxwell am 17. Juli 1862).

Chemische und physiologische Wirkungen der Luft.

Die atmosphärische Luft, welche uns umgiebt, ist im Wesentlichen ein Gemenge von zwei verschiedenen Luftarten, die man Sauerstoff und Stickstoff nennt, und zwar besteht sie zu $^{4}/_{5}$ aus Stickstoff und zu $^{1}/_{5}$ aus Sauerstoff. Genauer sind in je 100 Litern Luft 79 Liter Stickstoff und 21 Liter Sauerstoff enthalten. Außerdem befinden sich aber auch in der Atmosphäre stets eine gewisse Menge Wasserdampf und eine geringe Menge Kohlensäure, die sich durch die Verbrennung aus Kohle und Sauerstoff, durch Athmung und den Verwesungsprozeß bildet. Alle Verbrennung besteht nämlich in der Verbindung brennbarer Körper mit Sauerstoff. Zum Zustandekommen einer Verbrennung ist gewöhnlich eine gewisse Wärme nöthig. Jede lebhafte Verbrennung ist mit Wärme- und Lichtentwicklung verbunden. Der Sauerstoff ist aber nicht blos nothwendig zur Erhaltung der Verbrennung, sondern auch zur Unterhaltung der Athmung. Das athmende Thier und der athmende Mensch nehmen Sauerstoff in ihre Lungen auf. Dieser Sauerstoff kommt hier mit dem Blute in Berührung und verbindet sich zum Theil mit dem Kohlenstoff desselben zur Kohlensäure, die dann ausgeathmet wird. Der Sauerstoff wird deshalb auch Lebensluft genannt im Gegensatz zur Stickluft oder dem Stickstoffgas, in welchem kein Thier athmen oder leben kann. Daß die großen Mengen von Kohlensäure, welche durch Verbrennung und Athmung beständig erzeugt werden, die atmosphärische Luft nicht verderben, sogar ihren Gehalt an Kohlensäure überhaupt nicht vermehren, liegt größtentheils daran, daß die Pflanzen die Kohlensäure aufnehmen und dafür unter dem Einfluß des Lichtes Sauerstoff aushauchen.

210. Warum kann eine Kerze nicht fortbrennen, die man unter die Glocke einer Luftpumpe bringt, wenn man die Luft aus der Glocke auspumpt?

Weil nach dem Auspumpen der Luft in der Glocke überhaupt keine Luft, also auch kein Sauerstoff mehr vorhanden ist, mit welchem ein brennbarer Körper sich verbinden könnte, alle Verbrennung aber, also auch die der Kerze, nur in einer Verbindung mit Sauerstoff besteht.

211. Warum bedecken sich kupferne Dächer und Statuen aus Bronce im Laufe der Jahre mit einem grünen Ueberzuge?

Weil die in der Luft enthaltene Kohlensäure, ferner der Sauerstoff und Wasserdampf derselben, ein großes Vereinigungsbestreben (chemische Affinität) zu fast allen Metallen haben. Das Dach und die Statue bedecken sich deßhalb allmählich mit einer dünnen Schicht von kohlensaurem Kupfer, welche man mit dem Namen »grüne Patina« bezeichnet.

212. Warum erlischt ein Licht, das wir auf einem Korkstückchen auf Wasser schwimmen lassen, sehr bald, wenn wir eine Glasglocke so darüber stellen, daß das Wasser ringsum den Eintritt der Luft verhindert?

Weil das brennende Licht sehr bald den in dem abgeschlossenen Raume vorhandenen Sauerstoff verzehrt, neue Luft und also auch neuer Sauerstoff aber durch das Wasser nicht hinzutreten kann, und die Flamme daher endlich keine Nahrung mehr findet. Nach dem Erlöschen des Lichtes steigt das Wasser in der Glasglocke etwas in die Höhe, steht also darin etwas höher als außerhalb, weil die durch das Verbrennen erzeugte Kohlensäure zum Theil von dem Wasser verschluckt wird, und das Wasser nun die Stelle des von der Flamme verzehrten Sauerstoffs einnehmen muß. Allerdings ist noch Luft in der Glasglocke vorhanden, aber diese Luft ist Stickstoff, der die Flamme nicht zu ernähren vermag.

213. Warum raucht eine Lampe, wenn man den Cylinder abnimmt, und ein Ofen, wenn er keinen Zug hat?

Weil in beiden Fällen nicht Sauerstoff genug der Flamme zugeführt wird, der Kohlenstoff daher nicht vollständig verbrennen kann und sich nun unverbrannt ausscheidet. Der Rauch ist nichts anders als ein Gemisch der durch die unvollständige Verbrennung erzeugten Luftarten mit unverbranntem Kohlenstoff.

214. Warum kann in einem Keller, in welchem sich Wein im Zustande der Gährung befindet, kein Licht fortbrennen?

Weil sich bei der Gährung dieselbe Luftart entwickelt, die auch bei der Verbrennung des Kohlenstoffs entsteht, und weil diese Luftart, die sogenannte Kohlensäure, nicht fähig ist, diese Verbrennung zu unterhalten.

215. Warum wird ein Feuer durch Wind noch mehr angefacht?

Weil der Wind als bewegte Luft dem Feuer beständig neuen Sauerstoff zuführt und dieses dadurch immer neue Nahrung gewinnt, während im ruhigen Zustande die Luft in der Umgebung des Feuers allmählich ihres Sauerstoffs beraubt wird und daher zur Unterhaltung des Feuers nicht mehr beitragen kann. Das Fortbrennen des Feuers wird daher nur ermöglicht durch ein beständiges Zuströmen frischer Luft, welche an die Stelle der verbrauchten tritt.

216. Warum wird ein Feuer durch Blasen angefacht?

Weil der durch das Blasen dem Feuer zugeführte dichtere Luftstrom mehr Sauerstoff enthält, als gewöhnliche atmosphärische Luft, und daher auch das

Verbrennen noch mehr befördert, so daß die Flamme dadurch lebhafter wird.

217. Warum erhöht ein Strom kalter Luft, besonders aus einem Blasebalge, auf weißglühendes Eisen gerichtet, die Hitze desselben so, daß es zu schmelzen beginnt?

Weil durch den Blasebalg die ohnehin schon dichtere kalte Luft sehr zusammengepreßt wird und wegen ihrer großen Dichtigkeit daher auch eine sehr große Menge Sauerstoff dem glühenden Eisen zuführt, so daß dies durch die Hitze der lebhafteren Verbrennung zum Schmelzen gebracht wird.

218. Warum erlischt das Feuer in einem Schornsteine sogleich, wenn derselbe oben durch einen nassen Sack zugedeckt wird?

Weil zum Verbrennen durchaus Luft erforderlich ist, welche Sauerstoff enthält, wie die atmosphärische Luft. Da sich nun der Sauerstoff der Luft beim Verbrennen beständig mit dem verbrennenden Körper verbindet, so muß zur Unterhaltung des Feuers immerfort neue Luft hinzutreten. Bei Zudeckung des Schornsteins vermag aber die verdorbene Luft nach oben nicht zu entweichen und daher auch von unten nicht frische Luft zuzuströmen; dem Feuer fehlt es also endlich an Nahrung, und es erlischt.

219. Warum erlischt das Feuer in einem Schornsteine, wenn man im unteren Theile desselben Schwefel verbrennt?

Weil bei der Verbrennung des Schwefels eine Luftart, die sogenannte schweflige Säure, erzeugt wird, die natürlich selbst nicht mehr die Verbrennung unterhalten kann, die aber vermöge ihrer großen Schwere den unteren Theil des Schornsteins erfüllt und daher keine neue atmosphärische Luft von unten hinzutreten läßt, welche der Flamme neue Nahrung zuführen könnte. Da aber auch von oben keine frische Luft zutreten kann, weil dort die durch die Verbrennung ihres Sauerstoffs beraubte und durch die Wärme ausgedehnte Luft gewaltsam ausströmt, so muß das Feuer im Schornstein, seiner Nahrung völlig beraubt, allmählich erlöschen.

220. Warum erlischt das Feuer bisweilen in einem brennenden Zimmer von selbst, wenn Thüren und Fenster desselben dicht verschlossen gehalten werden?

Weil, obgleich die äußere Luft wegen der Ritzen in den Thüren und Fenstern zwar einigen Zutritt zu dem Zimmer hat, doch bei verschlossenen Thüren und Fenstern nicht genug frische Luft eindringen kann, um die Verbrennung auf die Dauer zu unterhalten. Soll ein Feuer fortbrennen, so muß die dasselbe umgebende Luft, welche bereits ihren Sauerstoff an die Flamme abgegeben hat und daher zum Verbrennen nicht mehr tauglich ist, beständig durch frisch zuströmende sauerstoffhaltige Luft ersetzt werden.

Soll aber ein Feuer erlöschen, so muß man dasselbe gegen das Hinzutreten frischer Luft absperren. Brennende Keller löscht man daher am besten, indem man ihre Oeffnungen durch nasse Säcke oder nassen Sand oder selbst Mist verschließt. Brennendes Fett oder Oel wird durch Ueberdecken mit einem festen Körper, selbst mit Sägespähnen gelöscht.

221. Warum sterben Thiere in einem luftleeren Raume?

Weil zur Erhaltung ihres Lebens durchaus das Einathmen sauerstoffhaltiger Luft erforderlich ist und es in einem luftleeren Raume, da überhaupt keine Luft vorhanden ist, natürlich auch an dem nothwendigen Sauerstoff fehlt. Die Thiere kommen um, gerade wie ein Feuer erlischt, dem die zur Unterhaltung des Verbrennens erforderliche sauerstoffhaltige Luft nicht zugeführt wird. Wo daher kein Licht brennen kann, da kann auch kein Thier leben, mag nun der Grund darin liegen, daß die anwesende Luft keinen Sauerstoff enthält, oder daß überhaupt gar keine Luft vorhanden ist.

222. Warum muß eine auf den Grund des Meeres gelassene Taucherglocke von Zeit zu Zeit wieder heraufgezogen werden, damit der darin befindliche Mensch fortleben kann?

Weil die in der Taucherglocke enthaltene atmosphärische Luft durch das Athmen denjenigen Bestandtheil verliert, welcher allein zum Fortbestehen des Lebens nothwendig ist, nämlich den Sauerstoff, der übrig bleibende Theil, der Stickstoff, aber so wenig wie die von dem Menschen ausgeathmete Luft, die Kohlensäure, zum Einathmen tauglich ist. Bei den neueren Tauchapparaten pflegt man deshalb den darin am Meeresgrunde arbeitenden Menschen durch Druckpumpen in Schläuchen beständig frische Luft zuzuführen.

223. Warum sterben oft viele Menschen, wenn eine große Menge derselben in einem engen, verschlossenen Raume zusammengesperrt wird?

Weil die von den Menschen eingeathmete Luft ihren Sauerstoff in den Lungen an das Blut abgiebt, beim Ausathmen dagegen nur Kohlensäure und Stickstoff von den Lungen wieder ausgestoßen werden, diese beiden Luftarten aber nicht zur Athmung und zur weiteren Unterhaltung des Lebens tauglich sind. Befinden sich daher viele Menschen in einem engen, abgeschlossenen Raume, so wird der Sauerstoff der Luft, da keine frische Luft zutreten kann, sehr bald durch das Athmen erschöpft, und die Menschen müssen ersticken aus Mangel an sauerstoffhaltiger Luft.

224. Warum ist es lebensgefährlich, sich in Keller zu wagen, worin Wein oder Bier sich im Zustande der Gährung befinden?

Weil die beim Gähren sich entwickelnde Luftart, die Kohlensäure, nicht zum Athmen tauglich ist und daher, wenn sie eingeathmet wird, die

Lebensthätigkeit, welche eine beständige Verjüngung des Blutes durch Sauerstoff erfordert, nicht mehr zu erhalten vermag.

225. Warum kommen oft Menschen um, die in lange verschlossen gewesene Bergwerksgruben, Brunnen oder Kloaken hinabsteigen?

Weil in solchen Oertlichkeiten sich Luftarten entwickeln, die nicht zum Einathmen tauglich und für die Lungen oft geradezu giftig sind. In Brunnen und Bergwerken ist es gewöhnlich die Kohlensäure, die sich dort erzeugt und wegen ihrer großen specifischen Schwere am Boden lagert. In Abtrittsgruben und Kloaken ist es das noch gefährlichere Schwefelwasserstoffgas, welches die Erstickung bewirkt. In Steinkohlengruben entwickelt sich oft auch das sogenannte Grubengas oder Kohlenwasserstoffgas, das ebensowenig für die Athmung tauglich ist, das sich aber auch sehr leicht an der Lampe des Bergmanns entzündet und dadurch furchtbare Explosionen veranlaßt. Um sich vor der Gefahr des Erstickens in Brunnen, Kellern und Abtrittsgruben zu schützen, ist es nothwendig, daß man vor dem Hinabsteigen sich von dem Vorhandensein schädlicher Gase überzeugt. Man lasse daher eine an einer Leine befestigte Laterne hinab, in welcher ein Licht brennt. Verlöscht dieses, so sind sicher Luftarten vorhanden, die auch für die Athmung schädlich sind. Um dann die Luft in diesen Räumen zu reinigen, kann man hineinschießen oder brennende Strohbündel hineinwerfen und dadurch eine Bewegung der Luft hervorrufen. Noch besser aber ist es, Chlorkalk oder gebrannten Kalk oder Lappen, die mit Kalkmilch oder Salmiakgeist getränkt sind, hinabzuwerfen, weil dadurch die schädlichen Luftarten zerstört oder, indem sie sich mit dem Kalk oder Salmiakgeist verbinden, unschädlich gemacht werden.

226. Warum kommen sehr oft Menschen um, die sich in einer geheizten Stube schlafen legen, wenn sie nach dem Abbrennen des Feuers die Ofenklappe zu früh zugedreht haben?

Weil die glimmenden Kohlen, wenn die Luft von ihnen abgesperrt ist, nicht mehr genug Sauerstoff finden, um vollkommen zu verbrennen, und dann eine eigenthümliche Luftart entwickeln, die man im gemeinen Leben als Kohlendampf bezeichnet, die aber im Wesentlichen eine Verbindung der Kohle mit einer geringeren Menge von Sauerstoff ist, als in der Kohlensäure vorhanden ist. Diese Luftart oder das Kohlenoxydgas kann nun nicht mehr durch den Schornstein entweichen, dringt daher in das Zimmer und wird von der schlafenden Person eingeathmet. Sie wirkt aber, eingeathmet, in den Lungen giftig und todbringend. Dasselbe giftige Gas entsteht auch in Kohlenbecken, weil die über den glimmenden Kohlen liegende Asche den Zutritt der Luft erschwert. Es ist daher auch gefährlich, Kohlenbecken in Zimmern, namentlich während der Nacht, stehen zu lassen.

Vom Schalle.

Schall ist die Wirkung der Erschütterung der Theilchen eines Körpers, welche sich durch die Luft unserem Hörorgan mittheilt. Die Bewegung, auf welcher der Schall beruht, ist eine eigenthümlich zitternde oder schwingende. Man kann diese Schwingungen bisweilen sehen und fühlen. Man sieht sie in dem Schwirren einer tönenden Saite oder in dem Hüpfen des Sandes auf dem Resonanzboden eines Klaviers, während dies gespielt wird. Man fühlt sie, wenn man an eine etwas große Glocke schlägt und dann leise die Fingerspitze an ihren Rand legt; man fühlt dann deutlich, daß der entstandene Schall von einem inneren Erzittern der äußerlich ganz in Ruhe bleibenden Glocke begleitet ist. Daß aber auch in der Luft solche Schwingungen stattfinden, davon überzeugt uns das Zerspringen der Fensterscheiben durch den Knall einer in der Nähe losgeschossenen Kanone, sowie das Erzittern der Fenster und der Thüren während eines heftigen Donnerschlages. Je nachdem der Schall auf einer einmaligen, plötzlichen, oder auf einer sich wiederholenden und andauernden Erschütterung beruht, und je nachdem die Schallschwingungen regelmäßig oder unregelmäßig, gleichartig oder ungleichartig auf einander folgen, unterscheiden wir zwischen einem Knall, einem Geräusch, einem Ton oder Klang. Eine einmalige, sehr heftige Erschütterung der Luft, der keine andere nachfolgt, ist ein Knall. Viele, aber ungleichartig und unregelmäßig auf einander folgende Schallschwingungen erzeugen ein Geräusch oder einen Lärm, und zwar je nach der Empfindung unseres Ohres ein Rauschen, Brausen, Rollen, Klirren, Knarren, Rasseln etc. Gleichartige Schwingungen, die mit einer gewissen Regelmäßigkeit und mit einer bestimmten Geschwindigkeit einander folgen, empfinden wir als Ton oder Klang.

227. Warum vernehmen wir einen Schall, wenn wir mit einem Stocke gegen einen Stein schlagen?

Weil durch das Anschlagen des Stockes gegen den Stein zunächst die Theile desselben, welche der Schlag trifft, heftig erschüttert werden, und diese Erschütterung den nächsten Theilchen mitgetheilt wird und so fort. Da nun der Körper von Luft umgeben ist, so werden auch die dem erschütterten Körper zunächst liegenden Lufttheilchen gleichfalls erschüttert, und diese Erschütterung pflanzt sich immer weiter fort, bis sie diejenigen Lufttheilchen erreicht, die unsern Gehörwerkzeugen zunächst sind, und in diesen daher die Empfindung des Schalles erregt.

Fig. 45.

228. Warum vernehmen wir einen Knall, wenn wir mit einer Peitsche heftig durch die Luft fahren?

Weil durch die heftige Bewegung der Peitsche eine Menge Luft plötzlich aus ihrer Lage gedrängt wird, und in Folge dessen abwechselnd verdichtete und verdünnte Luftschichten entstehen, ähnlich wie in einer größeren Wassermasse, in welcher wir eine kleine Menge Wasser plötzlich aus ihrer Lage drängen, indem wir z. B. einen Stein hineinwerfen, abwechselnde Wasserberge und Wasserthäler entstehen. Der Stein drängt nämlich das Wasser nach allen Seiten, und da das Wasser nicht zusammendrückbar ist, so muß rings um den Stein sich eine Erhöhung bilden. Diese fließt nach außen und nach innen ab, und die abfließende Wassermenge veranlaßt auf der zunächstliegenden Fläche die Entstehung einer neuen ringförmigen Erhöhung und scheint so nach außen, sich immer mehr erweiternd, fortzuschreiten. Ein ähnlicher Vorgang muß auch in der Luft eintreten, wenn der Schlag der Peitsche die plötzliche Verschiebung einer Luftmenge bewirkt, nur mit dem Unterschiede, daß die Luft zusammendrückbar ist und daher, statt der Wellenberge und Wellenthäler, sich ringsum kugelförmig verbreitende verdichtete und verdünnte Luftschichten entstehen müssen.

229. Warum hört man den Wecker eines Uhrwerks unter der Glocke einer Luftpumpe nicht mehr, wenn die Luft ausgepumpt ist?

Weil die Schwingungen der Weckerglocke durch die Luft fortgepflanzt und unserem Ohre mitgetheilt werden müssen, wenn wir sie als Schall empfinden sollen. Wenn aber die Luft fehlt, so können die Schwingungen sich auch nicht von dem schallenden Körper weiter verbreiten.

230. Warum hören wir einen Schall in der Nähe stärker als in der Ferne?

Weil die Schallwellen sich wie Hohlkugeln um den schallenden Körper ausbreiten, jede Bewegung aber an Stärke in demselben Verhältniß abnehmen muß, in welchem die Fläche wächst, über welche sie sich ausbreitet. Eine Schallwelle breitet sich in der doppelten Entfernung auf eine 4mal so große Fläche aus, und die Erschütterung, die sie bewirkt, kann nur noch ¼ so stark sein, als in der einfachen Entfernung. Von der Stärke der Erschütterung hängt aber die Wirkung des Schalles auf unser Gehörorgan ab; wir hören darum den Schall in der doppelten Entfernung auch nur ¼mal so stark.

231. Warum geben einige Körper beim Anschlagen einen stärkeren Schall als andere?

Weil die Körper verschiedene Elasticität und Dichtigkeit besitzen, sehr elastische Körper aber eine heftigere Erschütterung der Theilchen und weitere Schwingungen zulassen, als weniger elastische, und in dichteren Körpern mehr Masse in Schwingungen versetzt wird, als in weniger dichten. Von der Erschütterung der Theilchen eines Körpers hängt aber die Erschütterung der Luft und von dieser die Wirkung auf unser Gehörorgan ab. Sehr weiche Körper, namentlich Flüssigkeiten, sind darum nicht geeignet, einen Schall zu erzeugen.

232. Warum sieht man aus einiger Entfernung die Axt des Holzhauers früher niederfallen, als man den Schlag hört?

Weil, wie jede Bewegung eine gewisse Zeit erfordert, so auch eine gewisse Zeit vergehen muß, ehe der Schall von seinem Entstehungsorte durch die Luft sich bis zu unserm Ohre fortpflanzt. In der Luft beträgt die Geschwindigkeit, mit welcher sich der Schall fortpflanzt, ungefähr 1060 Fuß oder 333 Meter in der Secunde. Aus der Zeit, welche zwischen dem Lichtblitz beim Abschießen einer Kanone und dem Eintreffen des Schalles, oder zwischen Blitz und Donner bei einem Gewitter verstreicht, kann man auf die Entfernung der Kanone oder des Gewitters schließen.

233. Warum hört man das Läuten der Glocken oder andere Arten des Schalles in gleicher Entfernung, bald stärker, bald schwächer?

Weil die Luft bald mehr, bald weniger geeignet ist, die Erschütterungen fortzupflanzen, da sie bald eine größere, bald eine geringere Dichtigkeit und Elasticität besitzt. Je dichter die Luft ist, desto besser leitet sie den Schall. In der dünnen Luft hoher Alpengipfel hört man darum den Knall einer Pistole kaum stärker als einen kräftigen Handschlag. Im Winter, wo die Luft kälter und darum auch dichter ist, hört man den Schall stärker und in weiterer Entfernung als im Sommer. Im Sommer wirkt zugleich der Pflanzenwuchs der Verbreitung der Schallwellen hemmend entgegen. In der Nacht wird ein

Schall deutlicher vernommen als am Tage, nicht bloß, weil am Tage noch ein mannigfach verworrenes Geräusch die Empfindlichkeit des Ohres abstumpft, sondern auch weil am Tage das Aufsteigen der wärmeren Luft der Verbreitung der Schallwellen hinderlich wird. Ein der Richtung der sich fortpflanzenden Schallwellen entgegen wehender Wind hält sie ebenfalls auf, während ein in derselben Richtung wehender Wind die Geschwindigkeit der Schallfortpflanzung vergrößert. Regentropfen und Schneeflocken unterbrechen und stören vielfach die Schallwellen, und man vernimmt darum bei Regen und Schneefall das Läuten einer Glocke nicht, das man bei heiterem Wetter sehr deutlich hört.

234. Warum hört man entfernten Kanonendonner besser, wenn man das Ohr auf die Erde legt?

Weil der Erdboden den Schall mit größerer Geschwindigkeit fortpflanzt, als die Luft. Ueberhaupt leiten die meisten festen Körper und selbst Flüssigkeiten den Schall mit größerer Geschwindigkeit fort, als die Luft. So ist die Geschwindigkeit des Schalles in Eisen $16^{2}/_{3}$, in Tannenholz 18, in Wasser $4^{1}/_{2}$mal so groß als in der Luft. Wenn man eine Taschenuhr auf das Ende eines sehr langen Balkens legt, so kann man das Ticken derselben noch hören, wenn man das Ohr an das andere Ende des Balkens anlegt. Dagegen wird die Fortpflanzung des Schalles durch ungleichartige und vielfach unterbrochene Körper stark gestört. Namentlich lockere Körper, wie Tuch, Pelz, Wolle, Baumwolle, Federn, Sägespähne, sind zur Fortleitung des Schalles wenig geeignet und schwächen ihn beträchtlich, weil in ihnen der Schall beständig aus einer festeren Schicht in eine eingeschlossene Luftschicht und umgekehrt übergehen muß und dabei jedesmal gestört wird. Mit Champagner oder Selterwasser gefüllte Gläser klingen daher nicht. Durch wollene Decken oder Strohmatten, die man vor Fenster und Thüren hängt, kann man das Geräusch der Straße von einem Zimmer fern halten.

235. Warum hallen einzelne Silben oder auch wohl ganze Wörter zuweilen mehrfach wieder, wenn sie einer Felswand oder der Mauer eines Gebäudes gegenüber in einer gewissen Entfernung laut ausgesprochen werden?

Weil die durch das Aussprechen der Silben oder Wörter verursachten Erschütterungen oder Schallwellen der Luft, wenn sie in ihrem Fortschreiten gegen die Felswand oder Mauer treffen, von dieser zurückgeworfen werden und daher den Schall nach derselben Gegend wieder hinsenden, woher er kam, gerade wie ein elastischer Ball von einer Wand zurückprallt. Da unser Ohr in einer Secunde höchstens 9–10 Silben zu unterscheiden vermag, in $^{1}/_{10}$ Secunde der Schall aber $33^{1}/_{3}$ Meter durchläuft, hin und zurück also nur $16^{2}/_{3}$ Meter durchlaufen kann, so muß eine Wand mindestens $16^{2}/_{3}$ Meter von uns entfernt sein, wenn wir den Nachhall einer ausgesprochenen Silbe oder ihr Echo noch deutlich unterscheiden sollen. In einem kleineren Raume, etwa zwischen den Wänden eines Zimmers, verschmilzt der Nachhall mit dem Schall und verstärkt diesen nur. Soll der Nachhall von 2, 3 und mehr Silben deutlich vernommen werden, so muß die den Schall zurückwerfende Wand 2, 3 oder mehrmal $16^2/_3$ Meter von uns entfernt sein. Soll eine Silbe oder ein Schall überhaupt mehrfach wiederhallen, also ein mehrmaliges Echo stattfinden, so muß die Zurückwerfung durch mehrere Wände geschehen, die entweder gleichlaufend sich gegenüberstehen oder an einander anstoßen. Dies ist z. B. an dem Lurleyfelsen bei Oberwesel am Rhein, bei den Adersbacher Felsen in Böhmen und auf dem Königsplatz in Kassel der Fall. Eines der berühmtesten Echos ist das beim Schlosse Simonetta bei Mailand, das den Schall eines Pistolenschusses 40–50mal wiederholt. Bei Musiksälen, Theatern etc. ist es eine der schwierigsten Aufgaben der Baukunst, den störenden Nachhall zu beseitigen; das geeignetste Mittel dazu scheint die möglichst reiche Gliederung der Wände zu sein.

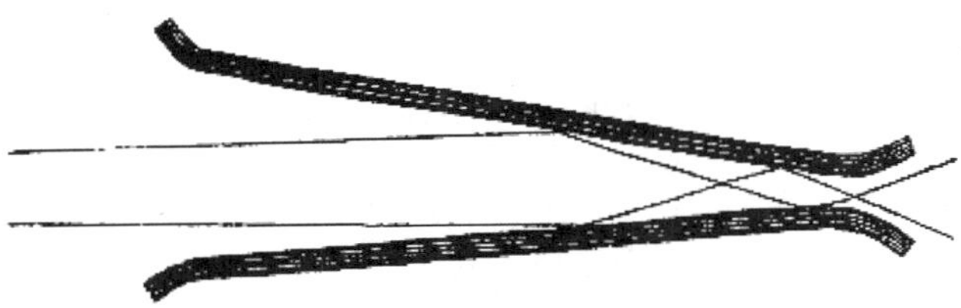

Fig. 46.

236. Warum kann man sich noch auf sehr weite Entfernungen vernehmlich machen, wenn man in ein Sprachrohr hineinspricht oder ruft?

Weil wegen der kegelförmigen Gestalt des Sprachrohrs die gegen die inneren Wände desselben treffenden Schallwellen, nachdem sie mehrmals zurückgeworfen worden sind, endlich fast alle eine und dieselbe Richtung erhalten und, indem sie fast gleichlaufend austreten, auf dem langen Wege durch die freie Luft zusammengehalten werden. Ein Höhrrohr ist ein umgekehrtes kleines Sprachrohr, dessen Trichter eine große Menge von Schallwellen aufnimmt, die in dem engeren Schallrohr zusammengedrängt werden und so verdichtet in das Ohr gelangen, auf welches sie darum einen stärkeren Eindruck machen. Da der Schall überhaupt nur wenig von seiner Stärke einbüßt, wenn er sich in einer begrenzten Luftmasse ausbreitet, so können auch sogenannte Schall- oder Communicationsröhren, d. h. beliebig lange, 4–5 Centimeter weite Blech- oder Kautschukröhren, in die man hineinspricht, dazu dienen, sich auf größere Entfernungen verständlich zu machen. Man findet darum solche Röhren in Fabriken oft durch mehrere Stockwerke hindurch. Aus demselben Grunde pflanzen auch Kamine,

Gasleitungen, Heizungsröhren den Schall in auffallender Weise fort, und in Gefängnissen sind sie oft zu Verständigungen unter den Gefangenen benutzt worden.

237. Warum wird der Ton einer Stimmgabel auffallend stärker, wenn man sie auf irgend einen festen Körper, z. B. auf eine Tischplatte aufsetzt?

Weil ein fester Körper, wie die Tischplatte, besonders wenn er in unmittelbarer Berührung mit dem schallenden Körper steht, selbst in ähnliche Schwingungen geräth und diese dann auch der Luft mittheilt, dadurch also den Ton des schallenden Körpers verstärkt. Auf diesem Mitschwingen oder Mittönen beruht auch der Resonanzboden des Klaviers, der Violine u. s. w.

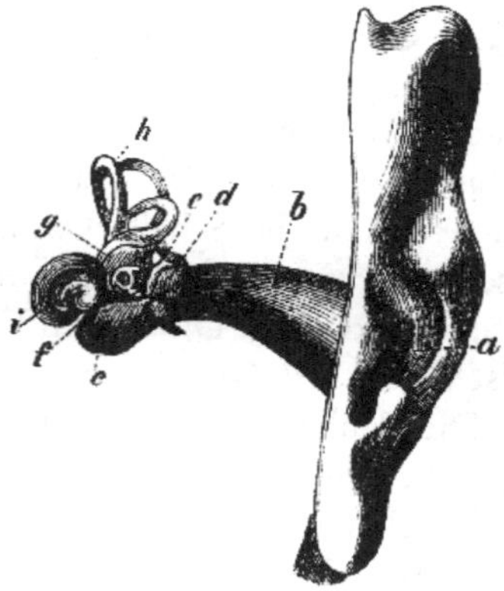

a) Ohrmuschel.

b) Gehörgang.

c) Trommelfell.

d)

e) } Gehörknöchelchen.

f)

g) Vorhof.

h) Bogengänge.

i) Schnecke.

Fig. 47.

238. Warum können taubgeborne oder an gewissen Krankheiten des Ohres leidende Personen nicht hören?

Weil die durch das Sprechen erschütterte Luft zwar ebenfalls diese Erschütterungen bis zu ihrem Ohre fortpflanzt, sie hier aber wegen des krankhaften Zustandes des Ohres dem Gehörnerv nicht mehr mitgetheilt werden können. Dies ist besonders der Fall, wenn der Gehörnerv selbst unempfindlich ist, oder wenn das sogenannte Labyrinth fehlt, durch dessen Flüssigkeit die Schallschwingungen dem Gehörnerv mitgetheilt werden. Unser Ohr ist ein sehr künstlich gebauter Apparat zur Aufnahme von Schallschwingungen. Das äußere Ohr sammelt und leitet mittelst der durch vielfache Windungen eine große Oberfläche darbietenden Ohrmuschel (a) die Schallschwingungen in den Gehörgang (b), einen etwa 1 Zoll langen Kanal im Schläfenbein. Der Gehörgang ist hinten durch das Trommelfell (c) geschlossen, mit welchem das mittlere Ohr oder die Paukenhöhle beginnt, die durch die Eustachische Röhre mit der Rachenhöhle, also auch mit der äußeren Luft in Verbindung steht. In der Paukenhöhle liegen die Gehörknöchelchen, durch welche die Schallschwingungen, welche mittelst des Trommelfells denselben mitgetheilt werden, nach den Gesetzen der Resonanz eine größere Stärke erhalten. Durch den Verlust des Trommelfells und der Knöchelchen ist darum das Gehör nicht aufgehoben, sondern nur bedeutend geschwächt. Die Paukenhöhle ist von dem inneren Ohre, dem sogenannten Labyrinth, einer Höhlung im Felsenbein, durch eine knöcherne Scheidewand getrennt, in welcher zwei mit Haut überzogene Oeffnungen, das runde und das ovale Fensterchen, eine Verbindung mit der Paukenhöhle herstellen. Durch das ovale Fensterchen theilen sich die Schallschwingungen dem Wasser mit, welches das ganze Labyrinth erfüllt, und das sich schwingend vor- und zurückbewegen kann, weil das runde Fensterchen, mit welchem das Labyrinth endigt, auszuweichen vermag. Das Labyrinth selbst besteht wieder aus dem Vorhof (g), den drei Bogengängen (h) und der Schnecke (i), in denen sich die Zweige des Gehörnervs mannigfach verbreiten. In der Erkrankung dieses Theils liegt also die größte Gefahr für die Empfindlichkeit des Gehörs.

239. Warum giebt eine dickere Violinsaite einen tieferen Ton als eine dünnere, und warum giebt dieselbe Saite einen höheren Ton, wenn sie stärker gespannt wird, oder wenn man sie verkürzt?

Weil die Höhe eines Tones von der Zahl der Schallwellen abhängt, welche in einer Secunde in unser Ohr gelangen und von demselben empfunden werden, der Ton einer Saite also um so höher ist, je schneller sie schwingt, oder je mehr Schwingungen sie in derselben Zeit macht, eine Saite aber um so mehr Schwingungen macht, je dünner, je kürzer oder je mehr angespannt sie ist. Eine Saite, welche die Octave giebt, macht doppelt so viele Schwingungen in der Secunde, als eine Saite, welche den Grundton giebt. Im

Allgemeinen beginnt unsere Tonempfindung erst bei 30 bis 40 Schwingungen in der Secunde und hört bei 5000, höchstens 9000 Schwingungen auf; besonders geübte und feinfühlende Ohren hören nach *Helmholtz* noch Töne von 76000 Schwingungen in der Sekunde. In der Musik kommt es aber weniger auf die absolute Höhe der Töne als auf ihre Verhältnisse oder Intervalle an. Die einfachsten Intervalle bilden diejenigen Töne, welche 2, 3, 4, 5 … mal so viel Schwingungen machen, als ein anderer Ton, den man den Grundton nennt, also die harmonischen Obertöne des Grundtons. Die nächsteinfachen Verhältnisse sind die von 3 : 2 und von 5 : 4, und solche Töne, welche $^3/_2$ oder $^5/_4$ mal so viel Schwingungen machen, als der Grundton, nennt man die Quinte und die Terz des Grundtons. Auch die Töne, welche $^4/_3$ und $^5/_3$ mal so viel Schwingungen als der Grundton enthalten, die Quarte und die Sexte, klingen noch befriedigend mit dem Grundton zusammen. Solche Töne, welche zusammen einen angenehmen Eindruck auf das Gehör machen, nennt man consonirend, und ihren Zusammenklang selbst Consonanz. Töne, deren Schwingungszahlenverhältniß zum Grundton nicht mehr einfach ist, bilden Dissonanzen.

240. Warum giebt eine längere Pfeife einen tieferen Ton als eine kürzere?

Weil es in jeder Pfeife die durch das Einströmen eines schmalen Luftstroms hervorgebrachte schwingende Bewegung der eingeschlossenen Luftsäule ist, welche den Ton erzeugt, und weil die Höhe dieses Tones von der Zahl der in einer Secunde gemachten Schwingungen abhängt, diese aber im umgekehrten Verhältniß zur Länge der Pfeife steht. Wenn, wie bei der Flöte, die Wände einer Pfeife mit Oeffnungen versehen sind, welche geöffnet und geschlossen werden können, so ist die erste nicht geschlossene Oeffnung als das Ende der Pfeife anzusehen und die Höhe des Tones dem Abstande der Oeffnung vom Mundloch entsprechend. Man begreift daher, wie sich durch Oeffnen und Schließen der Seitenlöcher der Ton erhöhen und erniedrigen läßt.

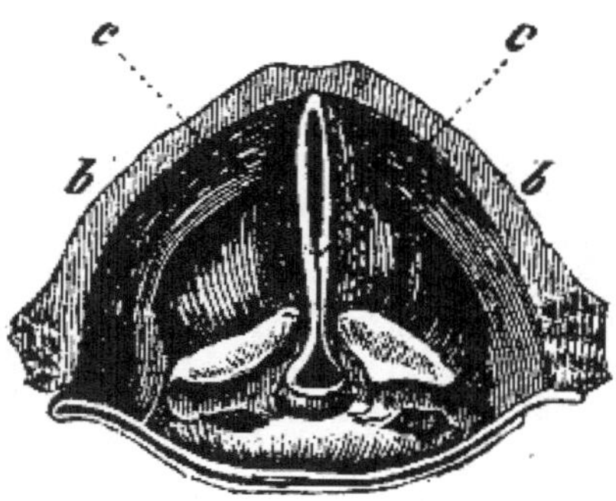

Fig. 48.

241. Warum kann man eine ausgeschnittene Gänsegurgel noch zum Tönen bringen, wenn man hineinbläst?

Weil das in der Gurgel liegende Stimmorgan der Gans, wie der meisten Thiere und auch des Menschen, eigentlich eine Pfeife ist, in welcher der Ton durch die Schwingungen zweier elastischer Bänder erzeugt wird, die zwischen sich nur eine schmale Spalte, die Stimmritze, für den durchgehenden Luftstrom freilassen. Das Stimmorgan hat die meiste Aehnlichkeit mit einer sogenannten Zungenpfeife, wie wir sie in der Kindertrompete kennen, bei welcher der eingeblasene Luftstrom ein elastisches Blättchen in Bewegung setzt, welches seine schwingende Bewegung dann der in der Pfeife eingeschlossenen Luftsäule mittheilt. Bei dem Stimmorgan des Menschen bildet die Lunge nur den Blasebalg, die Luftröhre das Windrohr, während der Kehlkopf das eigentliche Instrument ist, das in seinem obersten Theile die tönende Zunge enthält, und Rachen und Mund nur als Schallbecher dienen. Der Kehlkopf besteht aus dem obersten Ringe der Luftröhre oder dem Ringknorpel, dem Schildknorpel oder Adamsapfel und den zwei durch Muskeln beweglichen Gießkannenknorpeln. Die Schleimhaut der Luftröhre geht in dem Kehlkopf in ein sehr elastisches Gewebe über, das von der Vorderkante des Schildknorpels sich in zwei halbkreisförmigen Abtheilungen, die man Stimmbänder nennt, nach hinten zu den Gießkannenknorpeln zieht. Bei gewöhnlichem Athmen liegen diese beiden Häute schlaff über einander und schließen den Zwischenraum, so daß das Athmen nur durch eine schmale Fortsetzung dieses Zwischenraums zwischen den zwei Gießkannenknorpeln, die Athemritze, geschieht. Bei der Tonbildung dagegen schließt sich die Athemritze, die Stimmbänder werden straff gespannt und ihre Ränder liegen fest aneinander, so daß nur ein feiner, grader Spalt, die Stimmritze, übrig bleibt. Indem der Luftstrom durch diese hindurchgeht, versetzt er die Stimmbänder in Schwingungen, welche sich auf die Luftsäule in der Rachen- und Mundhöhle übertragen. Die Höhe des Tons hängt also hauptsächlich von der Spannung und der Länge der Stimmbänder ab.

Von der Wärme.

Unter Wärme verstehen wir bald das Gefühl, welches wir bei der Berührung gewisser Körper empfinden, bald die Ursache dieses Gefühles oder den Zustand der Körper selbst, welche diese Empfindung in uns hervorrufen. Gewöhnlich spricht man von der Wärme, wie von einem Stoffe, der von den Körpern ausströmt, fortgeleitet wird, die Körper durchdringt etc., und früher hat man auch wirklich einen solchen Wärmestoff angenommen, der freilich keine einzige Eigenschaft des Stoffes, namentlich keine Schwere besitzt. Das Wesen der Wärme kann man daher nur in einer Bewegung sehen, und zwar in einer schwingenden oder Wellenbewegung. Nur darüber streitet man noch, ob sie eine Bewegung der kleinsten Körpertheilchen selbst, oder eine Bewegung eines feinen, alle Körper durchdringenden Stoffes, des sogenannten Aethers sei. Die wichtigsten Quellen der Wärme sind die Sonnenstrahlen, Reibung, Druck und chemische Prozesse, namentlich die Verbrennung; ferner Elektricität und Magnetismus. Kälte ist nur Mangel an Wärme. Die Temperatur eines Körpers ist der Grad seiner Erwärmung.

242. Warum springen Funken ab, wenn man mit einem Stahl an einen Feuerstein schlägt?

Weil durch das heftige Anschlagen des Stahles gegen den harten Feuerstein kleine Stahlstückchen abspringen, die in Folge der durch die Reibung erzeugten Hitze glühend werden und, wenn sie auf Schwamm oder Zunder fallen, diesen entzünden. Wenn man die Funken auf weißes Papier fallen läßt und sie dann durch ein Vergrößerungsglas betrachtet, kann man deutlich die geschmolzenen Stahlstückchen erkennen. Auch vom eisernen Huf eines auf gepflasterter Straße galoppirenden Pferdes sieht man Abends glühende Theilchen umhersprühen. Wenn man zwei Kieselsteine heftig an einander schlägt, werden ebenfalls glühende Steinstückchen losgerissen. Ueberhaupt wird durch Reibung und starken Druck Wärme erzeugt. Ein Hammer erwärmt sich bei längerem Gebrauch, und der Schmied kann einen Nagel durch geschicktes Hämmern glühend machen.

243. Warum müssen die Achsen der Wagenräder geschmiert werden?

Weil bei der Umdrehung der Räder um die Achsen eine heftige Reibung stattfindet und durch diese Reibung bedeutende Wärme erzeugt werden würde, die sich bis zur Entzündung der Achsen steigern könnte, wenn die Reibung nicht durch eine dazwischen gebrachte Flüssigkeit, namentlich ein geschmeidiges Oel oder Fett, vermindert würde.

244. Warum verbrennt man sich die Hände, wenn man sich schnell an einem Seile herabläßt?

Weil beim schnellen Herabgleiten an einem Seile eine heftige Reibung zwischen den Händen und dem Seile stattfindet, und durch diese Reibung Wärme erzeugt wird, die sich zu einem solchen Grade steigern kann, daß sie nicht blos die Empfindung des Verbrennens, sondern auch wirkliche Brandwunden an den Händen verursacht. Die Reibung und die dadurch erzeugte Erwärmung ist um so heftiger, je schneller das Herabgleiten geschieht, und je größer die Strecke ist, durch die man sich herabläßt.

245. Warum wird frisch gebrannter Kalk heiß, wenn man ihn beim Löschen mit Wasser besprengt?

Weil das Wasser sich mit dem Kalk zu einem neuen Körper, dem gelöschten Kalk, chemisch verbindet, und diese chemische Verbindung Wärme erzeugt. Daß der Kalk das Wasser aufgenommen hat, läßt sich durch seine Gewichtszunahme beweisen. Das Wasser ist dabei zugleich verdichtet und fest geworden; denn der neue Körper ist staubig trocken. Daß auch bei andern chemischen Verbindungen Wärme erzeugt wird, kann man erfahren, wenn man Schwefelsäure mit Wasser mischt. Darum darf man, wenn man sich mit Schwefelsäure beschüttet hat, dieselbe nicht sogleich mit Wasser abwaschen, sondern muß sie vorher mit Wolle oder Papier abtrocknen. Auch unsere eigene Körperwärme ist ein Erzeugniß chemischer Prozesse, die durch unsere Athmung vermittelt werden. Jede Verbrennung, die Hauptquelle unserer künstlichen Wärme, ist ein chemischer Prozeß.

246. Warum geräth feuchtes Heu häufig in Brand?

Weil in solchen feuchten Pflanzenstoffen allmählich eine Gährung eintritt, welche die Pflanzenstoffe in eine schwarze, kohlenreiche Masse verwandelt, in Folge dieser Gährung und Fäulniß aber diese Stoffe sich erhitzen und dabei zugleich eine Menge von Kohlenwasserstoffgas entwickeln, das in der porösen Masse sehr verdichtet wird. Da nun Heu und ähnliche Pflanzenstoffe zugleich sehr schlechte Wärmeleiter sind, d. h. die erzeugte Wärme nicht leicht abgeben, so kann sich diese in ihrem Innern bis zu einem Grade steigern, bei welchem die Entzündung der Stoffe möglich ist. Kann endlich frische Luft, also Sauerstoff, hinzutreten, so muß die Entzündung erfolgen, da die beiden Bedingungen der Verbrennung erfüllt sind: die zur Entzündung erforderliche Temperatur und der freie Zutritt sauerstoffhaltiger Luft. Wie feuchtes Heu, so können sich auch feuchte Sägespäne, Kleie, Getreide, Dünger von selbst entzünden. Große Massen von gemahlenem Kaffee und Cichorien, wenn sie dicht verpackt sind, ebenso große Massen gepulverter Kohle, sind feuergefährlich, weil sie ihrer Porosität wegen Luftarten einsaugen und in sich verdichten, durch diese Verdichtung aber Wärme erzeugt wird. Fest zusammengepackte gefettete Wolle, fettige Putzlappen, gepreßte wollene Tücher, die noch nicht durch das Walken ihres Fettes beraubt sind, gefirnißte, fest auf einander gelegte Zeuge erhitzen sich gleichfalls, da sie beim Trocknen Sauerstoff aufnehmen und in sich verdichten.

247. Warum wird durch den Hauch aus dem Munde oder durch den Wind ein Licht ausgelöscht?

Weil der brennende Theil des Lichtes durch den daran streichenden kalten Luftstrom bis unter diejenige Temperatur abgekühlt wird, bei welcher das Verbrennen allein noch möglich ist. Denn zum Verbrennen eines Körpers gehört nicht nur ein freier Zutritt der Luft, sondern auch ein gewisser Grad der Temperatur, der bei den verschiedenen Körpern sehr verschieden, bei einigen, wie beim Phosphor, sehr niedrig, bei andern, wie bei Holz, Kohlen, Coaks und den meisten Schwermetallen, aber sehr hoch ist.

248. Warum haben metallene Thee- und Kaffeekannen gewöhnlich hölzerne Handgriffe?

Weil das Metall ein zu guter Wärmeleiter ist und daher die Wärme einer in das Gefäß gebrachten heißen Flüssigkeit sehr schnell und in hohem Grade annimmt, während das Holz, als schlechter Wärmeleiter, die Wärme nur in geringem Grade und sehr langsam annimmt, so daß uns ein hölzerner Handgriff gestattet, die mit heißer Flüssigkeit gefüllte Theekanne in die Hand zu nehmen. – Man nennt nämlich diejenigen Körper, welche die Wärme sehr gut aufnehmen und schnell fortleiten, gute Wärmeleiter, die entgegengesetzten schlechte Wärmeleiter. Die besten Wärmeleiter sind die Metalle, die schlechtesten Luft, Asche, Federn, Wolle, überhaupt Haare.

249. Warum kann man einen Draht nicht lange in die Lichtflamme halten, ohne sich zu verbrennen, während man doch einen Fidibus ohne Gefahr bis an die Finger abbrennen lassen kann?

Weil das Metall ein sehr guter Wärmeleiter ist, und die durch die Flamme erhitzten Theilchen des Drahtes daher ihre Wärme sehr bald den nächsten, sie berührenden Theilchen mittheilen, so daß diese Wärme sehr schnell bis zu dem in unserer Hand befindlichen Ende gelangt; während in dem Papier, als einem sehr schlechten Wärmeleiter, die Wärme sich sehr langsam von Theilchen zu Theilchen verbreitet, so daß sie noch nicht zu unserer Hand gelangt ist, wenn die Flamme schon nahe daran ist.

250. Warum verbrennt man sich leicht die Hand, wenn man dieselbe an eine Säge hält, mit der soeben längere Zeit gesägt worden ist?

Weil durch die starke Reibung beim Sägen eine bedeutende Wärmemenge erzeugt wird, das Holz aber ein schlechter, das Metall dagegen ein guter Wärmeleiter ist, und letzteres daher den größten Theil der erzeugten Wärme in sich aufnimmt. Aehnliches findet überall statt, wo ein metallener Gegenstand an einem hölzernen oder überhaupt an einem schlechten Wärmeleiter gerieben wird. Wenn man eine Kupfermünze auf dem Fußboden oder auf einem Stück Tuch reibt, so wird sie so heiß, daß man die Finger wegziehen muß, während der Fußboden oder das Tuch nicht merklich erhitzt ist.

251. Warum kann man, wenn man sich die Hand mit Asche bestreut, eine glühende Kohle hineinlegen, ohne daß man sich verbrennt?

Weil die Asche, als ein äußerst schlechter Wärmeleiter, nur sehr langsam die Wärme der Kohle aufnimmt und ebenso langsam an die Hand abgiebt. Eben darum geben auch Oefen, in denen sich viel Asche befindet, weniger Wärme ab, weil diese die Wärme des Feuers nur wenig annimmt und in sehr geringem Grade fortleitet. Aus demselben Grunde schützt man auch Gegenstände vor dem Verbrennen, indem man die Zwischenräume zwischen den Doppelwänden der eisernen feuerfesten Schränke mit Asche füllt. Auch Dampfröhren und Dampfkessel werden zweckmäßig mit einem Mantel umgeben, dessen Füllung aus Asche, Lehm und Haaren besteht, weil diese schlechtleitenden Stoffe das Entweichen der Wärme verhindern.

252. Warum können Schmiede glühende Kohlen auf ihre Hand legen und sie einige Zeit darauf liegen lassen, ohne eine unangenehme Empfindung zu haben?

Weil die Hände dieser Leute gewöhnlich in Folge ihrer schweren Arbeit an ihrer inneren Fläche mit einer harten hornartigen Haut überzogen sind, das Horn aber als ein sehr schlechter Wärmeleiter nur langsam die Hitze der glühenden Kohle zum empfindlichen Fleisch durchdringen läßt.

253. Warum machen eiserne Oefen die Zimmer wärmer, mindestens schneller warm, als thönerne?

Weil Eisen ein besserer Wärmeleiter ist als Thon. Da nun das in dem Ofen angezündete Feuer seine Wärme demselben mittheilt, und diese Mittheilung desto schneller und in einem desto höhern Grade erfolgt, aus je besseren Wärmeleitern der Ofen besteht, so muß ein eiserner Ofen die Wärme schneller und in höherem Grade annehmen, als ein thönerner. Ersterer wird aber aus demselben Grunde auch die erhaltene Wärme schneller an die Luft des Zimmers abgeben und es daher wärmer machen; freilich wird er auch wieder schneller erkalten, als letzterer.

254. Warum giebt ein Ofen weniger Wärme von sich, wenn der Aufsatz desselben voll Ruß ist?

Weil der Ruß ein schlechter Wärmeleiter ist, die Wärme also nur schwer annimmt und eben so schwer wieder an andere Körper abgiebt. Bei der Erwärmung der Zimmer durch Oefen hängt aber alles davon ab, daß die den Letzteren durch das Feuer mitgetheilte Wärme sich der Luft des Zimmers mittheilt. Da nun dem Ofen wegen der geringeren Wärmeleitungsfähigkeit des Rußes nur sehr langsam Wärme mitgetheilt wird, so kann er auch das Zimmer nur wenig erwärmen.

255. Warum werden Oefen gewöhnlich mit mehreren Zügen versehen?

Weil die erhitzte Luft im Innern des Ofens desto mehr Wärme mittheilen kann, je mehr sie Flächen findet, an die sie dieselbe abgeben kann. Je mehr Züge aber ein Ofen hat, desto mehr bietet er Flächen im Innern. Die heiße Luft im Ofen kann daher nicht durch den Schornstein entweichen, ohne zuvor den größten Theil ihrer Wärme verloren zu haben, die durch Vermittlung der Ofenwände dem Zimmer zu Gute gekommen ist.

256. Warum brennt ein Räucherkerzchen, auf ein hölzernes Brett gesetzt, ganz aus, aber nicht, wenn man es auf eine Metallplatte stellt?

Weil, wenn man das Räucherkerzchen auf eine Metallplatte stellt, diese, als ein guter Wärmeleiter, dem brennenden Räucherkerzchen schnell seine Wärme entzieht, so daß es verlöschen muß, weil ihm zuletzt eine der zum Verbrennen nothwendigen Bedingungen, nämlich der erforderliche Temperaturgrad, fehlt. Das hölzerne Brett ist dagegen ein schlechter Wärmeleiter und entzieht daher dem Räucherkerzchen auch nur sehr wenig Wärme, so daß es ungehindert ausbrennen kann.

257. Warum schützt uns im kalten Winter das Pelzwerk gegen die Kälte?

Weil das Pelzwerk, als einer der schlechtesten Wärmeleiter, nur sehr langsam die Wärme annimmt und ebenso nur sehr wenig weiter leitet, darum also auch die natürliche Wärme unserem Körper nicht entzieht. Der Pelz wärmt nicht darum, weil er etwa selbst Wärme enthielte, sondern nur darum, weil er unsere natürliche Körperwärme verhindert zu entweichen.

258. Warum giebt man Eisgruben hölzerne, mit Stroh bedeckte Wände und Strohdächer?

Weil hölzerne, mit Stroh bedeckte Wände, sowie Strohdächer sehr schlechte Wärmeleiter sind und darum die Wärme der äußeren Luft und der Sonnenstrahlen nur sehr langsam annehmen und in das Innere des Eiskellers fortleiten. Statt der Strohwände kann man solche Eisbehälter auch mit einer Kohlen- oder Aschenschicht umgeben, die ein noch schlechterer Wärmeleiter ist.

259. Warum halten Strohdächer im Sommer kühl, im Winter warm?

Weil sie als schlechte Wärmeleiter im Sommer die äußere Wärme nur langsam und in geringem Grade annehmen, und der von ihnen geschützte Raum also auch nicht so erhitzt werden kann, als unter anderen Dächern; während sie im Winter wieder weniger von der inneren Wärme des Hauses in die äußere kalte Luft ableiten. Unter Zink- oder Bleidächern ist es im Sommer sehr heiß, im Winter sehr kalt, weil Metalle zu gute Wärmeleiter sind.

260. Warum baut man in sehr kalten Gegenden die Häuser nicht aus Stein, sondern aus Holz?

Weil Holz, als schlechter Wärmeleiter, die innere Wärme des Hauses nur langsam in die äußere Luft ableitet, Stein als besserer Wärmeleiter aber viel schneller die inneren Räume ihrer Wärme beraubt. Sogar Eis ist ein schlechterer Wärmeleiter als Stein, und die Eskimos bauen daher ihre Winterwohnungen zum Schutze gegen die Kälte aus Eis. Auch die Mitglieder der Nordpolexpeditionen, die in jenen eisigen Regionen überwintern, umgeben ihr Schiff im Winter mit mächtigen Mauern von Eis und Schnee.

261. Warum werden im Winter die Zimmer wärmer erhalten, wenn man dieselben durch Doppelfenster verwahrt?

Weil die zwischen gut schließenden Doppelfenstern abgesperrte ruhige Luftschicht, als ein sehr schlechter Wärmeleiter, die Wärme des Zimmers nicht nach außen entweichen läßt. Unsere geheizten Zimmer werden im Winter nur darum allmählich kalt, weil ihre Wärme sich mit der äußeren kalten Luft allmählich ausgleicht, und zwar theils dadurch, daß Wände und Fensterscheiben die Wärme nach außen mittheilen, theils dadurch, daß die schwerere kalte Luft durch die Ritzen der Thüren und Fenster in das Zimmer eindringt und die wärmere Luft verdrängt.

262. Warum halten weite Kleider wärmer, als enganschließende?

Weil die abgesperrte Luftschicht zwischen dem Körper und der Bekleidung als ein sehr schlechter Wärmeleiter die natürliche Körperwärme am Entweichen verhindert. Daß Federbetten wärmer halten als wollene Decken, liegt auch mehr an der von ihnen eingeschlossenen Luftschicht, als an der geringeren Leitungsfähigkeit der Federn oder gar an der Dicke der Betten.

263. Warum erfrieren die Saaten nicht, wenn sie mit Schnee bedeckt sind?

Weil der Schnee an sich als schlechter Wärmeleiter, noch mehr aber durch die große Menge der in seinen Zwischenräumen eingeschlossenen Luft eine hinreichende Wärmemenge in dem Boden zurückhält und andererseits dem

Einwirken der kalten Luft auf den Boden hinreichend wehrt, um die Saaten vor dem Erfrieren zu schützen.

264. Warum frieren wir in einem Bade von 15° R., während wir uns doch in einer Luft von 15° Wärme sehr behaglich fühlen?

Weil das Wasser ein weit besserer Wärmeleiter ist als die Luft und daher unserem Körper sehr schnell Wärme entzieht, ein Wärmeverlust unsers Körpers uns aber das Gefühl des Frierens erzeugt.

264a. Warum scheinen manche Körper uns beim Anfühlen kälter zu sein als andere?

Weil bei der Berührung gute Wärmeleiter unserer Hand einen Theil ihrer natürlichen Wärme entziehen und dadurch die Empfindung von Kälte in derselben erzeugen, während schlechte Wärmeleiter nur sehr wenig von der Wärme der Hand annehmen und ihr daher ihre natürliche Wärme lassen, so daß kein Gefühl von Kälte in derselben entstehen kann. Metalle fühlen sich daher gewöhnlich kälter an als Holz oder gar Wolle. Sind aber gute und schlechte Wärmeleiter bis zu einem gewissen Grade gleich stark erwärmt worden, etwa durch die heißen Sonnenstrahlen im Sommer oder durch die Wärme eines Ofens, so fühlen sich auch die guten Wärmeleiter heißer an als die schlechten, weil erstere ihre Wärme sehr schnell an die Hand abgeben, letztere nicht. An metallenen Thürgriffen können wir uns an heißen Sommertagen fast verbrennen, während Wolle kaum merklich warm erscheint.

265. Warum können Juwelenhändler bisweilen durch bloßes Anfühlen ächte Steine von unächten unterscheiden?

Weil Edelsteine bessere Wärmeleiter als unächte Steine sind, die gewöhnlich aus Glas bestehen, die ersteren daher beim Anfühlen der Hand etwas schneller die Wärme entziehen und das Gefühl von Kälte erzeugen, als die letzteren. Doch dürfte jedenfalls eine große Uebung dazu gehören, um auf diese Weise mit Sicherheit ächte und unächte Steine zu unterscheiden, da der Unterschied in der Wärmeleitung nur ein geringer ist. Besser erkennt man die verschiedene Wärmeleitung durch Anhauchen. Edelsteine nehmen den Hauch oder Wasserniederschlag nicht nur schwerer an, weil sie als bessere Wärmeleiter schneller warm werden, sondern verlieren ihn auch schneller.

266. Warum werden wir von einem kalten Winde so durchkältet?

Weil die kalte Luft unserem Körper auf dem Wege der Mittheilung seine natürliche Wärme entzieht und, da bei einem Winde immer neue kalte Lufttheilchen an unsern Körper herandringen, diese Entziehung der Wärme um so schneller erfolgt. Da der Wind unsere Kleider durchdringt, so hebt er auch den Schutz auf, den diese Kleider uns theils als schlechte Wärmeleiter, theils durch die eingeschlossene ruhige Luftschicht gewähren. An einem Wintertage wird uns darum auch die Kälte weit empfindlicher bei windigem Wetter, als bei Windstille, obgleich das Thermometer denselben Kältegrad anzeigt.

267. Warum wird ein Zimmer erwärmt, in dessen Ofen man Feuer gemacht hat?

Weil der Ofen die ihm durch das Feuer mitgetheilte Wärme nicht bloß der ihn unmittelbar umgebenden Luftschicht mittheilt, sondern sie auch in das ganze Zimmer ausstrahlt. Daß die Wärme sich nicht blos durch Mittheilung oder Leitung von Lufttheilchen zu Lufttheilchen, sondern auch durch Strahlung verbreitet, sehen wir daraus, daß sich das Gefühl der Wärme sofort vermindert, wenn wir einen Schirm zwischen uns und den Ofen bringen, der die strahlende Wärme von uns abhält. Auch die Sonne strahlt ihre Wärme aus, und die Luft wird daher durch diese strahlende Wärme wenig erwärmt, wie es uns die Kälte in großen Höhen beweist. Ueberhaupt strahlen alle Körper ihre Wärme gegen minder warme aus. Daher kommt es, daß die Gegenstände in einem Zimmer allmählich ihre Wärme so ausgleichen, daß sie dieselbe Temperatur zeigen.

268. Warum werden am Spalier gezogene Früchte gewöhnlich früher reif als freistehend gezogene?

Weil die Früchte am Spalier nicht bloß unmittelbar die Wärme der Sonnenstrahlen empfangen, wie die freistehenden, sondern überdies noch durch die von der Mauer zurückgeworfenen Strahlen erwärmt werden. Wärmestrahlen werden ebenso zurückgeworfen wie Schallwellen.

269. Warum kann man mit einem Brennglas Papier entzünden, wenn man die Sonnenstrahlen senkrecht hindurchgehen läßt?

Weil die erwärmenden Sonnenstrahlen, wenn sie durch das Brennglas (eine auf beiden Seiten gewölbt oder convex geschliffene Glasplatte) hindurchgehen, so in ihrer Richtung verändert werden, daß sie alle in einem Punkte zusammentreffen und hier durch ihre vereinigte Wirkung eine Hitze hervorbringen, die stark genug ist, Papier oder andere leicht brennbare Gegenstände zu entzünden.

270. Warum empfinden wir im Sommer die Hitze in schwarzen Kleidern mehr als in weißen?

Weil schwarze Kleider, wie überhaupt dunkelfarbige Körper, die von der Sonne ausstrahlende Wärme leichter aufnehmen als weiße Kleider oder überhaupt hellfarbige Körper, welche die Wärmestrahlen vielmehr zurückwerfen. Hellfarbige Sommerkleider schützen uns daher vor der

Wirkung der Sonnenwärme. Dagegen wählt man zur Winterkleidung im Zimmer besser dunkle Stoffe, welche die vom Ofen ausgestrahlte Wärme leichter aufnehmen und dem Körper zuführen. Ebenso schmilzt mit Staub bedeckter Schnee leichter als völlig reiner Schnee, und werden dunkle Mauern mehr erwärmt als weiße.

271. Warum kocht das Wasser in einem neuen Kessel nicht so schnell wie in einem alten, mit Ruß bedeckten?

Weil der neue Kessel blank ist, und die Wärme von blanken und hellen Flächen stärker zurückgeworfen wird als von rauhen und dunklen. Der neue Kessel wird auch nicht so schnell erwärmt und kann daher auch nicht so viel Wärme an das Wasser abgeben. Darum erwärmen auch schwarze eiserne Oefen mit vielen Verzierungen und rauhe dunkelfarbige Kachelöfen die Zimmer leichter als helle und polirte Oefen.

272. Warum halten sich Speisen in glasirten Porzellangefäßen länger warm, als in rauhen oder gar berußten irdenen Gefäßen?

Weil rauhe Körper zwar die Wärme von außen leichter aufnehmen und gleichsam einsaugen, aber die eigene Wärme dafür auch wieder schneller ausstrahlen. Darum heizen zwar rauhe und dunkle Oefen besser, aber helle und glasirte Oefen halten sich länger warm.

273. Warum ist es gewöhnlich gegen Morgen kälter als mitten in der Nacht?

Weil der Erdboden die am Tage durch die Sonnenstrahlen empfangene Wärme in der Nacht allmählich wieder gegen den kalten Himmelsraum ausstrahlt, gegen Morgen daher der Wärmeverlust größer sein muß als in der Nacht. Ein dunkler und mit Pflanzen bedeckter Boden strahlt natürlich auch wieder mehr Wärme aus als ein heller und kahler Boden. Am stärksten ist die Wärmestrahlung des Bodens unter den Wendekreisen, und wegen dieser bedeutenden Abkühlung ist es dort lebensgefährlich, eine Nacht im Freien zu schlafen.

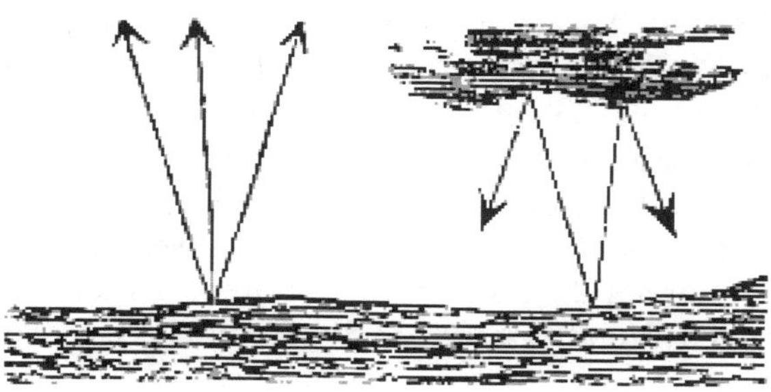

Fig. 49.

274. Warum pflegt man bei bedecktem Himmel keine Nachtfröste zu befürchten?

Weil die vom Erdboden ausstrahlende Wärme von den Wolkenschichten zur Erde zurückgeworfen wird, so daß eine starke Abkühlung des Bodens und der unteren Luftschichten nicht statt finden kann. In sehr heiteren Nächten sucht man daher in Weinbergen oft die Weinstöcke vor dem Frost durch angezündete qualmende Feuer zu schützen, deren Rauchwolken in ähnlicher Weise wie die Wolken wirken. Auch die Tannenzweige oder Rohr- und Strohmatten, welche Gärtner über zarte Pflanzen ausspannen, gewähren nur dadurch Schutz, daß sie eine Rückstrahlung der ausgestrahlten Wärme bewirken.

275. Warum läßt sich Wasser schwerer erwärmen als Oel, warum behält es aber auch dafür seine Wärme länger als Oel?

Weil das Wasser eine größere Fähigkeit hat, Wärme in sich aufzunehmen als das Oel, und darum auch einer größeren Wärmemenge bedarf, um denselben Temperaturgrad zu erreichen, ebenso aber auch viel mehr Wärme abgeben muß, um auf denselben Temperaturgrad herabzusinken. Man nennt diese verschiedene Fähigkeit der Körper, Wärme zu binden, Wärmecapacität. So ist die Wärmecapacität des Eisens doppelt so groß als die des Zinnes, und Zinn läßt sich darum zwar schneller erwärmen als Eisen, erkaltet aber auch schneller. Ferner ist die Wärmecapacität des Wassers fast 4mal so groß als die des Erdbodens, und es erklärt sich daraus, daß der Erdboden viel schneller von den Sonnenstrahlen erwärmt wird, aber auch ebensoviel schneller durch kalte Winde und nächtliche Ausstrahlung seine Wärme verliert, als die großen Wasserflächen der Erde.

276. Warum wird weniger Schnee durch ein Pfund Blei geschmolzen, das man auf 80° R. erhitzt hat, als durch ein Pfund Wasser von derselben Temperatur?

Weil das Blei eine bedeutend geringere Wärmecapacität besitzt als das Wasser, daher eine bedeutend größere Menge Blei als Wasser erforderlich ist, um dieselbe Wärmemenge aufzunehmen oder wieder abzugeben. 1 Pfund Blei von 80° R. würde nur etwas über 18 Gramm Schnee zu schmelzen im Stande sein, während 1 Pfund Wasser von 80° R. fast 630 Gramm Schnee schmelzen würde. Deshalb wird auch 1 Pfund Wasser von 0° durch 1 Pfund Blei von 80° R. nur auf 2½° R. erwärmt, während 1 Pfund Wasser von 0°, welches man mit 1 Pfund Wasser von 80° R. mischt, eine Temperatur von 40° annimmt.

Ausdehnung der Körper durch Wärme.

Die wichtigste Wirkung der Wärme ist die Ausdehnung. Alle Körper dehnen sich in der Wärme aus und ziehen sich in der Kälte zusammen. Wenn indeß feuchter Thon in der Hitze sich zusammenzieht oder schwindet, so ist das nur eine scheinbare Ausnahme, da er durch die Hitze das Wasser verliert, welches ihm seine größere Ausdehnung gab. Nur das Wasser macht eine wirkliche Ausnahme. Bei einer Temperatur von 3° R. hat es seine größte Dichtigkeit; von da ab dehnt es sich sowohl bei weiterer Erwärmung als bei weiterer Abkühlung immerfort aus. Im Augenblicke des Gefrierens besitzt es etwa dieselbe Ausdehnung, wie bei der Temperatur von 6½° R. Auch beim Gefrieren dehnt sich das Wasser aus; das Eis hat also ein geringeres specifisches Gewicht als das Wasser oder ist leichter als dasselbe und schwimmt daher auf dem Wasser.

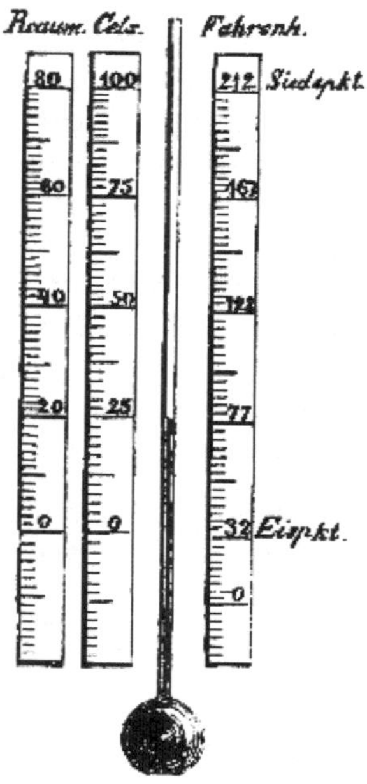

Fig. 50.

Die Ausdehnung der Körper durch die Wärme wird zur Messung der Wärme benutzt, und zwar bedient man sich dazu besonders solcher Körper, welche sich durch eine gewisse Gleichförmigkeit der Ausdehnung auszeichnen, vor Allem des Quecksilbers, aber auch des Weingeistes, der Luft und bisweilen sogar der Metalle. Das gewöhnlichste Instrument zur Messung der Wärme ist das Thermometer. Es besteht aus einer engen gläsernen Röhre, welche unten in eine Kugel ausläuft. Diese Röhre wird mit Quecksilber oder Weingeist gefüllt und, nachdem durch Erhitzen die Luft ausgetrieben ist, oben zugeschmolzen. An dieser Röhre befindet sich eine Gradeintheilung oder Skala. Auf dieser wird zunächst der Punkt bestimmt, bis zu welchem das Quecksilber in der Röhre sich bei der Temperatur des siedenden Wassers ausdehnt, ebenso derjenige Punkt, an welchem das Quecksilber bei der Temperatur des gefrierenden Wassers steht. Der erstere heißt der Siedepunkt, der letztere der Eispunkt oder Gefrierpunkt. Der Zwischenraum zwischen beiden Punkten wird bei dem *Réaumur*'schen Thermometer in 80, bei dem *Celsius*'schen in 100 gleiche Theile oder Grade eingetheilt. Der Gefrierpunkt ist zugleich der Nullpunkt. Bei dem *Fahrenheit*'schen Thermometer wird der Nullpunkt durch eine Temperatur bezeichnet, welche durch eine künstliche Kältemischung von Schnee und Salmiak erzeugt wird. Dieser künstliche Eispunkt liegt $14^2/_9$ *Réaumur*'sche Grade tiefer als der natürliche Gefrierpunkt. Der Zwischenraum zwischen diesem künstlichen Eispunkt und dem Siedepunkt ist beim *Fahrenheit*'schen Thermometer in 212 Grade eingetheilt. Der natürliche Gefrierpunkt liegt also hier bei 32 Grad. – Das erste Thermometer soll der Holländer *Cornelius Drebbel* gegen das Jahr 1630 erfunden haben; doch war es noch sehr unvollkommen und maß die Temperatur nur durch die Ausdehnung der Luft, welche das Steigen und Fallen einer rothgefärbten Flüssigkeit im untern Theile der Röhre bewirkte. Die gegenwärtige Einrichtung erhielt das Thermometer erst durch die Akademie von Florenz, die zuerst eine Füllung mit Weingeist anwandte. Die jetzigen festen Punkte wurden von *Fahrenheit* in Danzig (1709) und *Réaumur* (1730) eingeführt. Der Gebrauch des Quecksilbers für das Thermometer rührt von *Fahrenheit* (1714), die hunderttheilige Skala von *Celsius* in Upsala (1742) her.

277. Warum läßt sich ein eiserner Topf, den man kalt gerade noch durch eine Ofenthür schieben konnte, wenn er heiß geworden, nicht wieder herausziehen?

Weil das Eisen sich durch die Wirkung der Wärme ausgedehnt, der heiße Topf daher einen weit größeren Inhalt und größere Höhe angenommen hat als vorher. Aus demselben Grunde füllen Plättbolzen rothglühend die Plätteisen fast ganz aus, während sie kalt sich darin hin und her schütteln ließen.

278. Warum legt der Schmied den eisernen Wagenreif glühend um das Rad?

Weil der eiserne Reif im glühenden Zustande ausgedehnt ist und, wenn er so an das Rad befestigt wird, sich beim Erkalten zusammenziehen und daher fest an das Rad anschließen muß. Dagegen schlägt der Schmied die

Nägel kalt in das heiße Eisen, weil sie, heiß eingeschlagen, nach dem Erkalten ihren Raum nicht mehr ganz ausfüllen und daher leicht herausfallen würden.

279. Warum zerspringt ein Glas, wenn man plötzlich heißes Wasser hineingießt, oder wenn man es auf einen heißen Ofen setzt?

Weil das Glas in Folge der Erwärmung sich ausdehnt, diese Ausdehnung aber eine sehr ungleichmäßige ist, da der Boden des Glases beim Hineingießen heißen Wassers oder bei der Erwärmung des Glases von unten stärker und schneller erwärmt wird als die Seitenwände. Da das Glas aber ein sehr spröder Körper ist, dessen Theile starke Verschiebungen nicht ertragen, so muß es zerspringen. Wenn man ein Glas auf einen heißen Ofen stellt, so kann man es vor dem Springen dadurch schützen, daß man ein Blatt Papier unterlegt, da das Papier als schlechter Wärmeleiter die zu schnelle Mittheilung der Ofenwärme an den Boden des Glases verhindert.

280. Warum bekommen Steinplatten, die durch eiserne Klammern zusammengehalten sind, bei strenger Kälte nicht selten Risse?

Weil die eisernen Klammern sich in der Kälte stark zusammenziehen und, wenn sie sehr fest eingelassen sind und daher keinen Spielraum haben, die Steinplatten mit sich ziehen und gewaltsam zerreißen.

281. Warum darf man bei Zinkbedachung die Platten nicht zusammenlöthen oder nieten?

Weil die Zinkplatten in der Wärme sich ausdehnen, wenn sie aber an einander befestigt sind, in Folge ihrer Ausdehnung sich verwerfen und krümmen müssen. Ihre Zusammenziehung in der Kälte würde sogar ihre Zerreißung zur Folge haben. Man pflegt daher diese Platten nur zu falzen, d. h. mit den umgebogenen Rändern an einander zu haken, damit sie sich ungehindert ausdehnen und zusammenziehen können. Eisenbahnschienen, die so dicht an einander gelegt sind, daß sie mit ihren Enden an einander stoßen, krümmen oder werfen sich gleichfalls in der Hitze.

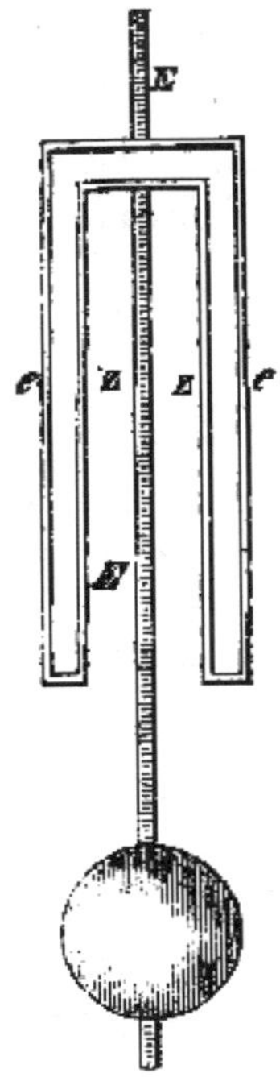

Fig. 51.

282. Warum pflegt man bei sehr feinen Pendeluhren die Pendelstange aus verschiedenen, zum Theil an einander gelötheten Metallstäben zusammenzusetzen? (Fig. 51.)

Weil in Folge der Ausdehnung durch die Wärme die Pendelstange bald verlängert, bald verkürzt werden würde, von der Länge des Pendels aber die Dauer der Schwingungen abhängt; weil es jedoch bei der Anwendung verschiedener Metalle durch ihre verschiedene Ausdehnung möglich wird, die Verschiebungen des Schwingungsmittelpunkts so auszugleichen, daß das Pendel beständig eine gleiche Länge behauptet. Man nennt eine solche Einrichtung eine Compensation. Gewöhnlich benutzt man dazu eine Verbindung von Zink- und Stahlstäben, deren Ausdehnungen bei gleicher Temperaturerhöhung sich nahezu wie 18 : 7 verhalten. Die Pendelstange trägt dann an ihrem oberen Theile ein stählernes Querstück, an dessen Enden zwei Stahlstäbe (e) befestigt sind, die unten wieder an zwei Querstücken mit zwei aufwärts gerichteten Zinkstäben (z) verbunden sind, an deren oberem Querstück die eigentliche stählerne Pendelstange (E) hängt. Wenn sich nun diese mittlere Pendelstange durch die Wärme nach unten verlängert, dehnen sich die Zinkstäbe gleichzeitig fast dreimal so stark aus und heben das Querstück, an welchem sie befestigt sind, und damit auch die Pendelstange wieder nach oben. Damit aber diese Hebung nicht zu groß werde, dehnen sich wieder die seitlichen Stahlstäbe nach unten aus, und es ist leicht zu begreifen, daß bei richtig gewählter Länge dieser Stäbe die Hebungen und Senkungen derselben in Folge der Wärme in ihren Wirkungen einander völlig vernichten können. Auch bei der Unruhe der Taschenuhren wendet man bisweilen eine solche Compensation an, indem man den Schwungring aus feinen Stahl- und Messinglamellen zusammensetzt.

283. Warum springen Gefäße, in denen Wasser gefriert?

Weil das Wasser sich beim Gefrieren sehr stark ausdehnt, während das Gefäß sich nicht erweitert, das gefrorene Wasser aber als fester Körper sich nicht mehr durch Ausfließen einen größeren Raum verschaffen kann und daher die Wände des Gefäßes sprengen muß. Die Kraft des gefrierenden Wassers in Folge seiner Ausdehnung ist so groß, daß es selbst Felsen und eiserne Bomben sprengt.

284. Warum frieren unsere stehenden Gewässer (Teiche und Seen) nicht bis auf den Grund aus?

Weil das Wasser, wenn es sich bis zu 3° R. abgekühlt hat, seine größte Dichtigkeit besitzt, also am schwersten ist, bei weiterer Abkühlung daher leichter wird, so daß sich das kältere Wasser an die Oberfläche lagert und gefriert und nun eine schützende Eisdecke über dem Wasser bildet, welche ein zu weites Eindringen der Kälte in die Tiefe verhindert. Besäße das Wasser diese Eigenthümlichkeit nicht, nähme seine Dichtigkeit vielmehr bis zum Gefrierpunkte zu, so würden allerdings diese Gewässer völlig ausfrieren. Es würde dann die oberste abgekühlte und schwerer gewordene Wasserschicht zu Boden sinken, und dieses Auf- und Absteigen des Wassers würde fortdauern, bis die ganze Wassermasse auf den Gefrierpunkt erkaltet wäre. So hat aber dieses Auf- und Niedersteigen des Wassers bereits ein Ende, sobald die Wassermasse auf 3° R. erkaltet ist, und das Gefrieren kann daher nur an der Oberfläche stattfinden.

285. Warum laufen Gefäße über, die mit einer Flüssigkeit bis nahe an den Rand gefüllt sind, sobald sie erwärmt werden?

Weil die Flüssigkeit in Folge der Wärme sich ausdehnt und, da das Gefäß ihr nicht gestattet, einen größeren Raum einzunehmen, über den Rand desselben hinausgetrieben wird. Nimmt man das Gefäß vom Feuer, so sinkt die sich abkühlende Flüssigkeit wieder, weil sie sich in einen kleineren Raum zusammenzieht.

286. Warum steigt das Thermometer in der Wärme und fällt in der Kälte?

Weil das in der Röhre des Thermometers enthaltene Quecksilber, wie jeder andere Körper, sich bei zunehmender Wärme ausdehnt, bei abnehmender Wärme zusammenzieht und daher im ersteren Falle einen größeren, im letzteren einen kleineren Raum einnimmt. Wenn aber das Quecksilber in der Wärme einen größeren Raum einnimmt, so muß es auch in einer engen Röhre höher stehen. Andere Flüssigkeiten thun zwar dasselbe, doch ist ihre Ausdehnung bei verschiedenen Temperaturgraden nicht eine so gleichmäßige, wie die des Quecksilbers.

287. Warum springen Kastanien, wenn man sie nicht vorher aufgeschlitzt hat, mit einem heftigen Knalle auf, sobald sie auf glühende Kohlen oder heiße Asche gelegt werden?

Weil die unter der Schale eingesperrte Luft, durch die Hitze ausgedehnt, sich einen Ausgang zu bahnen strebt und daher die Schale, die sie daran hindert, gewaltsam sprengt. War dagegen die Schale vorher aufgeschlitzt, so kann die ausgedehnte Luft ungehindert entweichen.

288. Warum springen Feuerfunken mit heftigem Knistern von brennenden Holzscheiten weg?

Weil die in den Poren des Holzes enthaltene Luft, durch die Hitze stark ausgedehnt, mit Heftigkeit herausdringt und Theilchen des Holzes, die ihr den Weg versperren, fortschleudert.

289. Warum schwillt eine fest zugebundene, jedoch äußerst schlaffe und viele Falten enthaltende Blase auf und wird ganz straff, wenn wir sie auf einen warmen Ofen legen?

Weil die in der Blase enthaltene Luft durch die Wärme des Ofens so stark ausgedehnt wird, daß sie den ganzen, ihr durch die zusammengebundene Blase gebotenen Raum auszufüllen sucht. Die Blase muß darum dem durch die ausgedehnte Luft ausgeübten Drucke nachgeben und sich ausspannen.

290. Warum haftet ein Trinkglas mit gut geschliffenem Rande, das man eine Zeit lang über eine Lichtflamme gehalten und dann schnell mit der Oeffnung auf die Hand gestellt hat, so fest auf derselben, daß es sich nur mit Mühe wieder abreißen läßt?

Weil durch die Hitze der Lichtflamme die in dem Glase befindliche Luft ausgedehnt und zum Theil ausgetrieben, die darin zurückgebliebene Luft daher sehr verdünnt ist, so daß der Druck der äußeren dichteren Luft auf das Glas nun stärker ist als der Gegendruck der inneren Luft. Da die Hand den Zutritt der äußeren Luft verhindert, so muß man diesen ganzen äußeren Luftdruck überwinden, um das Glas loszureißen. In ähnlicher Weise werden auch die Schröpfköpfe (gewöhnlich kleine Glasglocken) über einer Flamme erwärmt und dann schnell auf die Haut gestülpt, damit, wenn die verdünnte Luft in ihnen erkaltet und sich zusammenzieht, ein leerer Raum entsteht und in Folge dessen das Blut aus den zuvor in die Haut gemachten Einschnitten gesogen wird.

291. Warum steigt der Rauch eines angezündeten Feuers in die Höhe?

Weil die das Feuer umgebende Luft durch die Hitze ausgedehnt und verdünnt wird und daher wegen ihrer größeren Leichtigkeit aufwärts steigt, wobei sie den Rauch mit sich fortreißt, obgleich derselbe Bestandtheile enthält, wie die feinen Kohlentheilchen, die specifisch schwerer sind als die Luft.

292. Warum ist es an der Decke eines geheizten Zimmers immer wärmer, als auf dem Fußboden desselben?

Weil die erwärmte Luft zugleich ausgedehnt und darum specifisch leichter geworden ist als die kältere und darum dichtere Luft, sich deshalb auch über derselben lagern und so den oberen Theil des Zimmers einnehmen muß, während die kältere Luft den unteren Raum erfüllt. Zwei verschieden warme, also verschieden dichte Luftschichten verhalten sich ebenso wie zwei Flüssigkeiten von verschiedenem specifischen Gewicht, die man in ein Gefäß zusammenschüttet; die leichtere Luftschicht lagert sich über der schwereren.

Fig. 52.

293. Warum dreht sich eine kleine aus Papier verfertigte Schlange, wenn man sie auf die Spitze eines Drahtes oder einer Stricknadel hängt, die unten in ein Brettchen oder einen Kork befestigt ist, und sie dann in die Nähe des geheizten Ofens oder über eine Lichtflamme hält?

Weil die Luft in der Nähe des Ofens oder der Lichtflamme durch die Wärme ausgedehnt wird und darum beständig emporsteigt, dieser aufsteigende Luftstrom aber auf die leicht bewegliche Papierschlange stößt und sie nun ebenso in eine drehende Bewegung versetzt, wie der Wind die Windmühlenflügel dreht.

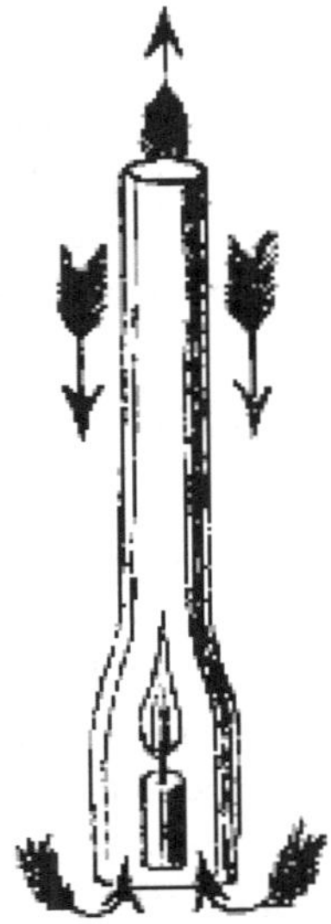

Fig. 53.

294. Warum brennt eine Lampe besser, wenn sie mit einem Cylinder versehen ist, als ohne einen solchen?

Weil durch die in dem Cylinder aufsteigende erwärmte Luft ein Luftzug entsteht, durch welchen der Flamme von unten her beständig neue kalte Luft zugeführt wird, welche durch ihren Sauerstoff die Verbrennung fördert. Die in dem Cylinder enthaltene erwärmte und darum ausgedehnte Luft bildet nämlich eine Luftsäule von geringerem specifischem Gewicht, die aber äußerlich ringsum von einer gleichhohen Luftsäule umgeben ist, welche wegen ihrer niedrigeren Temperatur ein größeres specifisches Gewicht hat. Wegen der allseitigen Fortpflanzung des Luftdrucks übt diese äußere Luftsäule von unten her einen Druck auf die im Cylinder befindliche Luft aus, strömt unten ein und treibt die erwärmte Luft in die Höhe. Je höher der Cylinder, desto größer ist auch der Druck der äußeren Luftsäule und desto lebhafter der Luftzug. Was der Cylinder bei den Lampen, ist der Schornstein bei unsern Oefen und Feuerungen aller Art. Große Feuerungen in Fabriken brauchen darum auch sehr hohe Schornsteine. Zu weite Schornsteine bringen nicht hinreichenden Zug hervor, da die große, von ihnen umschlossene Luftmasse zu schwach erwärmt wird und darum der Unterschied zwischen ihrem specifischen Gewicht und dem der äußeren

Luft zu unbedeutend ist. Zu enge Schornsteine haben den Nachtheil, daß die hindurchziehende Luftmasse nicht hinreicht zur Unterhaltung des Feuers.

295. Warum wird die Flamme eines brennenden Lichtes, welches man oben an die geöffnete Thür eines geheizten Zimmers hält, lebhaft nach außen geblasen, während sie nach innen hineingeweht wird, wenn man das Licht unten nahe am Fußboden an die geöffnete Thür bringt?

Weil bei geöffneter Thür die äußere kalte und darum dichtere Luft vermöge ihres größeren specifischen Gewichts unten in den erwärmten Raum eintritt, sich darin bis zur gegenüberliegenden Wand ausbreitet und dadurch einen Theil der erwärmten, also ausgedehnten und darum leichteren Zimmerluft emportreibt und längs der Decke zur oberen Thüröffnung hinausschiebt. In jedem geheizten Zimmer, in welches durch irgend eine Oeffnung von außen her die kältere Luft eintreten kann, findet also ein beständiger Kreislauf der Luft statt, indem die Luft unten der erwärmten Stelle zuströmt, oben von ihr hinwegzieht. Dieser Kreislauf ist für bewohnte Räume sehr wichtig, da er einen beständigen Ersatz der verbrauchten und für die Athmung untauglich gewordenen Luft durch frische bewirkt.

296. Warum weht an Meeresküsten regelmäßig am Tage der Wind vom Meere her, in der Nacht dagegen vom Lande gegen das Meer hin?

Weil das Land am Tage stärker erwärmt wird als das Meer, die stärker erwärmte Luft über dem Lande daher aufwärts steigt, und die kühlere, dichtere Seeluft nun nach dem Lande strömen muß, um das Gleichgewicht herzustellen; während in der Nacht das Land sich vermöge seiner stärkeren Ausstrahlung schneller abkühlt als das Meer, und die Luft daher umgekehrt über dem Meere wärmer und leichter ist und in Folge dessen aufsteigt, die kältere und schwerere Landluft aber nun dem Meere zuströmen muß. Einen ähnlichen Wechsel der Luftströmungen beobachtet man auch in den meisten Gebirgsgegenden, namentlich am Ausgange großer Thäler. Die Sonne erwärmt nämlich am Tage die Berge mehr als die Ebenen, in welche die Thäler münden, und die erwärmte Luft steigt auf, während die kühlere Luft aus der Ebene einströmt. In der Nacht dagegen kühlen sich die Berge stärker ab als die Ebenen, und die kältere Luft strömt von den Bergen herab. Auf solchen Unterschieden der Erwärmung beruht auch das Entstehen der Winde im Großen. Die in den Polargegenden erkaltete schwere Luft strömt gegen die erwärmten Gegenden des Aequators hin, während die erwärmte Luft von hier aufsteigt und gegen die Pole hinströmt. Dabei verändert die Umdrehung der Erde ihre Richtung; die kalten Polarströme bleiben etwas nach Westen zurück, während die warmen Aequatorialströme nach Osten voraneilen. Jene verursachen die bekannten Nordost- und Südostpassate, diese die Südwest- und Nordwestwinde.

297. Warum kocht das Wasser in einem Topfe leichter, wenn man ihn *über* ein Feuer stellt, als wenn man ihn *an* ein Feuer stellt?

Weil das Wasser als schlechter Wärmeleiter nur langsam die Wärme von Theilchen zu Theilchen mittheilen kann, in einem Topfe, der am Feuer steht, daher das Wasser am Boden noch lau geblieben sein kann, während es an der Oberfläche fast kocht. Wenn aber das Wasser von unten her erwärmt wird, so steigen die erwärmten und darum leichter gewordenen Wassertheilchen aufwärts, während die kälteren und schwereren hinabsinken und nun gleichfalls erwärmt werden können. Es entsteht daher eine Kreisbewegung der Flüssigkeit, welche die gleichmäßige Erwärmung der ganzen Wassermasse herbeiführt.

Die Veränderung der Aggregatzustände der Körper durch die Wärme.

Eine wichtige Wirkung der Wärme ist die Veränderung der Aggregatzustände der Körper. Feste Körper werden durch die Wärme in flüssige, flüssige Körper in luftförmige verwandelt. Das Uebergehen aus dem festen in den flüssigen Zustand nennt man Schmelzen, das Uebergehen aus dem flüssigen in den luftförmigen Zustand Sieden oder Kochen. Diese Uebergänge finden bei jedem Körper bei ganz bestimmten Temperaturen statt, die man ihren Schmelzpunkt und ihren Siedepunkt nennt. Wenn man einen schmelzbaren Körper erhitzt, so steigt seine Temperatur so lange, bis er seinen Schmelzpunkt erreicht hat; dann aber bleibt dieselbe unverändert, bis er ganz flüssig geworden ist. Weil nun die während des Schmelzens zuströmende Wärme keine Temperaturerhöhung bewirkt, so sagt man: diese Wärme wird *gebunden*. Wenn der flüssige Körper in Folge der Temperaturerniedrigung wieder fest wird, so wird die beim Flüssigwerden gebundene Wärme wieder *frei*. Auch beim Sieden wird Wärme gebunden, die bei der Rückkehr in den flüssigen Zustand wieder frei wird. Wenn eine Flüssigkeit in den luftförmigen Zustand übergeht, so bildet sie den *Dampf*. Die Dampfbildung findet aber nicht allein bei der Temperatur des Siedepunktes statt, welche allerdings nothwendig ist, wenn die ganze Masse einer Flüssigkeit bis in ihr Inneres luftförmig werden soll, sondern sie geht an der mit der Luft in Berührung stehenden Oberfläche auch bei jeder Temperatur vor sich. Eine solche Dampfbildung bei niedriger Temperatur nennt man *Verdunstung*. Der Dampf hat, wie jede Luftart, das Bestreben, sich auszudehnen, und dieses Bestreben nennt man seine Spannkraft oder Expansion. Die Spannkraft des Dampfes ist um so größer, je größer seine Dichtigkeit ist, oder je stärker er bei derselben Dichtigkeit erwärmt wird.

298. Warum kann man Blei über einer Lampe schmelzen, Eisen aber nicht?

Weil jeder Körper, um zu schmelzen, d. h. um aus dem festen in den flüssigen Zustand überzugehen, einer ganz bestimmten Temperatur bedarf, das Eisen aber eine weit höhere Temperatur, nämlich mindestens 1200° R., erfordert als das Blei, das schon bei 267° R. schmilzt. Die Flamme einer Lampe vermag aber eine so hohe Temperatur, die dem Schmelzpunkte des Eisens entspricht, nicht zu gewähren, da die darin stattfindende Verbrennung nicht bedeutend genug ist, und überdies die umgebende Luft einen großen Theil der Wärme entführt. – Jedes Metall hat seinen bestimmten Schmelzpunkt; das Kupfer schmilzt bei 840°, das Silber bei 800°, das Zinn bei 188° R. Es giebt sogar eine Metallmischung, aus 2 Theilen Wismuth, 1 Theil Blei und 1 Theil Zinn bereitet, die schon unter der Temperatur des siedenden Wassers, nämlich bei 75° R. schmilzt. Manche Körper sind schon bei sehr niederen Temperaturen flüssig, der Schwefel bei 88°, das Wachs bei 49°, das Eis bei 0°, und Terpentinöl kann sogar bis –8°, Quecksilber bis –31° R. erkältet werden, ohne den flüssigen Zustand zu verlieren.

299. Warum bleibt im Frühjahr die Luft kühl, so lange noch Eis und Schnee schmelzen?

Weil beim Schmelzen des Eises, wie beim Schmelzen jedes Körpers überhaupt, Wärme verbraucht oder gebunden wird, diese Wärme aber der Luft entzogen werden muß, deren Temperatur dadurch erniedrigt wird. Daß beim Schmelzen Wärme gebunden wird, davon kann man sich überzeugen, wenn man neben einander auf einen heißen Ofen einen Topf mit 1 Pfund Schnee und einen anderen mit 1 Pfund Schneewasser von 0° Temperatur stellt. Sobald der Schnee vollständig geschmolzen ist, wird man die Temperatur des entstandenen Wassers nur zu 0° finden, während in dem anderen Topfe das Wasser sich in derselben Zeit auf 64° R. erhöht hat. Da aber beide Töpfe die Wärme vom Ofen empfangen haben, so müssen die in dem einen Topfe fehlenden 64° Wärme in dem Schneewasser stecken, also von dem schmelzenden Schnee verschluckt oder gebunden worden sein.

300. Warum gefriert im warmen Zimmer ein zinnerner Teller an den Tisch fest, wenn man Wasser auf den Tisch gießt, den Teller darauf setzt und Schnee oder gestoßenes Eis mit Kochsalz gemischt auf den Teller legt?

Weil durch den schmelzenden Schnee auch das Kochsalz gelöst oder in den flüssigen Zustand übergeführt wird, das Kochsalz aber, wie jeder Körper, wenn er aus dem festen in den flüssigen Zustand übergeht, Wärme dazu verbraucht, die er, wie man sagt, bindet, und die er seiner Umgebung entziehen muß. Da nun der zinnerne Teller ein sehr guter Wärmeleiter ist, so erstreckt sich diese Wärmeentziehung auch auf das Wasser unter dem Teller. Durch die Wärmeentziehung wird aber Kälte hervorgebracht, und in Folge dieser Kälte gefriert das Wasser unter dem Teller. Eine noch weit stärkere Kälte als durch diese Mischung von Salz und Schnee kann man durch eine Mischung von 6 Theilen Glaubersalz und 4 Theilen Salzsäure, oder von 5 Theilen Salmiak, 5 Theilen Salpeter und 10 Theilen Wasser bewirken. Eine außerordentliche Temperaturerniedrigung bis zu –24° R. kann man durch eine Mischung von Schnee mit verdünnter Schwefelsäure erreichen, auch durch Mischen von 3 Theilen krystallisirtem Chlorcalcium und 2 Theilen Schnee oder Eis.

301. Warum pflegt im Winter die Kälte bei Schneefall gelinder zu werden?

Weil bei der Schneebildung, also bei dem Uebergange des in der Luft enthaltenen Wassers in den festen Zustand, wie beim Uebergange jedes flüssigen Körpers in den festen Zustand, diejenige Wärmemenge wieder frei wird, welche beim Schmelzen des festen Körpers gebunden wurde. Deshalb kann man auch wohl zarte Pflanzen gegen Nachtfröste schützen, wenn man Wasser in flachen Gefäßen in ihre Nähe stellt und gefrieren läßt. Die beim Gefrieren des Wassers frei werdende Wärme schützt die Pflanzen.

302. Warum thauen gefrorene Kartoffeln auf, wenn man sie in kaltes Wasser legt?

Weil das Wasser, auch wenn es eiskalt ist, noch Wärme abgeben muß, um zu gefrieren, und die beim Gefrieren des Wassers frei werdende Wärme von den Kartoffeln aufgenommen wird und das Aufthauen derselben bewirkt. Ebenso thaut auch eine Flasche mit gefrorenem Wein auf, wenn man sie in eiskaltes Wasser stellt, während sich die Flasche äußerlich mit Eis überzieht. Hier kommt noch dazu, daß der Wein eines noch viel höheren Kältegrades zum Gefrieren bedarf, als das Wasser, und daher dem Wasser noch weit mehr Wärme entzieht.

303. Warum trocknet feuchte Wäsche an der Luft?

Weil das Wasser, welches in der feuchten Wäsche vertheilt ist, mit der Luft in Berührung verdunstet, die feuchtgewordene Luft aber beständig durch neue trockne Luftschichten ersetzt wird, und daher immer neue Luft mit dem verdunstenden Wasser in Berührung kommt. Da dieser Wechsel der Luftschichten am schnellsten bei bewegter Luft geschieht, so trocknet Wäsche auch im Winde am schnellsten.

304. Warum hängt man die Wäsche zum Trocknen auf?

Weil die Verdunstung nur an der Oberfläche vor sich geht, also um so schneller erfolgen muß, eine je größere Oberfläche der Luft dargeboten wird. Zusammengelegte Wäsche kann nur sehr langsam trocknen, weil die Feuchtigkeit erst allmählich an die Oberfläche treten kann, nachdem an dieser die vorhandene Feuchtigkeit verdunstet ist.

305. Warum trocknet die Wäsche an feuchten Herbsttagen oft gar nicht?

Weil an solchen Tagen die Luft selbst schon Wasserdampf enthält und zwar bisweilen so viel, daß sie keinen mehr aufnehmen kann. Die Luft kann nämlich bei einer bestimmten Temperatur nur eine ganz bestimmte Menge von Wasserdampf in sich aufnehmen. Enthält sie diese Menge, so ist sie gesättigt. In trockner Luft trocknet daher die Wäsche auch besser als in feuchter. Ebenso trocknet sie auch besser in warmer Luft als in kalter, da die warme Luft mehr Wasserdampf aufnehmen kann als die kalte, also nicht so schnell gesättigt wird. Daß aber selbst bei großer Kälte noch eine Verdunstung stattfindet, sehen wir daran, daß Wäsche auch bei Frost trocknet, namentlich, wenn die Luft zugleich sehr trocken ist.

306. Warum wird die Luft an heißen Sommertagen durch Regen abgekühlt?

Weil die Regentropfen in der warmen Luft, besonders aber an dem warmen Erdboden und den warmen Gegenständen, mit denen sie in Berührung kommen, verdunsten, bei dieser Verdunstung aber Wärme binden und diese Wärme nun der umgebenden Luft entziehen, die dadurch abgekühlt wird.

307. Warum wird das Feuer durch Wasser gelöscht?

Weil das Wasser in der Hitze des Feuers verdampft, dabei aber Wärme bindet und diese dem brennenden Körper entzieht, dessen Temperatur dadurch bis zu einem Grade erniedrigt wird, bei welchem eine Verbrennung nicht mehr fortbestehen kann.

308. Warum brennt nasses Holz schwerer und giebt auch beim Verbrennen weniger Wärme als trockenes?

Weil die Feuchtigkeit des nassen Holzes in Folge der Erhitzung in Dampf verwandelt wird, dabei aber ein Theil der Wärme, welche zur Entzündung des Holzes dienen soll, verbraucht wird, indem diese von dem Dampfe, in welchen die Flüssigkeit sich verwandelt, gebunden wird. Das Holz kann erst dann anbrennen, wenn keine Verdampfung mehr stattfindet, und die ganze Wärme zu seiner Entzündung verwandt wird. Nasses Holz erfordert also einen höheren Hitzegrad, um auf diejenige Temperatur zu gelangen, bei welcher eine Verbrennung möglich ist. Nasses Holz giebt auch beim Verbrennen weniger Wärme als trockenes, weil auch während des Verbrennens beständig Feuchtigkeit verdampft und die dazu erforderliche Wärme der das Feuer umgebenden Luft entzogen wird.

309. Warum kann man im heißesten Sommer Flaschen Wein dadurch kühl erhalten, daß man nasse Tücher darum schlägt?

Weil die Feuchtigkeit der nassen Tücher in der Hitze verdunstet und zu diesem Uebergang in die Dampfform einer gewissen Wärmemenge bedarf, die sie ihrer nächsten Umgebung, also der Flasche und durch diese auch dem Wein entzieht. Man muß freilich die Tücher immer wieder aufs Neue befeuchten, wenn das Wasser aus ihnen verdunstet ist, damit die Verdunstung und die damit verbundene Abkühlung beständig fortdauert. Noch stärker ist die Abkühlung, welche verdunstender Aether bewirkt. Gießt man auf die mit Baumwolle umwickelte Kugel eines Thermometers Aether, so sinkt das Quecksilber darin von +12° auf –12° R.

310. Warum erhalten sich Flüssigkeiten in porösen Gefäßen selbst im heißesten Sommer sehr kühl?

Weil die Flüssigkeit, welche durch die Poren des Gefäßes dringt, die äußere Oberfläche desselben beständig feucht erhält, diese Feuchtigkeit aber in der äußeren warmen Luft beständig verdunstet, und, indem sie dabei Wärme verbraucht, die sie der Flüssigkeit im Gefäße entzieht, diese von allen Seiten beständig abkühlt. In Spanien und andern heißen Ländern bedient man sich der sogenannten Alcarazza's zur Kühlung des Wassers. Es sind dies sehr poröse Thongefäße, die mit Wasser gefüllt, dem freien Luftzug ausgesetzt, aufgehängt werden.

311. Warum kann der Mensch einen bedeutenden Hitzegrad aushalten?

Weil der Mensch bei großer Hitze am ganzen Körper mit Schweiß bedeckt wird, welcher aus den Poren seiner Haut hervordringt, dieser Schweiß aber in Folge der großen Wärme verdunstet und bei dieser Verdunstung bedeutende Wärmemengen bindet, die er der Haut entzieht. Durch diese Wärmeentziehung wird aber eine Abkühlung der Haut bewirkt. Daher empfinden wir die Hitze weit weniger unangenehm und drückend in sehr trockener Luft, als in sehr feuchter, weil die letztere schon so viel Wasserdampf enthält, daß sie keinen neuen mehr aufnehmen kann, dadurch aber die rasche Verdunstung des Schweißes verhindert und uns so des Gefühls der Abkühlung beraubt.

312. Warum hat man selbst an heißen Tagen, wenn man aus dem Bade steigt, ein so auffallendes Gefühl von Kälte?

Weil das dem Körper anhängende Wasser sogleich zu verdunsten beginnt und, da es dabei Wärme bindet, diese Wärme dem Körper entzieht. Da aber wegen der Vertheilung des Wassers über eine so große Fläche diese Verdunstung mit großer Schnelligkeit erfolgt, so hat der Körper nicht Zeit, von innen heraus die der Haut entzogene Wärme wieder zu ersetzen.

313. Warum erkältet man sich leicht, wenn man seine naß gewordenen Kleider anbehält?

Weil die Feuchtigkeit der Kleider, um in Dampf verwandelt zu werden, sehr viel Wärme aufnehmen muß und diese dem menschlichen Körper entzieht. Man empfindet diesen Wärmeverlust zunächst als Kälte; er hat aber oft weit nachtheiligere Folgen durch die Störungen der Hautthätigkeit, die er veranlaßt, und die zu Entzündungs- und anderen Krankheiten führen können. Man kann sich vor der Erkältung in naß gewordenen Kleidern, die man nicht ablegen kann, nur dadurch einigermaßen schützen, daß man sich recht lebhaft bewegt, damit durch den in Folge der Anstrengung erzeugten Ueberschuß von Wärme der durch die Verdunstung erlittene Verlust an Körperwärme wieder ersetzt wird.

313a. Warum kann man den Feuchtigkeitsgehalt der Luft aus dem Unterschied im Stande zweier Thermometer erkennen, wenn die

Quecksilberkugel des einen mit Musselin umwickelt ist, der in ein darunter stehendes Gefäß mit Wasser taucht und dadurch beständig feucht erhalten wird?

Weil die Verdunstung des Wassers um so schneller erfolgt und darum auch eine um so stärkere Abkühlung der Thermometerkugel und ein um so stärkeres Sinken des befeuchteten Thermometers bewirkt, je trockener die Luft ist. Aus dem verschiedenen Stande des trocknen und des angefeuchteten Thermometers kann man also auf den Feuchtigkeitsgehalt der Luft schließen. Beide Thermometer stehen gleich hoch und zeigen dann zugleich die Temperatur des Thaupunktes (Frage 323) an, wenn die Luft ganz mit Dämpfen gesättigt ist, also keine Verdunstung mehr stattfinden kann. Eine solche Verbindung eines trocknen und eines angefeuchteten Thermometers nennt man deshalb *Psychrometer.*

314. Warum kann man in einem kleinen Glaskolben, den man unten mit etwas Watte umwickelt, auf die man von Zeit zu Zeit Schwefeläther tröpfelt, Wasser in Eis verwandeln, wenn man das Kölbchen rasch hin und her bewegt?

Weil der Schwefeläther bekanntlich sehr schnell verdunstet, und diese Verdunstung noch durch die beständige Bewegung beschleunigt wird, bei jeder Verdunstung aber Wärme gebunden und also der Umgebung entzogen wird. Diese Wärme kann aber hier nur dem Wasser in dem Glaskölbchen entzogen werden, und dies muß daher, wenn die Verdunstungskälte groß genug war, gefrieren. Hat man einen Draht in das Wasser gestellt, so findet man ihn beim Herausnehmen mit feinen Eisnadeln bedeckt.

315. Warum gefriert Wasser in einem kleinen Schälchen unter der Glocke einer Luftpumpe, wenn man ein anderes kleines Schälchen mit Schwefeläther darüber stellt?

Weil die Verdunstung des Schwefeläthers, die schon in der gewöhnlichen atmosphärischen Luft ziemlich stark ist, durch das fortwährende Auspumpen der bereits gebildeten Aetherdämpfe außerordentlich befördert wird, dadurch aber auch weit mehr Wärme gebunden oder eine weit größere Verdunstungskälte erzeugt werden muß, die das Wasser sehr schnell in Eis verwandelt.

316. Warum kann man mitten im heißen Sommer mit Hülfe künstlicher Eismaschinen große Massen von Eis erzeugen?

Weil in solchen Eismaschinen zuvor stark verdichtetes Ammoniak einer sehr lebhaften Verdunstung unterworfen wird und dabei große Mengen von Wärme bindet, die es dem Wasser, das sich in demselben Raum mit ihm befindet, entzieht. Das Ammoniakgas besitzt nämlich die Eigenschaft, von kaltem Wasser in großen Mengen verschluckt zu werden, während warmes

Wasser nur geringe Mengen davon festhalten kann. Erhitzt man daher in einem verschlossenen Gefäße gewöhnliches Ammoniakwasser (sogenannten Salmiakspiritus), so wird das Ammoniakgas frei, und da sich beständig neue Gasmengen entwickeln, die nicht entweichen können, so entsteht allmählich ein ungeheurer Druck im Innern des Gefäßes. Läßt man dieses stark zusammengepreßte Gas dann in ein von kaltem Wasser umgebenes Kühlrohr einströmen, so wird es darin sogar flüssig. Läßt man dieses flüssige Ammoniak nun in einen geräumigen Behälter ausströmen, so verdampft es, und kommt diesem Dampfe zugleich ein feiner Regen kühlen Wassers entgegen, so wird das Gas mit großer Begierde von dem Wasser verschluckt, der dadurch entstehende luftverdünnte Raum aber zugleich die Veranlassung immer neuer und schnellerer Verdunstung des Ammoniaks. Die durch diese Verdunstung bewirkte Kälte oder vielmehr Wärmeentziehung ist die Ursache des Gefrierens des Wassers in den in diesem Raume aufgestellten Gefäßen. In ähnlicher Weise wird auch das Kohlensäuregas, nachdem es zuvor durch starken Druck in eine Flüssigkeit verwandelt worden, beim Ausströmen an die Luft in Folge der heftigen Verdunstung in einen schneeähnlichen festen Körper verwandelt.

317. Warum kann das Niederschlagen des Rauches bei stiller Luft als Vorbote von Regenwetter gelten?

Weil die unverbrannten Kohlentheilchen, die mit dem Rauch emporsteigen, die Eigenschaft haben, Wasserdampf einzusaugen. Wenn also viel Wasserdampf in der Luft über dem Schornstein vorhanden ist, so nehmen ihn die Kohlentheilchen auf, verdichten ihn in sich, werden dadurch schwerer und fallen so zu Boden; auch steigt der Rauch in der warmen und feuchten Luft der Regen bringenden Süd-West- und Westwinde nicht so schnell und lebhaft empor als in der Luft der dichteren Nord-, Nordost- und Ostwinde. Auch manche Salze haben die Eigenschaft, Wasserdampf aus der Luft aufzunehmen. Pottasche zerfließt in Folge dessen; Kochsalz wird nur sehr feucht.

318. Warum dehnen sich manche Körper, namentlich Haare und Darmsaiten, in feuchter Luft aus?

Weil diese Körper eine große Neigung besitzen, Wasserdampf aus der Luft einzusaugen und in ihren Poren zu verdichten, womit natürlich eine Vergrößerung ihres Volumens verbunden sein muß. Man nennt solche Körper hygroskopische. Besonders ausgezeichnet durch diese Eigenschaft sind Haare, Darmsaiten und Fischbein. Daß die Haare sich bei feuchtem Wetter verlängern, wissen diejenigen Damen, welche Locken tragen. Da aber solche Körper die Feuchtigkeit der Luft anzeigen, ehe sie noch auf andere Weise erkennbar wird, so benutzt man sie auch zu Feuchtigkeitsmessern oder Hygrometern. Ein solches Instrument ist das bekannte Wetterhäuschen, das man oft als Wetterprophet an den Fenstern anbringt. In demselben ist an einer Darmsaite ein Stäbchen aufgehängt, auf dessen einer Seite ein Mann mit einer Gießkanne, auf dessen anderer Seite eine Frau mit einem Regenschirm steht. Bei feuchtem Wetter dreht sich die Saite auf, verlängert sich und bringt die Frau zum Vorschein. Bei trockner Luft dreht sich die Saite wieder zusammen, und nun tritt der Mann aus der Thür des Häuschens. Auch die lange, schraubenartig gewundene Granne der Frucht des Reiherschnabels (Erodium) ist sehr empfindlich gegen Feuchtigkeit. Befestigt man dieselbe in dem Mittelpunkte eines Kreises, so dreht sie sich, indem sie sich bei feuchter Luft mehr aufwickelt, bei trockner Luft mehr zusammenzieht.

319. Warum werden unsere Kleider feucht, wenn wir an schönen Frühlings- oder Herbstabenden spazieren gehen?

Weil die in der Luft enthaltenen Wasserdämpfe in Folge der am Abend eintretenden starken Abkühlung der Luft sich wieder verdichten und nun in sehr feinen Tropfen auf unsere Kleider niederschlagen.

320. Warum müssen Röhren, durch welche Wasserdämpfe an irgend einen Ort geleitet werden sollen, aus schlechten Wärmeleitern bestehen und am besten helle und polirte Oberflächen haben?

Weil gute Wärmeleiter den Wasserdämpfen zu viel Wärme durch Leitung, rauhe und dunkle Röhren aber zu viel Wärme durch Strahlung entziehen und die Temperatur der Dämpfe daher so weit erniedrigen würden, daß ein Theil derselben gar nicht mehr als Dampf bestehen könnte, sondern, ehe er noch an den Ort seiner Bestimmung gelangt wäre, in die tropfbar flüssige Form zurückkehren müßte. Will man dagegen durch Dampf heizen, so muß man ihn umgekehrt durch Röhren leiten, die aus guten Wärmeleitern bestehen und rauhe und dunkle Oberflächen haben. Denn in diesem Falle soll eben die Wärme dem Dampfe möglichst schnell entzogen werden, um dem Raume, durch den er geleitet wird, zu Gute zu kommen.

321. Warum beschlagen unsere Fensterscheiben, wenn die Luft draußen sich abkühlt?

Weil die in unserer Zimmerluft beständig enthaltenen Wasserdämpfe, wenn sie mit den durch die äußere Luft abgekühlten Fensterscheiben in Berührung kommen, selbst so weit abgekühlt werden, daß sie in den tropfbaren Zustand zurückkehren und sich an die Fensterscheiben absetzen.

322. Warum belegen sich beim Winterfroste die Fensterscheiben, vornehmlich bewohnter Zimmer, mit Eis?

Weil die in bewohnten Zimmern reichlich vorhandenen Wasserdämpfe in Berührung mit den von außen erkalteten Fensterscheiben verdichtet werden und sich in tropfbarer Form darauf niederschlagen, sofort aber auch gefrieren müssen, wenn die Temperatur der Fensterscheiben unter dem Gefrierpunkt ist.

323. Warum sind die Pflanzen besonders nach schönen Frühlings- oder Herbstnächten am Morgen mit Wassertropfen bedeckt?

Weil der Erdboden in der Nacht sich in Folge der Wärmestrahlung stark abkühlt, dadurch aber auch die dem Erdboden nahen Luftschichten abgekühlt und damit unfähig werden müssen, die Wasserdämpfe, mit denen sie gemischt sind, luftförmig zu erhalten. Die Wasserdämpfe verdichten sich daher und scheiden sich in Form von Tropfen an den Gegenständen ab. Da aber das Strahlungsvermögen dieser Gegenstände ein sehr verschiedenes und darum auch ihre Abkühlung eine ungleiche ist, besonders rauhe Gegenstände ihre Wärme schneller ausstrahlen als glatte, so scheiden sich auch die verdichteten Wasserdämpfe in verschiedenem Maße an ihnen ab. Pflanzen, besonders die Spitzen der Blätter und Halme, erkalten mehr als Erde und Steine, diese wieder mehr als Metalle; daher finden sich besonders Gras und Blätter am Morgen mit Wassertropfen bedeckt. Diesen nächtlichen Niederschlag des Wasserdampfes der Luft nennt man Thau. Die Stärke desselben ist nicht bloß abhängig von dem Grade der Temperaturerniedigung, sondern auch von dem Wasserdampfgehalt der Luft. Denn die Verdichtung des Wasserdampfes beginnt erst bei derjenigen Temperatur, für welche die Luft mit dem vorhandenen Wasserdampf gerade gesättigt ist. Diese Temperatur nennt man den Thaupunkt. Dieser liegt aber um so tiefer, je weniger Wasserdampf die Luft enthält. Den Thaupunkt kann man bestimmen, wenn man ein Thermometer in ein Glas mit Wasser stellt und dann allmählich so lange kaltes Wasser zugießt, bis die Außenseite des Glases mit einem feinen Thau beschlägt. Die Temperatur, bei welcher dies geschieht, ist der Thaupunkt. Ist die Luftwärme etwa 16° und erfolgt das Beschlagen des Glases bei 10°, so muß die Luft auch bis auf 10° erkalten, wenn eine Thaubildung eintreten soll.

324. Warum fällt bei bewölktem Himmel kein Thau?

Weil die Wolken eine Rückstrahlung der Wärme veranlassen und dadurch die Abkühlung des Bodens verhindern. Darum pflegt es auch unter laubreichen Bäumen und unter Zelten selbst in heiteren sehr thaureichen Nächten nicht zu thauen.

325. Warum bemerkt man nach schönen, aber sehr windigen Nächten keinen Thau?

Weil bei windigem Wetter fortwährend die an den Gegenständen erkalteten Luftschichten wieder entführt und durch wärmere ersetzt werden, die den Gegenständen wieder Wärme mittheilen, so daß diese nicht bis zum Thaupunkt erkältet werden können.

326. Warum werden Felder und Wiesen in schönen Herbstnächten oft mit Reif bedeckt?

Weil durch die starke Wärmeausstrahlung in den längerwerdenden Nächten des Spätherbstes oft die Temperatur des Erdbodens bis unter den Gefrierpunkt erniedrigt wird, und die sich verdichtenden Wasserdämpfe sich daher nicht als kleine Wassertropfen, sondern nur als Eis an den erkalteten Gegenständen absetzen können. Reif ist gefrorener Thau und besteht aus feinen Eisnadeln.

327. Warum sieht man in der Kälte den ausgehauchten Athem?

Weil dem durch das Athmen ausgestoßenen Wasserdampf durch die äußere kalte Luft Wärme entzogen und der Wasserdampf dadurch verdichtet wird. Wasserdampf an sich ist völlig durchsichtig, also unsichtbar; er wird erst sichtbar, wenn er anfängt wieder flüssig zu werden. Er erscheint dann als Nebel.

328. Warum bilden sich besonders im Herbst und Winter so oft Nebel?

Weil von den länger warm bleibenden Wasserflächen und aus dem feuchten Erdboden dann noch beständig Dämpfe aufsteigen, welche aber die kältere oder wasserdampfreichere Atmosphäre nicht mehr aufzunehmen vermag, und die sich daher nun verdichten müssen. Dieser sich verdichtende Wasserdampf nimmt zuerst die Gestalt außerordentlich kleiner hohler Wasserbläschen an, die an einander gehäuft nicht mehr durchsichtig sind, wie fein gemahlenes Glas auch nicht mehr durchsichtig ist. Die Wasserbläschen des Nebels werden eine Zeit lang von der Luft getragen, sinken dann aber nieder. Fallen sie auf wärmeres Erdreich oder Wasser – wie ja im Herbst und zu Zeiten im Winter Erdreich und Wasser wärmer zu sein pflegen als die Luft, – so steigen sie wieder als Dampf auf und verdichten sich wieder zu Nebel. Auf diesem Wechsel von Vergehen und Entstehen beruht die anhaltende Dauer mancher Herbst- und Winternebel.

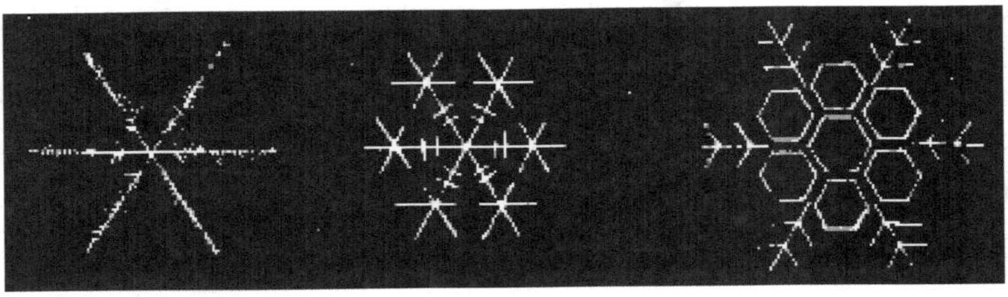

Fig. 54.

329. Warum entsteht aus den Wolken Regen?

Weil die Wolken nichts anderes als Nebel in höheren Luftschichten sind, und weil, wenn sie sich in tiefere Luftschichten herabsenken, die bereits mit Wasserdampf fast gesättigt sind, oder wenn sie mit kälteren Luftschichten in Berührung kommen, ihre Wasserbläschen zusammenfließen, schwerer werden und nun in Tropfengestalt herabfallen. Die Tropfen sind um so kleiner, je näher die Wolken der Erde sind, um so größer, aus je größeren Höhen sie fallen, da sie auf ihrem Wege, vermöge ihrer niedrigen Temperatur, die Wasserdünste der Luftschichten verdichten, durch welche sie hindurchfallen, und sich dadurch vergrößern. In Luftschichten, deren Temperatur unter dem Gefrierpunkt liegt, verwandeln sich die verdichteten Wasserdünste nicht in Tropfen, sondern in feine Eisnadeln, die sich zu Schneeflocken (Fig. 54) zusammensetzen. Die besonders im Frühling fallenden Graupelkörner entstehen wohl in ähnlicher Weise wie der Schnee und bestehen nur aus fest zusammengeballten Eisnadeln. Ueber die Entstehung des Hagels ist man noch nicht völlig im Klaren. Die beste Erklärung scheint diejenige zu sein, welche *Nöllner* gegeben hat. Danach können die Nebelbläschen, welche Wolken bilden, bis unter den Gefrierpunkt erkalten, ohne daß ein Erstarren derselben eintritt, wie Aehnliches vom tropfbar flüssigen Wasser nachgewiesen ist. Das Gefrieren erfolgt erst, aber dann auch plötzlich und in großem Umfange, wenn die erkalteten Bläschen heftig erschüttert werden. Befindet sich also eine so tief erkaltete Wolkenschicht in der Luft, und fallen auf diese aus einer höheren Wolkenschicht Graupelkörner, so schlägt sich auf ihnen der Bläschendampf als Wasser nieder, das augenblicklich gefriert. Auf diese Weise wird allerdings die oft so massenhafte Eisbildung in ganz kurzer Zeit begreiflich.

Das Ansehen der Wolken selbst ist, je nachdem sie höher oder tiefer schweben, mehr oder weniger dicht sind, und je nach ihrer Beleuchtung sehr mannigfaltig. Man unterscheidet Federwolken, die sich besonders zuerst nach vollkommen heiterem Wetter am blauen Himmel bilden, Schichtwolken, die sich in wagerechten Streifen über den Himmel ziehen und vorzugsweise schön bei Sonnenuntergang erscheinen, Haufenwolken, die sich namentlich im Sommer zeigen, und Regenwolken, die aus Haufenwolken entstehen, aber unregelmäßige Formen annehmen und große Dichtigkeit erlangen.

330. Warum sehen wir bisweilen bei völlig heiterem Himmel und ruhiger Luft sich plötzlich Wolken bilden und ein andres Mal wieder die Wolken ebenso plötzlich verschwinden?

Weil die Luft zwar Wasserdämpfe genug aufgelöst enthalten kann, die sich aber bei der herrschenden Temperatur nicht verdichten können, bei einer plötzlich eintretenden Abkühlung der Luft jedoch, etwa in Folge einer kälteren Luftströmung, sich plötzlich zu Wasserbläschen verdichten und Wolken bilden müssen; während andererseits eine vorhandene Wolke, wenn sie sich etwa in eine wärmere Luftschicht hinabläßt, oder wenn ein wärmerer Luftstrom sie trifft, sich wieder in unsichtbaren Wasserdampf auflösen muß. Das Vermögen der Luft, Wasserdämpfe in sich aufzunehmen – ihr Sättigungsvermögen – ändert sich je mit ihrer Temperatur.

331. Warum kocht Wasser und jede andere Flüssigkeit ein, wenn man sie längere Zeit kochen läßt?

Weil das Wasser und überhaupt jede Flüssigkeit beim Kochen sich in Dampf verwandelt, und dieser Dampf vermöge seines geringen specifischen Gewichts in die Luft aufsteigt und sich mit ihr vermischt, die Flüssigkeit also durch dieses beständige Entweichen ihrer Theile in Luftgestalt endlich völlig verschwinden muß. Sie existirt zwar noch, aber nicht mehr als Flüssigkeit und nicht mehr in dem Gefäße. War aber mit dem Wasser ein anderer Körper vermischt oder vielmehr darin aufgelöst, wie etwa Salz, der nicht in Dampf übergehen kann, so bleibt dieser nach dem Kochen zurück.

332. Warum siedet Wasser erst bei einer Temperatur von 80° R.?

Weil die Wasserdämpfe, welche sich zwar auch bei niedrigerer Temperatur entwickeln, dem Drucke der äußeren atmosphärischen Luft erst dann widerstehen können, wenn sie eine Spannkraft erlangt haben, welche derjenigen der atmosphärischen Luft gleich ist, was erst bei einer Temperatur von 80° R. geschieht. Wenn man daher Wasser über einem Feuer erhitzt, so entwickeln sich sehr bald, namentlich am Boden, kleine Dampfbläschen, die aber unter dem Drucke des Wassers und dem auf diesem lastenden Drucke der Atmosphäre sich wieder verdichten und tropfbar flüssig werden. Erst bei 80° R. haben die sich im Innern des Wassers entwickelnden Dämpfe eine Spannkraft erlangt, welche dem Drucke der Umgebung das Gleichgewicht hält. Die Spannkraft des beim Sieden des Wassers, wie überhaupt beim Sieden jeder Flüssigkeit entstehenden Dampfes ist also genau dem Drucke der Atmosphäre gleich oder vermag eine Quecksilbersäule von 760 Millimeter Höhe zu tragen. Verdunstung und Sieden unterscheiden sich dadurch, daß bei der Verdunstung an der Oberfläche einer Flüssigkeit sich Dämpfe von geringer Spannkraft bilden, die sich unmittelbar mit der Luft vermischen, während bei dem Sieden Dämpfe von großer Spannkraft im Innern der Flüssigkeit entstehen.

333. Warum kann Wasser in einem bleiernen oder zinnernen Gefäße zum Sieden gebracht werden, ohne daß das Metall zum Schmelzen kommt?

Weil das Gefäß die vom Feuer ihm mitgetheilte Wärme an das darin befindliche Wasser abgiebt, dieses aber nie eine höhere Temperatur als 80° R. annehmen kann, alle übrige Wärme, die es empfängt, vielmehr zu seiner

Verwandlung in Dampf verwendet. Das Gefäß kann also selbst auch keine höhere Temperatur als 80° annehmen, so lange noch Wasser darin ist, das ihm seine überschüssige Wärme abnimmt. Es kann darum auch nicht schmelzen, da der Schmelzpunkt des Zinnes erst bei 188°, der des Bleies sogar bei 267° R. liegt. Aus demselben Grunde kann man sogar Wasser in einem kleinen Gefäße aus Papier über einer Lichtflamme zum Sieden bringen, ohne daß das Papier anbrennt. Das Papier ist zwar ein schlechter Wärmeleiter, aber wenn es hinreichend dünn ist, leitet es doch schnell genug die von der Flamme empfangene Wärme in das Wasser über, so daß seine Temperatur nicht über 80° R. steigen kann, eine Temperatur, bei der es sich noch nicht entzündet.

334. Warum verdampfen Wassertropfen, die man auf eine rothglühende Metallplatte fallen läßt, nicht, sondern sammeln sich wie Quecksilber auf Glas und gerathen in eine drehende Bewegung, ohne zu kochen?

Weil das glühende Metall vom Wasser nicht benetzt wird, Vielmehr eine Dampfschicht die gegenseitige Berührung beider verhindert, so daß auch ein merklicher Uebergang der Wärme vom Metall zum Wasser nicht stattfinden kann. Erst bei abnehmender Hitze stellt sich die Berührung wieder her, und darum erfolgt dann eine plötzliche heftige Dampfbildung. Man nennt diese Erscheinung den *Leidenfrost*'schen Tropfen, weil sie zuerst von *Leidenfrost* im Jahre 1756 beobachtet wurde. Daß die Flüssigkeit bei dieser Erscheinung die Tropfenform annimmt, erklärt sich daraus, daß durch die hohe Temperatur die Adhäsion vernichtet ist und die Cohäsion der Flüssigkeit daher zur vollen Wirkung kommt. Auch große Flüssigkeitsmassen kann man in diesen Zustand versetzen, den man deshalb auch den sphäroidalen nennt. Sie verdampfen nicht, sondern behaupten eine Temperatur, die etwas unter ihrem Siedepunkte liegt. Läßt man flüssige schweflige Säure, deren Siedepunkt 10° unter Null liegt, in eine glühende Schale tropfen, und fügt dann einige Tropfen Wasser hinzu, so gefriert dies augenblicklich zu Eis. Mit diesen Erscheinungen hängt wohl auch die merkwürdige Thatsache zusammen, daß Arbeiter in Gießereien ihre Hand in geschmolzenes Eisen tauchen können, ohne sie zu verbrennen. Eine Dampfschicht, welche durch die Feuchtigkeit der Haut gebildet wird, verhindert die unmittelbare Berührung mit dem geschmolzenen Metall und darum auch den Uebergang der Wärme.

335. Warum kann man Zinn in einem Gefäß mit Wasser über dem stärksten Feuer nicht schmelzen?

Weil das Wasser beim Kochen alle ihm vom Feuer zugeführte Wärme zur Dampfbildung verwendet und daher selbst keine höhere Temperatur als die von 80° R. annimmt, weshalb aber auch das Zinn in dem kochenden Wasser nicht über 80° R. erhitzt werden und somit auch nicht seinen Schmelzpunkt, der erst bei 188° R. liegt, erreichen kann. Es giebt freilich, wie bereits erwähnt (Fr. 298), Metallgemische oder Metalllegirungen, die schon im siedenden Wasser schmelzen, weil ihr Schmelzpunkt noch unter dem Siedepunkte des Wassers liegt.

336. Warum werden sehr fette oder in Fett gekochte Speisen schneller weich als sehr magere und im bloßen Wasser gekochte?

Weil Fette einen weit höheren Siedepunkt als das Wasser haben und daher auch eine weit höhere Temperatur annehmen können, so daß auch die Speisen, die in ihnen gekocht werden, eine größere Wärmemenge empfangen. Sehr mageres Fleisch, wie Wildfleisch, wird darum auch beim Braten langsamer gar als sehr fettes Fleisch.

337. Warum wird sehr dünner und schlechter Branntwein durch Destilliren stärker?

Weil der Weingeist (Spiritus) oder Alkohol schon bei einer niedrigeren Temperatur flüchtig oder in Dampf verwandelt wird als das Wasser, das Destilliren aber darin besteht, daß man den aus Wasser und Weingeist bestehenden Branntwein erst in Dampf verwandelt und die Dämpfe dann durch Abkühlung wieder zu tropfbarer Flüssigkeit verdichtet. Bei der Destillation wird also mehr Weingeist als Wasser flüchtig, und die verdichtete Flüssigkeit muß dann auch mehr Weingeist als vorher enthalten. Der Gehalt an Weingeist aber bestimmt die Stärke des Branntweines.

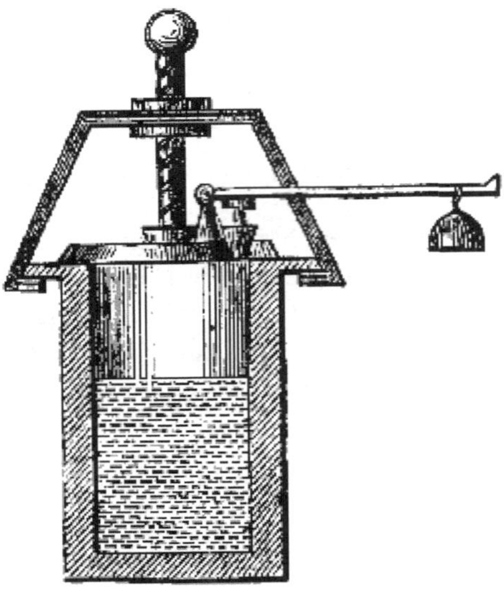

Fig. 55.

338. Warum kann man in einem *Papin*'schen Topfe (Fig. 55) selbst Knochen zu einem Brei zerkochen?

Weil in einem solchen Topfe, dessen Deckel luftdicht festgeschraubt ist, die Dämpfe nicht entweichen können und durch ihren heftigen Druck auf das Wasser den Siedepunkt desselben bedeutend erhöhen, so daß das kochende Wasser in dem Topfe eine weit höhere Temperatur annimmt, als das an der Luft unter dem gewöhnlichen Druck der Atmosphäre kochende. Wenn die eingeschlossenen Dämpfe nämlich weiter erhitzt werden, so wächst ihr Bestreben, sich auszudehnen, oder ihre Spannkraft, immer mehr. Sie üben darum nach allen Seiten, also auch auf das Wasser einen hohen Druck aus und machen dadurch das weitere Aufsteigen von Dampfblasen, also das weitere Sieden unmöglich, bis die Temperatur des Wassers selbst so hoch gesteigert ist, daß die sich entwickelnden Dämpfe dieselbe Spannkraft haben, wie die bereits vorhandenen, welche den Druck ausüben. Wegen des heftigen Druckes der gespannten Dämpfe in einem solchen Topfe muß derselbe auch sehr starke Wände aus Eisen oder Messing haben, und zugleich der Deckel mit einem sogenannten Sicherheitsventil versehen sein, welches die Dämpfe bei einem gewissen Grade der Spannung öffnen, und durch welches sie dann entweichen können. Sonst würde man Gefahr laufen, daß der Topf durch den innern Druck gewaltsam zersprengt wird.

339. Warum kommt warmes Wasser, das unter die Glocke der Luftpumpe gebracht wird, bei fortgesetztem Auspumpen der Luft in's Sieden?

Weil durch das Auspumpen der Luft die Luft unter der Glocke verdünnt und dadurch auch der Luftdruck vermindert wird, welcher auf dem Wasser ruht, so daß die Dämpfe, die sich im Innern desselben bilden, einer geringeren Spannkraft bedürfen, um diesem Luftdruck zu widerstehen, um also die Erscheinung hervorzurufen, die wir Sieden nennen. Da aber die Spannkraft des Dampfes von der Temperatur abhängt, so reicht auch eine geringere Temperatur hin, um das Wasser unter der Glocke der Luftpumpe zum Sieden zu bringen.

340. Warum siedet Schwefeläther schon bei gewöhnlicher Temperatur, ja sogar bei 0 Grad unter der Glocke der Luftpumpe, nachdem die Luft ausgepumpt worden ist?

Weil der Schwefeläther schon bei gewöhnlichem Luftdruck einen sehr niedrigen Siedepunkt hat, nämlich bereits bei 28½° R. siedet, seine Dämpfe also bei derselben Temperatur eine größere Spannkraft haben müssen, als die des Wassers, im luftleeren Raume daher auch eine weit niedrigere Temperatur hinreicht, damit seine Dämpfe den äußeren Druck überwinden und so die Erscheinung des Siedens herbeiführen.

Fig. 56.

341. Warum kann man Wasser in dem sogenannten Wasserhammer oder Pulshammer (Fig. 56) durch die bloße Wärme der Hand zum Sieden bringen?

Weil das durch die Hand erwärmte Glas hinreichend genug Wärme an das in dem Pulshammer befindliche Wasser abgiebt, um dasselbe in dem luftleeren Raume, der sich darüber befindet, zum Sieden zu bringen. Der Pulshammer besteht nämlich aus zwei durch eine Röhre verbundenen gläsernen Kugeln, in deren einer Wasser vor dem Zuschmelzen des ganzen Apparates bis zum Sieden erhitzt war. Das Innere des Pulshammers enthält also nur Wasserdampf, und der Druck desselben auf das Wasser ist bei gewöhnlicher Temperatur ein so geringer, daß schon die geringste Erwärmung des Wassers hinreicht, Dämpfe zu erzeugen, deren Spannkraft diesen Druck überwindet.

342. Warum siedet Wasser auf hohen Bergen bei einem geringeren Wärmegrad als in der Ebene?

Weil auf hohen Bergen der Luftdruck ein weit niedrigerer ist als in der Ebene, die Wasserdämpfe daher auch einer geringeren Spannkraft bedürfen, um diesen Druck zu besiegen, und um diese geringere Spannkraft hervorzubringen, wieder eine geringere Wärme nöthig ist. Auf der Hochebene von Quito in Südamerika kocht daher das Wasser schon bei 72° R., auf dem Montblanc sogar bei 68° R. Auf solchen hohen Bergen kann man daher auch Fleisch in offenen Gefäßen nicht weich kochen. – Man kann diese verschiedenen Siedetemperaturen des Wassers auch benutzen, um die Höhen der Berge zu messen.

343. Warum wird der Deckel eines am Feuer stehenden Gefäßes, in dem sich siedendes Wasser befindet, mit einiger Gewalt in die Höhe gehoben oder abgeworfen?

Weil die sich beim Sieden entwickelnden Wasserdämpfe vermöge ihrer Spannkraft einen bedeutenden Druck nach allen Seiten hin ausüben, dieser Druck aber zunächst nur gegen den Deckel wirksam werden kann, der von oben her der Ausdehnung der Dämpfe Widerstand leistet. Wäre der Deckel fest verschlossen, so würde die mit der Temperatur wachsende Spannkraft der Wasserdämpfe endlich das ganze Gefäß zersprengen.

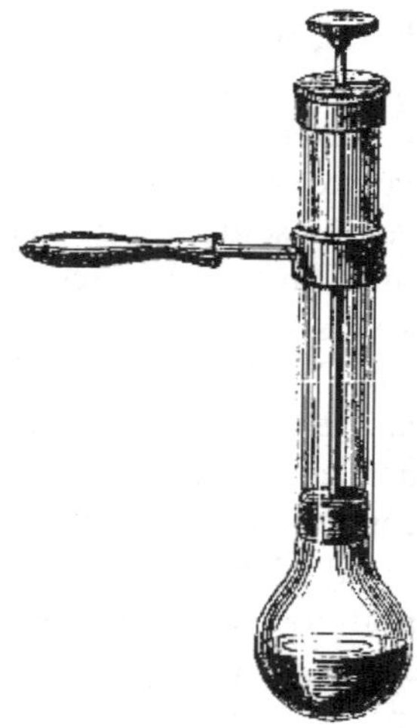

Fig. 57.

344. Warum wird der luftdicht schließende Kolben in einem Glasgefäß, das etwas Wasser enthält, gewaltsam in die Höhe getrieben, wenn man dies Wasser über einer Lampe erhitzt, und warum wird dieser Kolben von selbst wieder abwärts getrieben, sobald man das Gefäß in kaltes Wasser taucht?

Weil die durch die Wärme sich entwickelnden Dämpfe wegen ihrer Spannkraft sich ausdehnen und den Kolben, der sie abschließt, aufwärts treiben, durch die Abkühlung im kalten Wasser aber sich wieder verdichten, dadurch einen luftverdünnten Raum erzeugen und nun dem äußeren Luftdruck, der auf die obere Seite des Kolbens wirkt, keinen Widerstand mehr entgegensetzen können, so daß dieser den Kolben wieder abwärts treibt.

345. Warum kann man mit Hülfe des Wasserdampfes große Maschinen in Bewegung setzen?

Weil eingeschlossener Wasserdampf eine sehr bedeutende Spannkraft besitzt, die dadurch wirksam gemacht werden kann, daß man auf der anderen Seite des Körpers, welchen der Dampf in Bewegung setzen soll, einen luftverdünnten oder luftleeren Raum herstellt.

Die einfachste Einrichtung einer Dampfmaschine wurde schon im Jahre 1690 von *Papin* in Marburg ersonnen und entsprach im Wesentlichen der oben (Fr. 344) besprochenen Vorrichtung, bei welcher Wasser in einem Glasgefäß abwechselnd erhitzt und wieder abgekühlt wird. Dieser Gedanke kam jedoch nie zur Ausführung. Wirklich hergestellt wurde die erste Dampfmaschine von dem Engländer *Thomas Savery* im Jahre 1698. Dieser vermied den von *Papin* vorgeschlagenen Kolben und suchte das Wasser selbst durch Dampf zu heben. Seine Maschine bestand daher aus einem Dampfkessel, in welchem der Dampf hergestellt wurde, und einem zum Theil mit Wasser gefüllten Behälter, in welchen der Dampf einströmte. Mit diesem Behälter stand ein Saugrohr in Verbindung, welches in das Wasser hinabreichte, das gehoben werden sollte, während an der entgegengesetzten Seite sich ein Steigrohr befand, um das Wasser aufwärts zu führen. Beide Röhren waren mit Ventilen versehen. Sobald der Dampf in den Behälter einströmte, wurde durch den Druck desselben das Ventil der Saugröhre geschlossen und das im Behälter befindliche Wasser durch das Steigrohr hinaufgetrieben. Wurde dann der Behälter durch darüber fließendes kaltes Wasser abgekühlt, so verdichtete sich der Dampf, es entstand ein luftleerer Raum, und während der Druck des Wassers das Ventil des Steigrohrs schloß, wurde durch den Druck der Atmosphäre das Wasser durch das Saugrohr in den Behälter emporgetrieben. Die große Spannung des Dampfes aber, welche diese Maschine erforderte, und der dadurch bedingte Aufwand von Brennmaterial ließen diese Maschine wenig in Gebrauch kommen, und schon nach einigen Jahren (1705) wurde sie durch die glänzende Erfindung zweier Handwerker, des Schlossers *Newcomen* und des Glasers *Cowley*, gänzlich verdrängt. Diese kehrten zu dem *Papin*'schen Gedanken der Anwendung eines Kolbens zurück, ließen aber den Dampf nicht in dem Cylinder selbst, sondern in einem besondern Dampfkessel erzeugen, und die Verdichtung der Dämpfe nicht durch Abkühlung der Wände von außen, sondern durch Einspritzen kalten Wassers bewirken. Die *Newcomen*'sche Maschine besteht daher aus einem Dampfkessel, in welchem der Dampf erzeugt wird, und einem durch ein enges Rohr damit verbundenen Cylinder, in welchem sich ein Kolben luftdicht auf und nieder bewegt. Sobald der Dampf in diesen Cylinder eingetreten ist und den Kolben aufwärts getrieben hat, wird durch einen Hahn die Verbindung mit dem Kessel geschlossen und ein zweiter Hahn geöffnet, durch welchen ein Strahl kalten Wassers in den Cylinder eingespritzt wird. Die Dämpfe werden dadurch verdichtet, und der von außen auf den Kolben wirkende Druck der atmosphärischen Luft treibt ihn nun nieder. Um den Auf- und Niedergang des Kolbens in den Auf- Und Niedergang einer Pumpenstange zu verwandeln, ist der Kolben mittelst einer Kette an den Arm eines Balanciers gehängt, der auf einer Mauer ruht, und an dessen anderm Arme ebenfalls mittelst einer Kette die Pumpenstange hängt. Durch den Niedergang des Kolbens wird die Pumpenstange gehoben, während sie beim Aufgange des Kolbens durch ihr eigenes Gewicht wieder niedergezogen wird. Die Regulirung der Hähne wurde durch die sinnreiche Erfindung eines Knaben, Namens *Potter*, im Jahre 1713 vermittelst einfacher Hebelvorrichtungen ebenfalls dem Balancier übertragen.

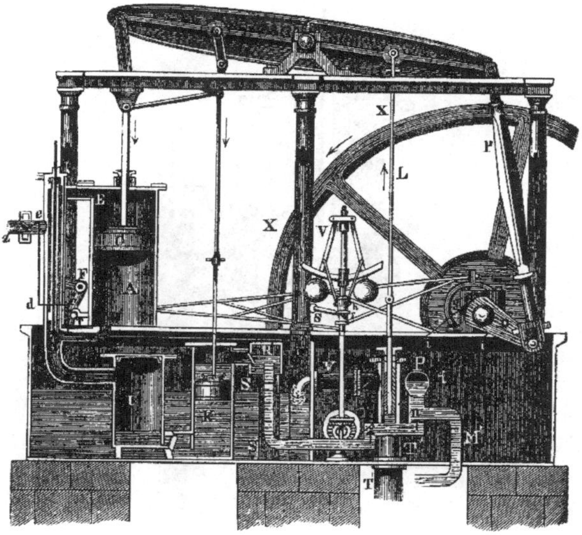

Fig. 58.

Bei solchen Maschinen, wie die *Newcomen*'sche, spielt der Dampf nur eine untergeordnete Rolle. Die eigentliche bewegende Kraft ist der Luftdruck, der den Kolben niederdrückt und die Pumpenstange emportreibt. Man nennt sie deshalb auch *atmosphärische* Maschinen, und weil sie nur während des Kolbenniederganges eine Arbeit verrichten, *einfach wirkende* Maschinen. Erst mehr als ein halbes Jahrhundert später beginnt die Entwicklung der Dampfmaschine zu ihrer heutigen glänzenden Höhe durch den Mechaniker *James Watt* in Glasgow. Schon im Jahre 1765 beseitigte er den bisherigen Uebelstand eines zu großen Dampfverbrauchs dadurch, daß er die Verdichtung des Dampfes nicht mehr in dem Dampfcylinder selbst, sondern in einem besonderen Raume, dem Condensator, geschehen ließ, der mit dem Dampfcylinder durch ein mit einem Hahne versehenes Rohr beliebig in Verbindung gesetzt werden kann. Die wichtigste Verbesserung aber begann er mit dem Jahre 1769, indem er den Niedergang des Kolbens nicht mehr durch den äußeren Luftdruck bewirken, sondern die ganze Thätigkeit der Maschine durch die Spannkraft des Dampfes hervorbringen ließ. Er verwandelte also die atmosphärische Maschine in eine wirkliche Dampfmaschine und die einfach wirkende in die *doppelt wirkende*, d. h. beim Aufgang wie beim Niedergang des Kolbens Arbeit leistende Maschine. Diese Verbesserung ist darum so wichtig, weil sie erst die Dampfmaschine für alle die mannigfachen und kunstreichen Arbeiten befähigt hat, die wir sie heute verrichten sehen.

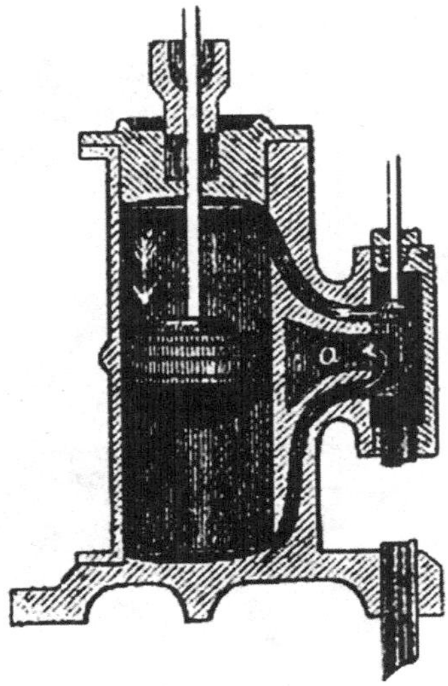

Fig. 59.

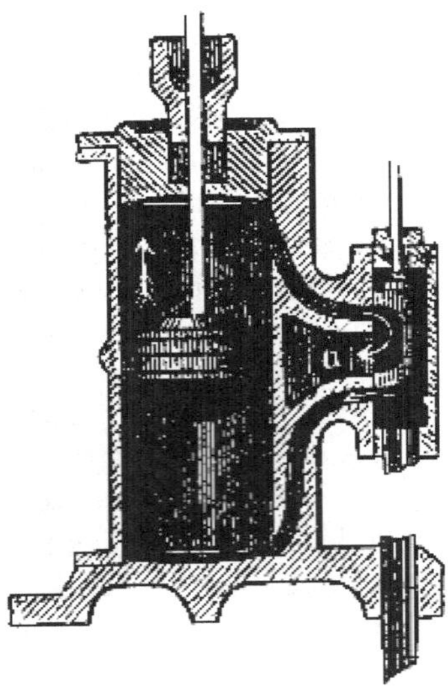

Fig. 60.

Um die Aufwärtsbewegung des Kolbens durch den Dampfdruck bewirken zu lassen, wurde zunächst der Dampfcylinder auch oben geschlossen und dann eine Einrichtung geschaffen, die es möglich machte, den Cylinderraum oberhalb wie unterhalb des Kolbens abwechselnd mit dem Dampfkessel und mit dem Condensator in Verbindung zu setzen. Diese Einrichtung war der sogenannte Vierwegehahn, d. h. ein Hahn mit zwei von einander unabhängigen Durchbohrungen, durch welche er von vier an ihm mündenden Röhren abwechselnd je zwei mit einander in Verbindung setzen kann. Jetzt dient statt desselben das Schieberventil (Fig. 59 u. 60). Es ist ein viereckiger Kasten, in welchen der Dampf aus dem Kessel zunächst eintreten muß, und in welchen zugleich die Kanäle münden, die den Dampf einerseits zum Condensator, andererseits zum obern und untern Cylinderraum leiten sollen. In diesem Kasten bewegt sich ein Schieber auf und nieder, welcher so eingerichtet ist, daß er abwechselnd den zum obern und dann wieder den zum untern Cylinderraum führenden Kanal absperrt und dafür den Weg zum Condensator frei läßt. Hat also der Kolben seine höchste Stellung erlangt, so treten die Dämpfe aus dem Kessel durch den Kasten in den obern Cylinderraum ein und treiben den Kolben abwärts (Fig. 59). Gleichzeitig ist den Dämpfen des unteren Raumes durch das Rohr a der Weg in den Condensator geöffnet, in welchem sie verdichtet werden. Ist der Kolben unten angelangt, so treten in Folge der veränderten Schieberstellung die Dämpfe aus dem Kessel in den Raum unter dem Kolben und treiben diesen aufwärts (Fig. 60), während die Dämpfe oberhalb des Kolbens zum Condensator entweichen.

Die Bewegung des Kolbens wird nun durch die Kolbenstange auf den Balancier übertragen. Da aber die auf- und niedergehende Kolbenstange eine senkrechte gradlinige Bewegung hat, während das Ende des Balanciers, wie das Ende eines Wagebalkens, offenbar einen Kreisbogen beschreibt, so ist die Kolbenstange nicht unmittelbar an den Balancier, sondern erst vermittelst des sogenannten *Watt*'schen Parallelogramms befestigt. Dieses besteht aus zwei gleich langen Stangen, die am Balancier aufgehängt und unten durch eine dritte Stange verbunden sind, und zwar so, daß sie sich sämmtlich an ihren Verbindungsstellen um Charniere drehen können. An der vom Ende des Balanciers herabhängenden Stange ist unten, gleichfalls drehbar, die Kolbenstange befestigt, während eine vierte, am Maschinengestell befestigte Stange mit der zweiten vom Balancier herabhängenden Stange verbunden ist. Wird nun der Balancier durch den auf- und niedergehenden Kolben in Bewegung gesetzt, so verschieben sich die das Parallelogramm bildenden Stangen so gegen einander, daß der Endpunkt desselben, an welchem die Kolbenstange befestigt ist, sich in grader Linie auf- und abwärts bewegt.

Um die hin- und herschwingende Bewegung dieses Balanciers in die rotirende Bewegung einer Welle zu verwandeln, wandte *Watt* den einfachen, vom Spinnrad und Schleifstein her Jedem bekannten Mechanismus der Kurbel und Treibstange an. Die Treibstange oder, wie sie bei der Dampfmaschine heißt, die Pleuelstange P (Fig. 58) ist am Ende des Balanciers drehbar aufgehängt und umfaßt mit ihrem untern Ende den Zapfen der Kurbel, die an der zu drehenden Welle befestigt ist. Die Drehung der Welle kann zunächst freilich keine gleichförmige sein. Schon die Ungleichheiten in der Bewegung des Kolbens, wie in der Wirkung des Dampfdrucks, bedingen eine ungleichförmige Geschwindigkeit, und noch mehr bedingt diese die Stellung der Treibstange zur Kurbel selbst. So oft nämlich die Kurbel ihren höchsten oder tiefsten Stand erreicht, fällt ihre Richtung mit der Treibstange zusammen, und diese kann natürlich in solchen Augenblicken gar nicht auf die Umdrehung der Kurbel wirken. Daß die Maschine in diesen sogenannten todten Punkten der Kurbel nicht zum Stillstehen kommt, liegt nur an der Trägheit, welche die einzelnen Maschinentheile ihre Bewegung fortsetzen läßt. In einer Vermehrung dieser Trägheit fand darum auch *Watt* das Mittel, die Ungleichheiten in der Bewegung der Maschine auszugleichen. Dies Mittel besteht in dem Schwungrade, einem großen Rade von bedeutendem Gewicht, das auf der Kurbelwelle befestigt ist und mit dieser sich umdreht, um vermöge seiner Trägheit gleichsam in Momenten des Ueberflusses Arbeit aufzusammeln und sie in Momenten des Mangels wieder abzugeben.

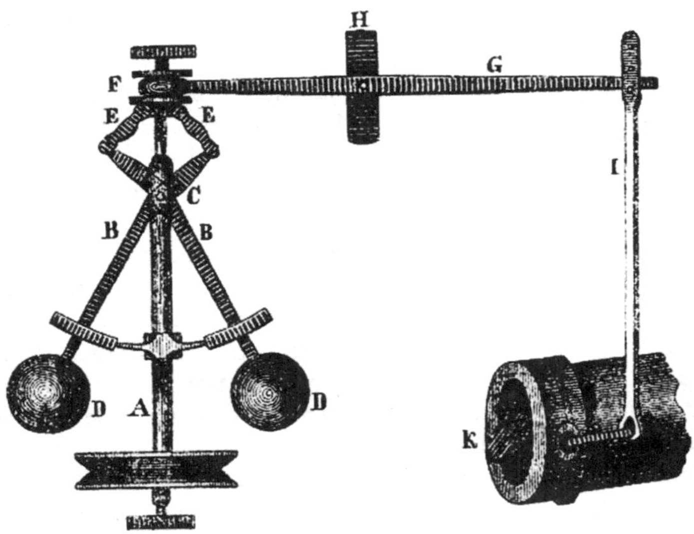

Fig. 61.

Endlich blieb zur Vervollkommnung der Dampfmaschine noch übrig, auch die Unregelmäßigkeiten zu beseitigen, welche theils durch Aenderungen in der Dampfspannung in Folge von Unregelmäßigkeiten in der Unterhaltung des Feuers und Zufuhr des Wassers, theils durch Veränderungen der Widerstände, welche der Kolbendruck überwinden soll, um mancherlei Arbeiten zu verrichten, veranlaßt werden. Vermittelst einer überaus sinnreichen Einrichtung, der sogenannten Drosselklappe, in Verbindung mit dem Centrifugal-Regulator (Fig. 61), wird auch diese Aufgabe von der Maschine selbst gelöst. Die Drosselklappe ist eine gewöhnliche Klappe (K), die in dem Rohre, das den Dampf vom Kessel zum Cylinder führt, angebracht ist. Ist sie völlig geöffnet, so strömt der Dampf ungehindert in den Cylinder; je mehr sie geschlossen wird, desto mehr wird auch die Menge des einströmenden Dampfes vermindert. Die Regulirung dieser Klappe ist dem Centrifugal-Regulator übertragen. Er besteht aus zwei durch eine Welle (A) gesteckten und um einen Zapfen (C) drehbaren Hebeln (B), die unten mit metallenen Kugeln (D) von bedeutendem Gewichte beschwert sind. Mit diesen sind an ihren oberen Enden, um Zapfen drehbar, zwei kleinere Stangen (E) verbunden, die oben an einer Hülse (F) befestigt sind, welche an der Axe der Welle auf und nieder gleiten kann. Sobald die Welle rasch gedreht wird, fahren die schweren Kugeln vermöge ihrer Centrifugalkraft auseinander und ziehen dadurch die Hülse herab. An dieser Hülse aber ist ein zweiarmiger Hebel (G) befestigt, welcher durch eine Stange (I) den kleinen Hebel bewegt, der die Drosselklappe dreht. Durch das Herabgleiten der Hülse wird also die Drosselklappe mehr und mehr geschlossen. Bewegt sich die Welle dagegen langsamer, so sinken die Kugeln etwas herab, rücken dadurch die Hülse mehr hinauf, und der von dieser abhängige Hebel öffnet die Klappe mehr. Man sieht also, daß, so oft sich der Gang der Maschine aus irgend einer Ursache beschleunigt, sei es, weil die von ihr zu überwindenden Widerstände abnehmen, oder weil die Dampfspannung im Kessel wächst, die Kugeln des Regulators auseinander fahren, die Drosselklappe mehr zudrehen und dadurch den Dampfzufluß *vermindern*; daß aber, so oft die Geschwindigkeit der Maschine aus andern Gründen sich verlangsamt, die zusammenfallenden Kugeln des Regulators die Drosselklappe mehr öffnen und dadurch den Dampfzufluß *vermehren*.

So ist die Dampfmaschine das wunderbare Werk geworden, als das sie heute dasteht. Sie verrichtet nicht allein die ihr aufgetragene mannigfaltige Arbeit, sondern regelt auch selbst ihren Gang als ihr eigener Wärter. Sie bewegt selbst durch Hebelstangen die Steuerung, d. h. sie öffnet und schließt die Ventile, welche den Dampf in die Räume des Cylinders vertheilen und zum Condensator leiten. Sie bewegt selbst die Pumpen, die Kaltwasserpumpe sowohl, welche dem Condensator das zur Verdichtung der Dämpfe nöthige kalte Wasser zuführt, als die sogenannte Luft- oder Warmwasserpumpe, welche das condensirte Wasser und die in dem Condensator sich anhäufende Luft entfernt, als endlich die Speisepumpe, welche den Kessel mit frischem Wasser versorgt.

Fig. 62.
Größeres Bild

346. Warum hat die Locomotive weder Balancier noch Schwungrad, wie andere Dampfmaschinen?

Weil die Locomotive (Fig. 62) einerseits eine sogenannte Hochdruckmaschine ist, d. h. mit Dämpfen von hoher Spannung arbeitet, deshalb aber schon der gewöhnliche Druck der Atmosphäre auf der einen Seite des Kolbens einen genügenden Unterschied der beiderseitigen Druckkräfte zuläßt, eine Condensirung der Dämpfe also und eine Regelung der dadurch bedingten Pumpen und Ventile durch den Balancier überflüssig wird, und weil andrerseits die Locomotive auch eine gekuppelte Maschine ist, d. h. aus zwei so mit einander verbundenen Maschinen besteht, daß die Kurbeln derselben einander unterstützen und zur Gleichförmigkeit der Bewegung eines Schwungrades nicht bedürfen.

Man unterscheidet nämlich Niederdruck- und Hochdruckmaschinen, d. h. solche, bei welchen Dämpfe angewandt werden, deren Spannung die der gewöhnlichen atmosphärischen Luft nur um weniges, höchstens das 1¼–1½fache übertrifft, und solche, bei denen die Dampfspannung das 3–6fache des gewöhnlichen Atmosphärendrucks beträgt. Bei der Niederdruckmaschine läßt sich der Dampf nur dadurch wirksam machen, daß man auf der entgegengesetzten Seite des Kolbens einen luftverdünnten Raum erzeugt, also die Dämpfe verdichtet. Bei der Hochdruckmaschine ist diese Dampfverdichtung nicht nöthig, darum kann der ganze Bau ein viel einfacherer sein. Die Pleuelstange wird hier unmittelbar mit der Kolbenstange verbunden, und die gradlinige Bewegung der letzteren einfach durch zwei Leisten, die sogenannten Gradführungen, bewirkt, zwischen denen die Kolbenstange hin und her gleitet. Die Bewegung der einzigen Pumpe, die noch erforderlich ist, der Speisepumpe, und der wenigen Ventile, nämlich des Schieberventils und der Drosselklappe, geht unmittelbar von der Kurbelwelle aus und wird durch excentrische Scheiben vermittelt, die an der Welle befestigt sind. Bei gekuppelten Maschinen, wie sie die Locomotive gleichfalls darstellt, sind überdies zwei Maschinen so mit einander verbunden, daß sie auf eine gemeinschaftliche Kurbelwelle wirken und zwar in der Weise, daß die beiden Kurbeln einen rechten Winkel mit einander bilden, daß also jedesmal, wenn die eine Kurbel sich in einem ihrer todten Punkte befindet, die andere gleichzeitig in ihre günstigste Stellung eingetreten ist. Zur Ueberwindung der todten Punkte bedarf es also hier eines Schwungrades nicht.

Die erste Hochdruckmaschine ist von *Oliver Evans* in Philadelphia hergestellt worden, der sie bereits im Jahre 1800 zur Bewegung eines Wagens benutzte. Die erste Locomotive wurde von dem englischen Ingenieur *George Stephenson* im Jahre 1814 gebaut.

Die Schiffsmaschine ist eine gekuppelte Niederdruckmaschine. Das erste mit Schaufelrädern versehene Dampfschiff wurde von *Robert Fulton* in Newyork im Jahre 1807, das erste Schraubendampfschiff von *Ericson* und *Smith* im Jahre 1839 in Amerika gebaut.

347. Warum muß der Kessel einer Dampfmaschine mit einem Sicherheitsventil versehen sein?

Weil in dem völlig verschlossenen Kessel die Dämpfe sich anhäufen und dadurch eine so bedeutende Spannkraft erlangen würden, daß sie den Kessel gewaltsam zersprengen müßten, was durch das Sicherheitsventil verhindert wird, da dieses sich bei einem bestimmten Drucke der Dämpfe öffnet und diese so lange ausströmen läßt, bis derjenige Druck wieder hergestellt ist, bei welchem man eine Gefahr des Zerspringens nicht mehr zu fürchten hat.

Das Licht.

Wenn wir die Gegenstände sehen, so beruht dies auf einer Empfindung gewisser Nerven unserer Sehwerkzeuge oder Augen. Die Ursache dieser Empfindung aber nennen wir Licht. Nach der älteren Ansicht besteht dies Licht aus einer sehr feinen Materie, einem Lichtstoff, der von den leuchtenden Körpern ausgesendet wird und die Augennerven trifft. Dieser Stoff soll unwägbar sein, überhaupt aller wesentlichen Eigenschaften der Körperlichkeit entbehren und nur durch seine Wirkung wahrnehmbar sein. Nach der jetzt allgemein geltenden Ansicht beruht das Licht auf einer wellenförmigen oder schwingenden Bewegung, welche, ähnlich der Bewegung des Schalles und der Wärme, von dem leuchtenden Körper ausgeht und, sich durch unser Auge dem Sehnerv mittheilend, hier die Empfindung des Sehens bewirkt. Als Träger dieser Bewegung nimmt man einen äußerst feinen elastischen Stoff – den Aether – an, der den ganzen Weltraum und alle Körper durchdringt.

Quellen des Lichtes sind alle selbstleuchtenden Körper, insbesondere die Sonne und die Fixsterne, ferner glühende und verbrennende Körper, wie die Flammen unserer Kerzen und Lampen, endlich einige sogenannte phosphorescirende Körper, namentlich faulende Thier- und Pflanzenstoffe, aber auch lebende Thiere, wie die Johanniswürmchen und die kleinen, das Meeresleuchten veranlassenden Seethierchen. Eine besondere Quelle des Lichtes werden wir in der Electricität kennen lernen. Sternschnuppen und Feuerkugeln sind höchst wahrscheinlich kleine Weltkörper, welche wie die Planeten um die Sonne kreisen und, in den Anziehungskreis der Erde gerathen, herabfallen. Sie sind an sich dunkel, wie die Planeten und Kometen, und erglühen erst in Folge des Widerstandes, den sie in der Erdatmosphäre erfahren. Für ihre Weltkörper-Natur spricht das Herabfallen von Meteorsteinen beim Zerplatzen von Feuerkugeln, und besonders die periodische Wiederkehr von Sternschnuppenschwärmen in den Nächten vom 10. August und vom 12. bis 14. November.

Irrlichter sind kleine Flämmchen, die bisweilen in sumpfigen Gegenden erscheinen, die aber noch viel zu wenig beobachtet sind, um über ihr Wesen völlig entscheiden zu können. Man hält sie für ein phosphorhaltiges Wasserstoffgas, das als Flamme verbrennt, sobald es aus dem Wasser aufsteigend in die Luft übergeht.

Das Licht, das von einem leuchtenden Punkte ausgeht, verbreitet sich nach allen Richtungen und zwar in graden Linien. Diese graden Lichtlinien nennen wir Lichtstrahlen. Das Licht pflanzt sich mit außerordentlicher Geschwindigkeit fort, indem es in einer Sekunde 40,257 geogr. Meilen (= 300000 Kilom.) zurücklegt. Es durchläuft also den Raum von der Sonne zur Erde (fast 150 Mill. Kilom.) in 8 Minuten 13 Sekunden, und seine Geschwindigkeit übertrifft die des Schalles um das 900000fache.

Treffen Lichtstrahlen auf ihrem Wege auf nicht leuchtende oder dunkle Körper, so werden sie entweder *zurückgeworfen* oder *durchgelassen.* Dunkle Körper werden uns dadurch sichtbar, daß die von ihnen zurückgeworfenen Lichtstrahlen in unser Auge gelangen. Läßt ein Körper mehr oder weniger Licht durch sich hindurchgehen, so nennen wir ihn *durchsichtig* oder auch nur *durchscheinend.* Läßt er gar kein Licht durch, wirft er vielmehr alles Licht zurück, so heißt er *undurchsichtig.* Wenn Lichtstrahlen aus einem durchsichtigen Körper in einen andern übergehen, der aber eine andere Dichtigkeit besitzt, so werden sie von ihrem Wege abgelenkt oder, wie man sagt, *gebrochen.* Ebenso werden Lichtstrahlen von ihrem gradlinigen Wege abgelenkt, wenn sie an den Rändern von undurchsichtigen Körpern vorübergehen. Man nennt diese Ablenkung die *Beugung* des Lichts.

348. Warum sehen wir den Blitz eines in einer gewissen Entfernung abgeschossenen Gewehres, ehe wir den Knall hören?

Weil das Licht eine weit größere Geschwindigkeit als der Schall besitzt. Beide beruhen zwar auf Bewegungen, die gleichzeitig von dem Gegenstande ausgehen, der die Erscheinungen hervorruft, also von dem entzündeten Pulver des Gewehrs. Beide Bewegungen müssen sich auch bis zu uns fortpflanzen, um von unserm Ohr und Auge empfunden zu werden. Aber der Schall pflanzt sich nur langsam fort, während die Geschwindigkeit des Lichtes so groß ist, daß sie für irdische Entfernungen nur mit den künstlichsten Mitteln gemessen werden kann. Für eine Strecke von 300 Metern braucht der Schall fast eine Sekunde, das Licht aber nur den millionsten Theil einer Sekunde.

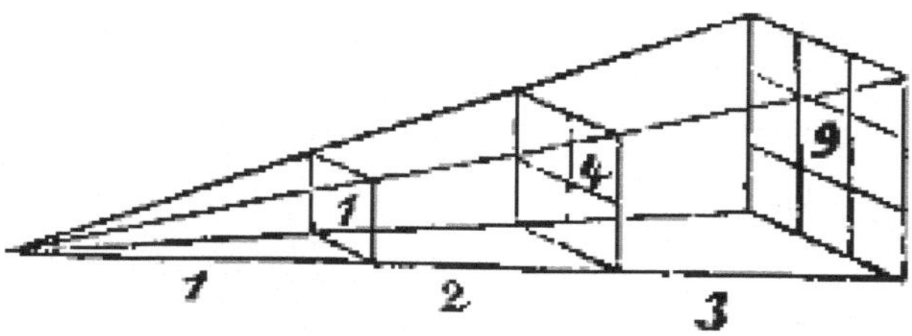

Fig. 63.

349. Warum können wir in der Nähe einer Kerzenflamme die Schrift eines Buches lesen, in einiger Entfernung aber nicht?

Weil die Stärke der Beleuchtung, wie überhaupt jeder Wirkung, die sich von einem Punkte aus gleichmäßig nach allen Seiten verbreitet, mit der Entfernung abnimmt, und zwar in demselben Verhältniß, in welchem die

Fläche wächst, über welche sie sich verbreitet. In der doppelten Entfernung ist die Fläche, welche die gesammte Lichtmenge empfängt, 4mal, in der dreifachen Entfernung 9mal so groß, und es empfängt darum eine Fläche von bestimmter Größe, etwa ein Blatt Papier, von dem wir lesen wollen, in der dreifachen Entfernung auch nur ein 9mal geringeres Licht, erscheint uns also 9mal weniger hell.

350. Warum sehen wir durch die Scheiben unserer Fenster die draußen befindlichen Gegenstände?

Weil die Glasscheiben durchsichtig sind, d. h. das von den draußen befindlichen Gegenständen kommende Licht ungehindert durch sich hindurch zu unserm Auge gelangen lassen. Vollkommen durchsichtig ist aber auch das Glas nicht; sehr dicke Glasplatten halten vielmehr einen großen Theil des Lichtes zurück und lassen uns darum die Gegenstände nur undeutlich erkennen. Ebenso sind Luft und Wasser nicht vollkommen durchsichtig. In tiefen Seen kann man nicht bis auf den Grund sehen, wenn auch das Wasser noch so klar ist. Wäre die Luft völlig durchsichtig, so würde uns der Himmel nicht blau, sondern schwarz erscheinen, und wir würden jeden, auch den fernsten Gegenstand sehen, sobald er nur im Bereich unserer Augen wäre.

351. Warum sehen wir dunkle, d. h. nicht selbstleuchtende Körper, wenn sie beleuchtet werden, und sich in unserm Gesichtskreise befinden?

Weil alle Körper die auf ihre Oberfläche fallenden Lichtstrahlen anderer selbstleuchtender Körper zurückwerfen, und diese zurückgeworfenen Lichtstrahlen in unser Auge gelangen und hier den Eindruck eines Bildes des beleuchteten Körpers erzeugen. Nur wenn ein anderer undurchsichtiger Körper den beleuchteten Gegenstand bedeckt, d. h. zwischen ihn und unser Auge tritt, können wir ihn nicht sehen, weil der verdeckende Körper keinen der zurückgeworfenen Lichtstrahlen in unser Auge gelangen läßt.

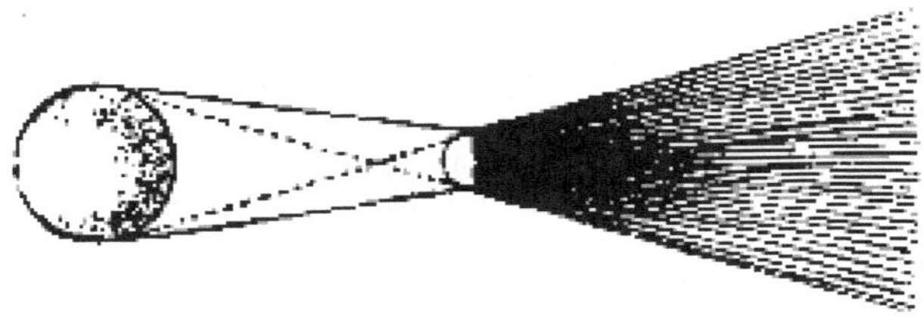

Fig. 64.

352. Warum wirft ein undurchsichtiger Körper, wenn er beleuchtet wird, einen Schatten hinter sich?

Weil der undurchsichtige Körper den sich nur in grader Linie bewegenden Lichtstrahlen den Weg versperrt und sie daher verhindert, in den hinter ihm befindlichen Raum zu gelangen, so daß dieser Raum unbeleuchtet bleibt und dunkel erscheint. Den unbeleuchteten Raum hinter einem beleuchteten und undurchsichtigen Körper nennen wir Schatten. Die Lage des Schattens ist abhängig von der Lage des leuchtenden und des schattengebenden Körpers. Er bewegt sich, wenn sich einer dieser Körper bewegt, und ist um so kleiner, je größer die Entfernung zwischen beiden, und je senkrechter das Licht auf den schattengebenden Körper fällt. Die Gestalt des Schattens ist nur von der Gestalt und Lage des schattengebenden Körpers abhängig. Daher erscheint der Schatten einer Kugel auf einer gegen die Lichtstrahlen senkrechten Fläche stets kreisrund. Solche runde Schatten werfen auch die nicht selbstleuchtenden Himmelskörper hinter sich, und es erklären sich daraus die Sonnen- und Mondfinsternisse. Bei den letzteren befindet sich der Mond im Schatten der Erde, bei den ersteren die Erde im Schatten des Mondes. Wenn der leuchtende Körper größer ist als der beleuchtete, so ist der eigentliche Schatten oder der Kernschatten, welcher gar kein Licht empfängt, noch von einem weniger dunklen Raume, dem Halbschatten, umgeben, welcher nur von einem Theile des leuchtenden Körpers Licht erhält. Bei einer partialen Sonnenfinsterniß steht die Erde nur im Halbschatten des Mondes.

353. Warum sehen wir im Spiegel unser Bild?

Weil die von der dem Spiegel zugewandten Seite unseres Körpers zurückgeworfenen Lichtstrahlen, wenn sie auf den Spiegel fallen, durch das durchsichtige Glas hindurchgehen, von der dahinter befindlichen undurchsichtigen Belegung (Folie) aber wieder zurückgeworfen werden und gerade so in unser Auge gelangen, als ob sie von einem hinter dem Spiegel befindlichen, uns gleichen Bilde ausgegangen wären.

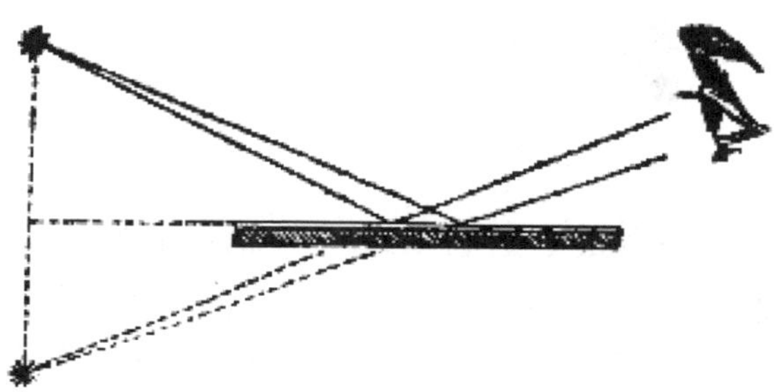

Fig. 65.

354. Warum sehen wir das Bild eines Gegenstandes in einem Spiegel genau so weit *hinter* demselben, als der Gegenstand sich *vor* demselben befindet?

Weil alle Lichtstrahlen, welche von einem leuchtenden Punkte ausgehen, von einer Spiegelfläche genau unter demselben Winkel zurückgeworfen werden, unter welchem sie auffallen, diese zurückgeworfenen Strahlen aber darum auch in ihrer Verlängerung sich in einem Punkte vereinigen müssen, der genau so weit hinter dem Spiegel liegt, als der leuchtende Punkt vor demselben. Die zurückgeworfenen Strahlen, welche in das Auge gelangen, machen daher auf dasselbe den Eindruck, als ob sie von jenem Vereinigungspunkte hinter dem Spiegel herkämen, da es gewohnt ist, die Ursache der Lichtempfindung in der Richtung der Lichtstrahlen zu suchen. Diesen Vereinigungspunkt der zurückgeworfenen Lichtstrahlen nennt man daher das Bild des leuchtenden Punktes. Jeder Punkt eines Gegenstandes aber erzeugt sein Bild hinter dem Spiegel und zwar in derselben Entfernung, in welcher er vor demselben sich befindet. Alle Punkte zusammen bilden aber die Oberfläche des gespiegelten Gegenstandes und alle diesen Punkten entsprechenden Bilder das Gesammtbild desselben. Dieses Gesammtbild des Gegenstandes muß also auch genau in derselben Entfernung hinter dem Spiegel erscheinen, in welcher der Gegenstand vor demselben sich befindet. Ebenso ist es in Gestalt und Größe demselben gleich.

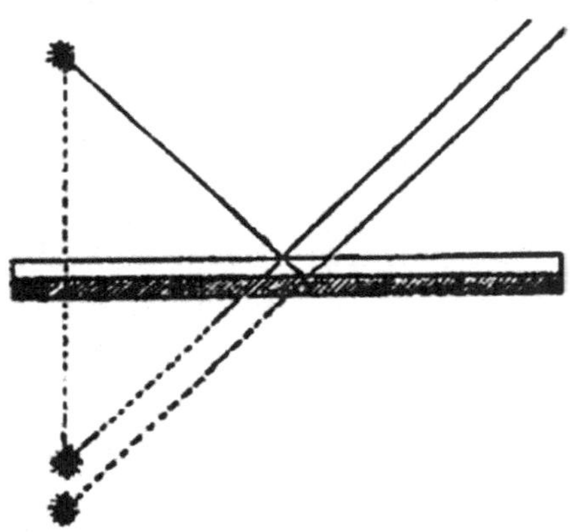

Fig. 66.

355. Warum sind dünne Glasspiegel besser als dicke?

Weil nicht blos die hintere Belegung, sondern auch die vordere Fläche des Glases spiegelt, besonders wenn man schief darauf sieht, und daher doppelte Bilder entstehen, die einander verwirren und das Gesammtbild undeutlich machen. Der Abstand dieser doppelten Bilder von einander muß natürlich stets der doppelten Dicke des Glases gleich sein. Je dicker das Glas, desto deutlicher werden die doppelten Bilder und desto störender wirken sie. Die besten Spiegel sind daher Metallspiegel, da diese nur einfache Bilder geben können.

356. Warum können wir eine vollkommen gute Spiegelfläche gar nicht sehen?

Weil alles Licht, welches eine Spiegelfläche empfängt, so zurückgeworfen wird, daß sich die von jedem Punkte des beleuchtenden Körpers ausgehenden Strahlen wieder in einem Punkte hinter der Spiegelfläche schneiden, wir also nur *hinter* der Spiegelfläche leuchtende Punkte, nämlich die Bilder der beleuchtenden Punkte und nicht die Spiegelfläche selbst sehen.

357. Warum geben nichtpolirte, wenn auch ebene Körper keine Spiegelbilder?

Weil eine solche nichtpolirte Ebene eine Menge kleiner Unebenheiten besitzt, welche die von einem Punkte ausgehenden Strahlen unregelmäßig zurückwerfen müssen, so daß sie sich nicht wieder in einem Punkte hinter der ebenen Fläche vereinigen, also auch kein Bild des Punktes erzeugen können. Statt des Bildes des beleuchtenden Gegenstandes sehen wir vielmehr die beleuchtete Fläche selbst. Da nämlich jeder Punkt der Fläche von unendlich vielen leuchtenden Punkten Licht erhält und dieses zurückwirft, so müssen auch von jedem Punkte der Fläche unendlich viele Strahlen nach allen Richtungen ausgehen, so daß wir jeden Punkt der Fläche sehen. Solches unregelmäßig zurückgeworfene Licht, welches uns die nichtpolirten oder nicht spiegelnden Flächen sichtbar macht, nennt man auch zerstreutes Licht.

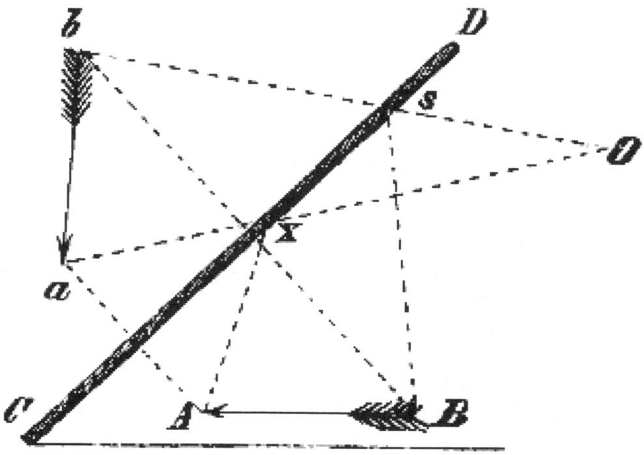

Fig. 67.

358. Warum werden in einem Guckkasten die am Boden desselben liegenden Bilder aufrecht gesehen? (Fig. 67.)

Weil diese Bilder, ehe sie durch das Vergrößerungsglas zum Auge gelangen, erst von einem unter 45° geneigten Spiegel zurückgeworfen, und deshalb alle Punkte desselben von dem Auge genau so weit hinter den Spiegel verlegt werden, als sie sich vor demselben befinden. Die von den Endpunkten des Pfeils AB ausgehenden Lichtstrahlen, welche den Spiegel in x und s treffen, werden so zurückgeworfen, daß das Auge den Pfeil in ab zu sehen glaubt.

359. Warum sieht man in einer sogenannten Spiegelkammer einen einzelnen Gegenstand, etwa einen Schwan, ringsum hundertfach vervielfältigt?

Weil diese Spiegelkammer aus parallelen Spiegeln besteht, deren jeder das Spiegelbild des andern wiederspiegelt und dies mit jedem Spiegelbilde so lange wiederholt, bis die geschwächte Helligkeit die Wahrnehmung der Bilder verhindert.

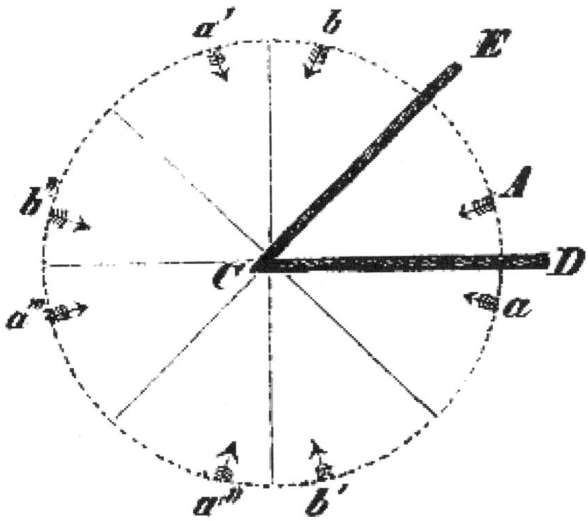

Fig. 68.

360. Warum erblickt man in einem Kaleidoskop so schöne, beim Schütteln des Instruments sich beständig verändernde sternförmige Gruppirungen? (Fig. 68.)

Weil am Ende der Röhre des Kaleidoskops zwei unter einem gewissen Winkel gegen einander geneigte Spiegel befestigt sind, und die dazwischen befindlichen kleinen Gegenstände, etwa Moos- und Glasstückchen, von diesen wiederholt gespiegelt werden, und zwar so oft, daß, unter Mitrechnung der Gegenstände selbst, genau so viel Bilder erscheinen, als der Neigungswinkel der Spiegel in 360° enthalten ist. Beträgt der Neigungswinkel 45°, so sieht man 8 Bilder, und zwar symmetrisch gruppirt.

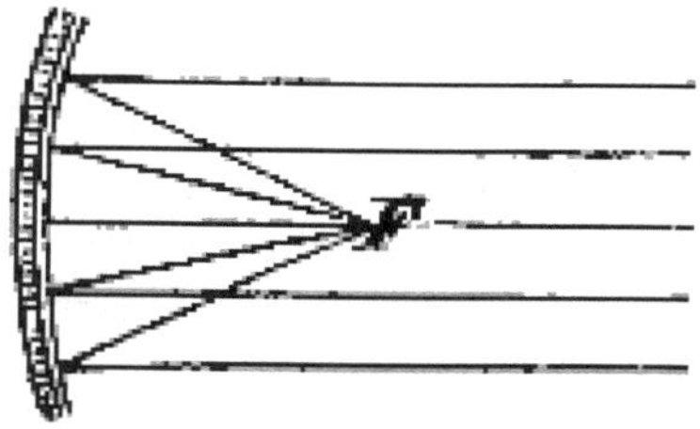

Fig. 69.

361. Warum kann man mit Hülfe eines Hohlspiegels, den man gegen die Sonne richtet, brennbare Körper entzünden?

Weil ein Hohlspiegel, d. h. ein an seiner inneren Fläche polirtes Stück einer Kugelschale, alle auf ihn fallenden Licht- und Wärmestrahlen der Sonne so zurückwirft, daß sie sich in einem Punkte vor dem Spiegel vereinigen und hier natürlich eine erhöhte Wärmewirkung äußern. Doch geschieht dies nur dann, wenn die Lichtstrahlen untereinander parallel auffallen, wie es bei den Sonnenstrahlen, der ungeheuren Entfernung der Sonne wegen, der Fall ist, und wenn sie zugleich in der Richtung der Axe des Hohlspiegels, d. h. senkrecht auf die Mitte desselben einfallen. Der Punkt, in welchem die Vereinigung der Strahlen und ihre erhöhte Wärmewirkung stattfindet, heißt der *Brennpunkt.* Er liegt bei einem kugelförmig gekrümmten Spiegel in der Achse und zwar in der Mitte zwischen dem Mittelpunkt der Kugel und dem Mittelpunkt des Spiegels. Sein Abstand von dem Spiegel heißt die *Brennweite.*

362. Warum pflegt man Laternen und namentlich Wandleuchter mit Blenden zu versehen?

Weil man beabsichtigt, die sonst von der Flamme nach allen Richtungen hin auseinander fahrenden Lichtstrahlen nach einer bestimmten Richtung zusammenzuhalten, die Blenden aber, die nichts anderes als Hohlspiegel sind, ebensowohl alle parallel mit der Achse auffallenden Lichtstrahlen im Brennpunkt vereinigen, als auch umgekehrt alle aus dem Brennpunkt herkommenden Strahlen parallel mit der Achse zurückwerfen. Die Flamme muß sich also bei solchen Laternen oder Wandleuchtern stets genau im Brennpunkt des Hohlspiegels oder der Blende befinden, wenn alle ihre Lichtstrahlen in einer bestimmten Richtung zusammengehalten werden und so den Zweck einer erhöhten Beleuchtung erfüllen sollen.

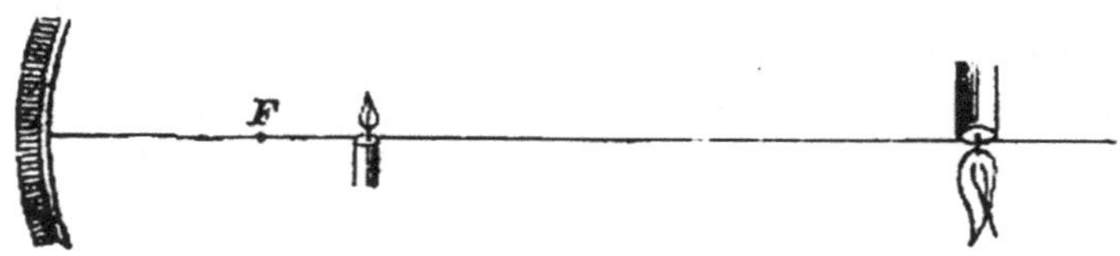

Fig. 70.

363. Warum erscheinen bei Hohlspiegeln die Bilder der Gegenstände nicht immer hinter dem Spiegel, wie bei ebenen Spiegeln?

Weil auch in einem Hohlspiegel das Bild eines leuchtenden Punktes – und darum auch eines Gegenstandes – nur dadurch entstehen kann, daß die von dem leuchtenden Punkte ausgehenden Strahlen vom Spiegel zurückgeworfen, und die zurückgeworfenen Strahlen in einem Punkte vereinigt werden, diese Vereinigung aber bei dem Hohlspiegel stets vor dem Spiegel stattfindet, sobald der leuchtende Punkt weiter als der Brennpunkt des Spiegels entfernt ist. Während also bei dem ebenen Spiegel das Bild nur darum hinter dem Spiegel erscheint, weil das Auge, indem es die zurückgeworfenen Strahlen verfolgt, ihre Vereinigung hinter den Spiegel zu versetzen gezwungen ist, kommt hier das Bild wirklich vor dem Spiegel, also im unmittelbaren Bereich des Auges zu Stande. Ein solches Bild schwebt gleichsam in der Luft und kann wirklich sichtbar gemacht werden, wenn man es auf einer durchscheinenden matten Glasscheibe, oder Oelpapier, oder selbst Rauch- oder Nebelwolken auffängt. Bei sehr großen Hohlspiegeln zeigen sich die Bilder selbst ganz frei in der Luft und werden daher von Gauklern häufig zu Geistererscheinungen benutzt. Diese Bilder sind stets verkehrt, weil die von den oberen Theilen des Gegenstandes kommenden Lichtstrahlen vom Spiegel nach unten, die von den unteren Theilen kommenden nach oben zurückgeworfen werden. Sie sind ferner bei größerer Entfernung des Gegenstandes verkleinert, bei größerer Nähe vergrößert und erscheinen im ersteren Falle näher, im letzteren Falle entfernter. Nur wenn ein Gegenstand sich zwischen dem Spiegel und seinem Brennpunkt befindet, sieht man sein Bild hinter dem Spiegel und zwar aufrecht, wie beim ebenen Spiegel, aber zugleich vergrößert in Folge der Krümmung der spiegelnden Fläche.

364. Warum zeigen die spiegelnden Glaskugeln in Gärten zwar stets ein aufrechtes, aber zugleich verkleinertes Bild der Umgebung?

Weil die von einem Gegenstande auf solche spiegelnde Glaskugeln, wie überhaupt auf erhaben gekrümmte Spiegelflächen fallenden Lichtstrahlen, wenn sie zurückgeworfen werden, auseinander gehen und sich zwar auch hinter dem Spiegel, aber weit schneller vereinigen müssen, als bei einem ebenen Spiegel. Die Bilder erscheinen wegen dieser früheren Vereinigung der zurückgeworfenen Lichtstrahlen kleiner als die Gegenstände, und zwar um so kleiner, je weiter die Gegenstände entfernt sind. Da die Gegenstände einer Landschaft aber sehr verschiedene Entfernungen haben, so erscheinen auch ihre Bilder sehr verschieden verkleinert, und das Gesammtbild einer Landschaft auf einer solchen Glaskugel ist darum stets ein verzerrtes.

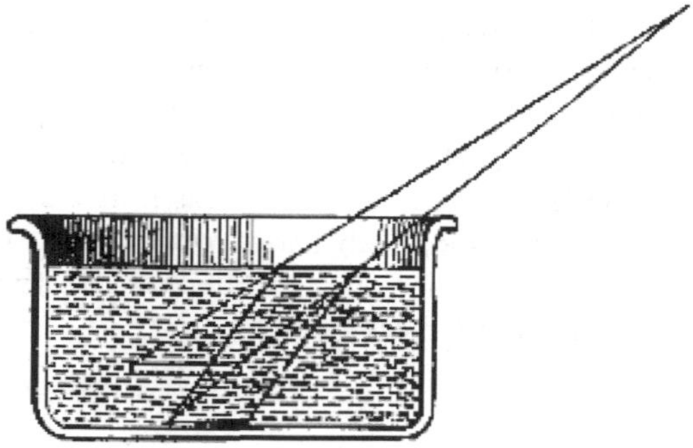

Fig. 71.

365. Warum erscheinen klare Gewässer, deren Grund man sehen kann, weniger tief, als sie wirklich sind?

Weil die Lichtstrahlen, wenn sie aus dem Wasser in die Luft, also in ein Mittel von ganz verschiedener Dichtigkeit übergehen, von ihrem Wege abgelenkt werden und so in unser Auge gelangen, als ob sie von ganz anderen, höher gelegenen Punkten herkämen. Da wir aber gewohnt sind, die Körper uns da zu denken, von wo ihre Lichtstrahlen herkommen, so erscheint uns der Grund des Wassers höher, als er wirklich ist. Darum scheinen auch Fische in klarem Wasser der Oberfläche näher zu schwimmen, als wirklich der Fall ist. Ebenso scheint ein Geldstück auf dem Boden eines Glases gehoben zu werden, wenn wir Wasser in das Glas gießen. (Fig. 71.)

Fig. 72.

366. Warum scheint ein Stab, den wir zum Theil in Wasser tauchen, z. B. ein schräg in das Wasser gestemmtes Ruder, gebrochen zu sein?

Weil wir nur den außerhalb des Wassers befindlichen Theil des Stabes da sehen, wo er sich wirklich befindet, die von dem unter das Wasser getauchten Theile zurückgeworfenen Lichtstrahlen aber beim Uebergange in die Luft abgelenkt oder, wie man sagt, gebrochen werden und uns daher diesen Theil des Stabes an einem andern Orte, und zwar etwas höher erscheinen lassen, als er sich wirklich befindet. Der Stab kann von uns also nicht mehr als gradliniger gesehen werden, sondern muß an der Grenze zwischen Wasser und Luft geknickt oder gebrochen erscheinen.

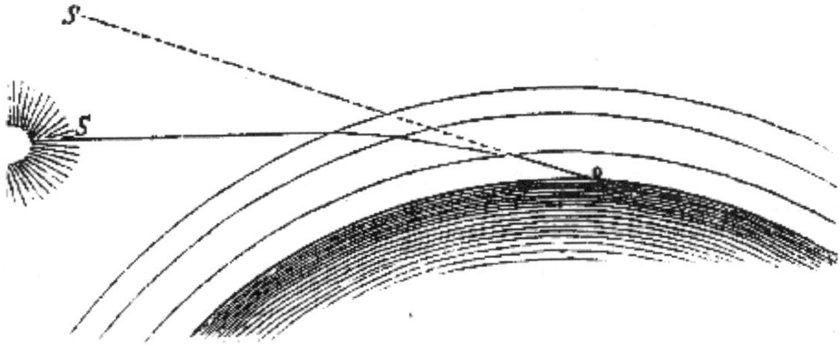

Fig. 73.

367. Warum sehen wir die Sonne bei ihrem Aufgang, noch ehe sie wirklich über den Horizont aufgetaucht ist?

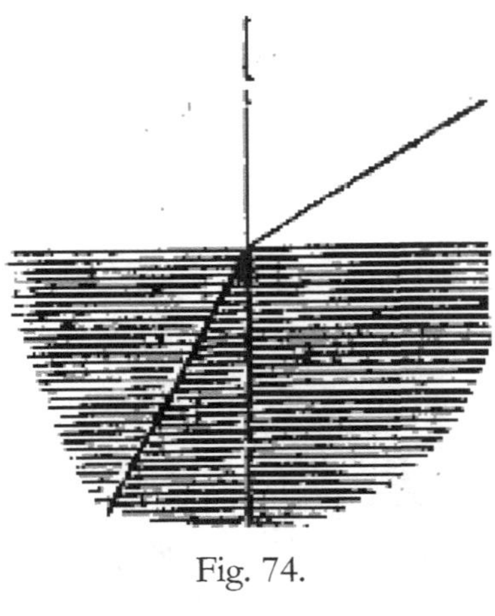

Fig. 74.

Weil die Sonnenstrahlen, wenn sie durch unsere Atmosphäre gehen, aus den dünneren Schichten der obern Regionen in immer dichtere der unteren übergehen und dabei aus ihrer ursprünglichen Richtung abgelenkt oder gebrochen werden, so daß wir die Sonne nicht mehr an ihrem wahren Orte, sondern an einem anderen und zwar, wie wir sogleich sehen werden, höher gelegenen Orte, auf welchen die Richtung der in unser Auge gelangenden

Lichtstrahlen hinweist, erblicken müssen. Wenn nämlich Lichtstrahlen aus einem dichteren Mittel in ein dünneres, also aus Wasser in Luft übergehen, so werden sie noch mehr von der senkrechten Richtung abgelenkt, oder, wie man sagt, *vom* Einfallsloth *hinweg* gebrochen (Fig. 74). Wenn sie aber von einem dünneren Mittel in ein dichteres, also etwa aus dünneren Luftschichten in dichtere übergehen, so werden sie dem Einfallsloth genähert oder *zum* Einfallsloth gebrochen. Das Letztere findet nun bei der aufgehenden Sonne statt. Ihre Strahlen gelangen daher weniger schräg in unser Auge, als sie in die Atmosphäre gelangt sind, lassen also die Sonne an einem höheren Orte erscheinen, als sie wirklich sich befindet, und machen sie uns sogar sichtbar, wenn sie noch unter dem Horizonte steht.

368. Warum scheinen die Gegenstände zu zittern, wenn wir sie über ein von der Sonne stark erwärmtes Dach hinweg sehen?

Weil in Folge der Erhitzung ungleich dichte Luftschichten über dem Dache entstehen, die in Folge dessen in Bewegung gerathen, so daß die Lichtstrahlen, welche durch sie hindurchgehen, bald mehr, bald weniger gebrochen werden, und daher in beständig wechselnden Richtungen in unser Auge gelangen, welches nun die Gegenstände selbst beständig ihren Ort wechseln sieht und dadurch den Eindruck des Zitterns erhält.

369. Warum sehen wir die Fixsterne funkeln, während die Planeten ein ruhiges Licht behaupten?

Weil bei dem außerordentlich kleinen scheinbaren Durchmesser der Fixsterne schon die geringste Veränderung in der Strahlenbrechung, wie sie nothwendig mit der beständigen Bewegung dichterer und dünnerer Luftschichten in der Atmosphäre verbunden ist, eine scheinbare Veränderung ihres Orts, also ein Hin- und Herschwanken bewirkt. Die Planeten aber behalten ihr ruhiges, klares Licht, weil ihr scheinbarer Durchmesser größer ist, als die stärkste Veränderung, welche der augenblickliche Wechsel in der Strahlenbrechung zu bewirken vermag.

Fig. 75.

370. Warum erscheint ein leeres Probirgläschen, das wir schief in ein Glas Wasser tauchen, nicht mehr durchsichtig, sondern gleichsam metallisch glänzend, als ob Quecksilber darin wäre, wenn wir von oben her darauf blicken?

Weil die Lichtstrahlen, wenn sie sehr schief auf die Grenzfläche zweier verschieden dichten Mittel auffallen, nicht mehr gebrochen, sondern zurückgeworfen werden. Dasjenige Mittel also, durch welches die Lichtstrahlen nicht mehr hindurchgehen, hier das lufterfüllte Probirgläschen, erscheint nicht mehr durchsichtig, sondern spiegelnd. Aus demselben Grunde sieht man auch kleine Luftbläschen im Wasser oft als glänzende, fast undurchsichtige Perlen, und ebenso werden durch diese Spiegelung Sprünge in Gläsern sichtbar gemacht. Man nennt diese Erscheinung die vollkommene Zurückwerfung oder totale Reflexion.

371. Warum ist der Schnee undurchsichtig, während doch die kleinen Eiskrystalle, aus denen er besteht, für sich so vollkommen durchsichtig sind?

Weil das Licht beim Durchgange durch die vielen lufterfüllten Zwischenräume, welche sich zwischen den einzelnen Schneekrystallen befinden, eine Schwächung erleidet, so daß die auf den Schnee auffallenden Lichtstrahlen nicht durch den Schnee hindurchgehen, sondern zurückgeworfen werden. Sie erleiden an der Grenzfläche zwischen Luft und Wasser jene totale Reflexion. Aus demselben Grunde wird auch der Schaum schleimiger Flüssigkeiten und das Pulver zermahlenen Glases undurchsichtig. Wenn man aber Wasser auf Schnee oder Glaspulver gießt, so wird die Durchsichtigkeit wieder hergestellt. Das Wasser tritt dann an die Stelle der das Licht aufhaltenden Luftbläschen, und das Licht kann nun ungeschwächt von den Körpertheilchen zur Flüssigkeit und von dieser wieder zu den Körpertheilchen übergehen. Papier wird aus demselben Grunde durchscheinend, wenn es mit Oel getränkt wird.

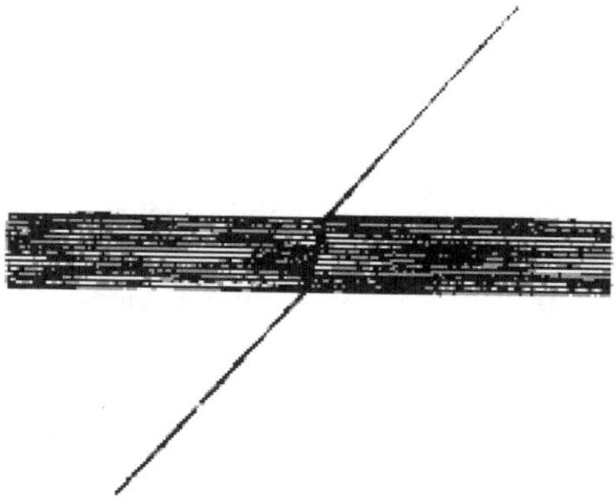

Fig. 76.

372. Warum sehen wir durch eine ebene Glasscheibe, etwa eine Fensterscheibe, die Gegenstände nicht gebrochen und auch nicht merklich verschoben oder verzerrt?

Weil die Lichtstrahlen zwar beim Durchgange durch das Glas gebrochen werden, beim Austritt in die Luft aber eine zweite Brechung im entgegengesetzten Sinne erleiden, so daß die ablenkende Wirkung der ersten Brechung durch die zweite wieder aufgehoben wird. Gerade soviel als die Lichtstrahlen beim Uebergange aus dem dünneren Mittel in das dichtere (aus der Luft in das Glas) zum Einfallsloth gebrochen werden, gerade soviel werden sie beim Eintritt aus dem dichteren Mittel in das dünnere (aus dem Glase in die Luft) wieder vom Einfallsloth abgelenkt. Die austretenden Lichtstrahlen sind also den einfallenden parallel, und die einzige Wirkung der Glasscheibe ist daher eine geringe Verschiebung des Ortes, an welchem man den Gegenstand erblickt, die aber nur bei sehr dicken Scheiben und nur, wenn man sehr schief hindurchsieht, bemerkbar werden kann.

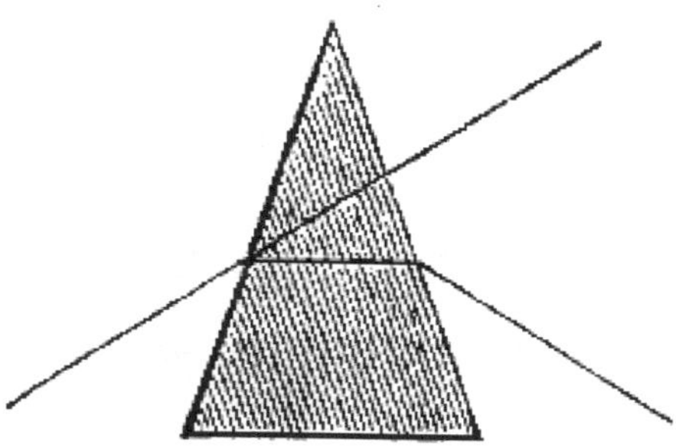

Fig. 77.

373. Warum sieht man durch ein dreiseitiges Glasprisma die Gegenstände nicht an ihrem wirklichen Orte, sondern bedeutend höher oder tiefer?

Weil der Weg, den ein gebrochener Lichtstrahl nimmt, von dem Winkel abhängig ist, unter welchem er auf die Grenzfläche zweier verschiedener Mittel trifft, und der aus- und eintretende Strahl daher auch nur dann parallel sein können, wenn die Grenzflächen, an welchen der Strahl aus- und eintritt, parallel sind. Wenn sie daher gegen einander geneigt sind, wie bei einem dreiseitigen Prisma, so muß der austretende Lichtstrahl eine ganz andere Richtung haben als der eintretende, und zwar muß er nach oben abgelenkt sein, wenn die Kante des Prisma's nach unten gerichtet ist, und umgekehrt nach unten, wenn die Kante des Prisma's sich oberwärts befindet. Man sieht daher einen Gegenstand, den man durch ein solches Prisma betrachtet, tiefer, als er sich wirklich befindet, wenn die Kante oder der sogenannte brechende Winkel des Prisma's nach unten gerichtet ist, und höher, als sein wirklicher Ort, bei entgegengesetzter Haltung des Prisma's.

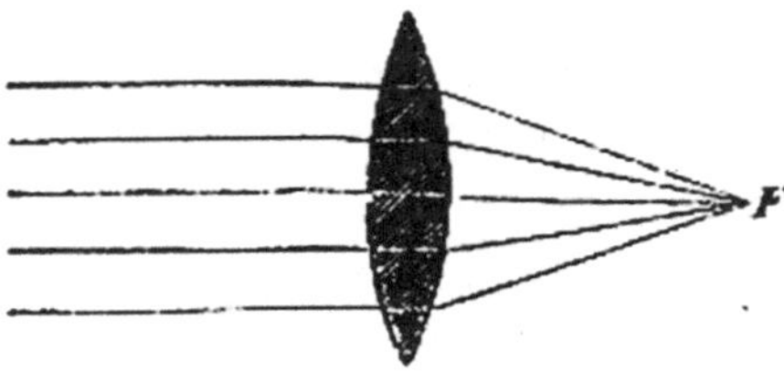

Fig. 78.

374. Warum nennt man erhabene, d. h. nach beiden Seiten mit erhaben gekrümmten Oberflächen versehene Gläser oder Linsen auch Brenngläser?

Weil die Lichtstrahlen bei ihrem Eintritt in eine solche Linse und beim Austritt aus derselben eine Brechung erleiden und zwar eine solche, daß alle mit der Achse der Linse (d. h. mit der durch ihre Mitte gehenden, senkrecht auf ihre gekrümmten Flächen gerichteten Linie) parallel eintretenden Lichtstrahlen nach ihrem Austritt in einen Punkt vereinigt werden. Da mit den Lichtstrahlen aber auch die Wärmestrahlen diese Brechung erleiden, so wird in jenem Vereinigungspunkt eine solche Hitze erzeugt, daß brennbare Körper entzündet werden. Man nennt darum auch diesen Punkt den Brennpunkt und seinen Abstand von der Linse die Brennweite. Da umgekehrt die aus dem Brennpunkte kommenden Lichtstrahlen durch die Linse so gebrochen werden müssen, daß sie nach ihrem Austritt sämmtlich in paralleler Richtung fortgehen, so wendet man solche Linsen auch statt der Hohlspiegel, namentlich auf Leuchtthürmen, an, um das von einer im Brennpunkt stehenden Lampe kommende Licht nach einer Richtung hin zusammen zu halten.

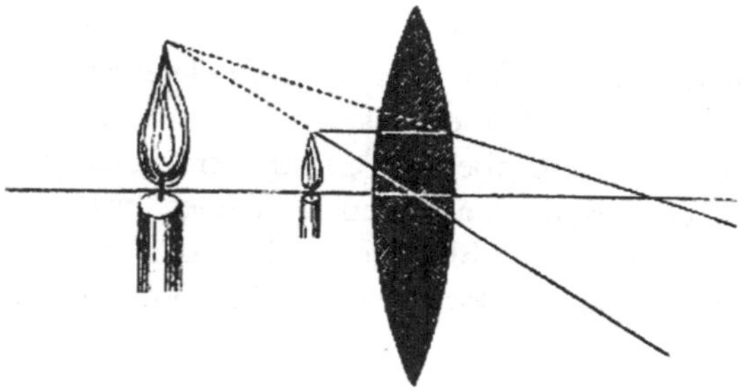

Fig. 79.

375. Warum sieht man von einem Gegenstande, den man durch eine erhabene Linse oder ein Brennglas betrachtet, ein entfernteres und zugleich vergrößertes Bild?

Weil die Lichtstrahlen, die von einem leuchtenden Punkte kommen, bei ihrem Durchgange durch eine erhabene Linse einander genähert werden, für das Auge also aus einer weiteren Entfernung zu kommen scheinen müssen, da das Auge das Bild des Punktes dahin versetzt, wo sich die zu ihm gelangenden Strahlen vereinigen. Zugleich muß aber auch das Bild des ganzen Gegenstandes dem Auge vergrößert erscheinen, weil die von seinen äußersten Punkten kommenden Lichtstrahlen durch die Brechung ebenfalls genähert werden, also einen größeren Winkel mit einander bilden und darum auch dem gesehenen Bilde einen größeren Durchmesser geben. Diese Vergrößerung findet indeß nur statt, wenn der Gegenstand sich der Linse sehr nahe befindet, und zwar innerhalb der Brennweite derselben. Ist er weiter entfernt, so vereinigen sich seine Strahlen jenseits der Linse und erzeugen dort ein Bild.

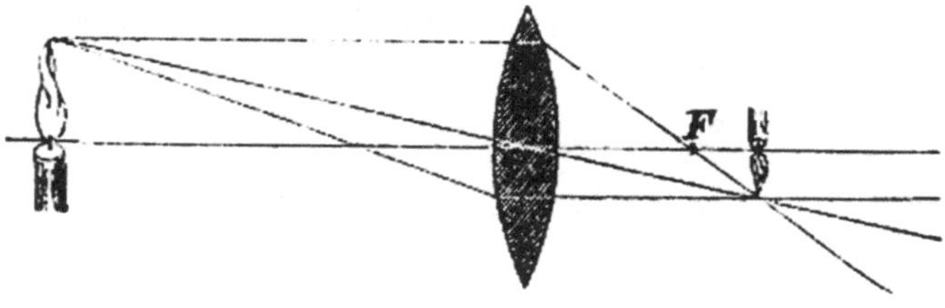

Fig. 80.

376. Warum wird von einem entfernten Gegenstande durch eine erhabene Glaslinse ein verkleinertes und verkehrtes Bild erzeugt, wenn man auf der anderen Seite der Linse ein Blatt Papier entgegenhält?

Weil die von einem entfernten Punkte kommenden Lichtstrahlen bei ihrem Durchgange durch die Linse einander genähert werden und daher in geringerer Entfernung hinter der Linse zur Vereinigung kommen, dadurch aber ein Bild des Gegenstandes erzeugen, das um so kleiner sein muß, je weiter der Gegenstand entfernt ist, und je näher am Brennpunkte darum das Bild erzeugt wird. Da die von den oberen Theilen des Gegenstandes kommenden Strahlen durch die Linse nach unten, die von den unteren kommenden Strahlen nach oben abgelenkt werden, so muß dies Bild ein verkehrtes sein. Dies Bild ist aber ein wirkliches, auf einem Blatt Papier sichtbar zu machendes, nicht blos ein solches, das das Auge sich erzeugt, indem es die Lichtstrahlen rückwärts bis zu ihrer Vereinigung verfolgt.

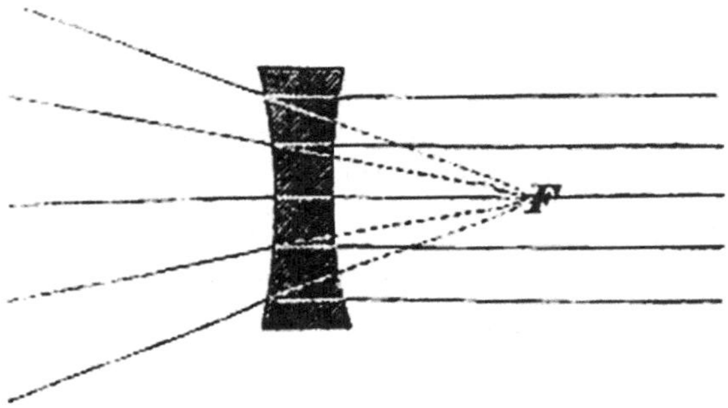

Fig. 81.

377. Warum erscheinen, durch ein Hohlglas betrachtet, alle Gegenstände zwar aufrecht, aber verkleinert und genähert?

Weil durch ein Hohlglas, d. h. eine nach beiden Seiten hohlgekrümmte Linse, die von einem leuchtenden Punkte kommenden Lichtstrahlen so gebrochen werden, daß sie noch weiter auseinandergehen, als vor ihrer Brechung, so daß das Auge also ihre Vereinigung und damit den Ort ihres Ursprungs näher suchen muß, als der wirklich leuchtende Punkt sich befindet, und der Gegenstand selbst ihm darum auch kleiner erscheinen muß, als er in Wirklichkeit ist.

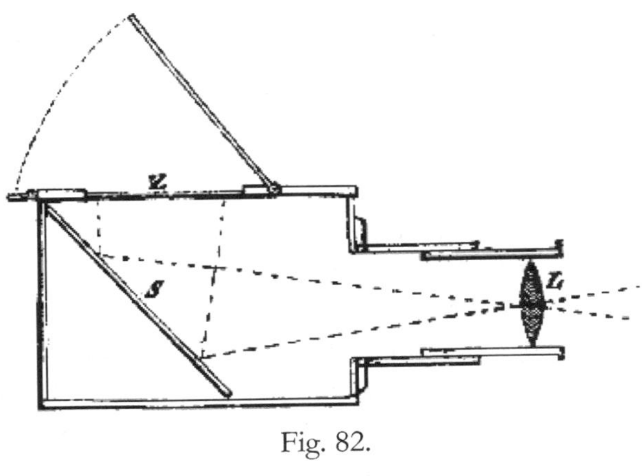

Fig. 82.

378. Warum bedienen sich angehende Maler gern einer Camera obscura (Fig. 82), um Landschaften zu zeichnen?

Weil durch die erhabene Glaslinse dieses Apparates von entfernten Gegenständen, also von einer Landschaft, in der Nähe des Brennpunktes der Linse ein kleines Bild erzeugt wird, das auf einen unter 45° geneigten Spiegel fällt und von diesem vollkommen treu auf eine mattgeschliffene Glasplatte zurückgeworfen wird, auf welcher sich die Umrisse desselben leicht nachzeichnen lassen. Die inneren Wände des Kastens sind geschwärzt, und die Oeffnung über der Glasscheibe ist durch einen Deckel vor dem Eindringen fremden, störenden Lichtes geschützt. Man nennt deshalb den Apparat Camera obscura oder Dunkelkammer. Er dient auch dem Photographen, um Bilder auf Platten zu erzeugen, die für die chemischen Wirkungen des Lichts empfindlich gemacht sind, und auf denen sie dann durch ein chemisches Verfahren dauernd gemacht werden. Die Camera obscura ist schon im Jahre 1558 von dem Italiener *Porta* erfunden.

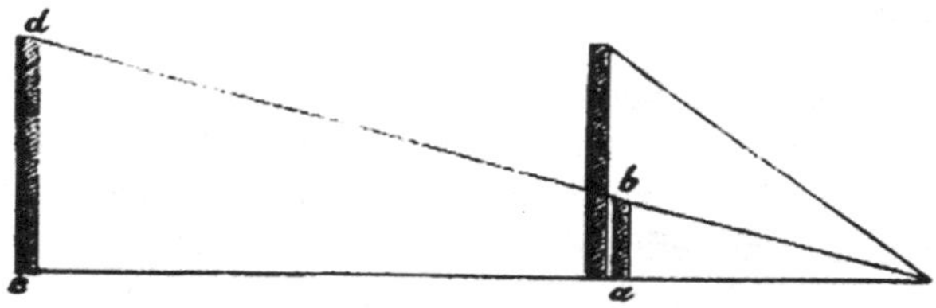

Fig. 83.

379. Warum erscheint uns ein Gegenstand um so kleiner, je entfernter er ist?

Weil wir die Größe eines Gegenstandes nach der Größe seines Gesichtswinkels, d. h. desjenigen Winkels beurtheilen, welchen die von den beiden äußersten Grenzpunkten eines Gegenstandes kommenden Strahlen im Auge bilden. Dieser Gesichtswinkel hängt aber nicht blos von der wirklichen Größe des Gegenstandes, sondern auch von seiner Entfernung ab; er ist um so kleiner, je entfernter der Gegenstand ist. Deshalb kann auch ein großer, aber ferner Gegenstand (cd) durch einen kleinen, aber nahen (ab) völlig verdeckt werden. Mit der Hand können wir einen entfernten Baum, sogar ganze Weltkörper, wie die Fixsterne, verdecken.

380. Warum scheinen uns im Winter in einer Schneelandschaft ferne Gegenstände näher zu sein als im Sommer?

Weil die hellere Beleuchtung in Folge der starken Zurückstrahlung des Lichtes durch den Schnee uns über die Entfernung täuscht. Unser Urtheil über Entfernungen wird nämlich besonders durch die Helligkeit und Deutlichkeit des gesehenen Gegenstandes bestimmt. Darum halten wir auch eine entfernte Feuersbrunst in der Nacht leicht für zu nahe; denn das Feuer leuchtet in der Nacht stärker als am Tage.

381. Warum erscheint uns das Himmelsgewölbe gleichsam wie herabgedrückt?

Weil die über uns befindlichen Luftschichten durchsichtiger und heller sind, als die am Horizonte, und weil zugleich zwischen Himmel und Erde nichts ist, wonach sich die Entfernung abmessen ließe. Unser Urtheil über Entfernungen wird nämlich auch durch die zwischen uns und dem Gegenstande befindlichen Dinge bestimmt. Auf einer baumlosen Ebene erscheinen uns alle Gegenstände näher, als auf einer unebenen, hier und da mit Bäumen und Häusern besetzten oder von Hügeln und Wäldern unterbrochenen Fläche. Auch Höhen pflegen wir deshalb zu niedrig zu schätzen.

382. Warum erscheinen uns Sonne und Mond bei ihrem Auf- und Untergange größer als sonst?

Weil sie in Folge der Schwächung ihres Lichtes durch die dichteren Luftschichten der unteren Atmosphäre weniger hell als in größerer Höhe erscheinen, und weil wir zugleich bei ihrem Auf- und Untergange die zwischen ihnen und uns befindlichen vielen Gegenstände auf dem Erdboden wahrnehmen, und wir dadurch verleitet werden, sie für entfernter und darum für größer zu halten als sonst.

383. Warum sehen wir mit beiden Augen die Gegenstände nicht doppelt?

Weil jedes Auge einen leuchtenden Punkt an dem Orte sucht, auf welchen die Richtung der von dem leuchtenden Punkte kommenden Strahlen hinweist, beide Augen aber das Bild des gesehenen Gegenstandes auf ähnlich gelegenen Stellen der empfindlichen Nervenhaut des Auges oder der Netzhaut empfangen, beide Eindrücke darum auch als ähnliche oder gleiche empfunden werden müssen. Fällt das Bild eines Gegenstandes nicht in beiden Augen auf ähnliche Stellen der Netzhaut, in dem einen etwa auf die linke, in dem andern auf die rechte Seite derselben, so sind auch die Eindrücke desselben Körpers auf beide Augen verschieden, und wir sehen denselben doppelt. Davon kann man sich leicht überzeugen, wenn man zwei Finger aufrecht in einiger Entfernung hinter einander vor das Gesicht hält. Richtet man dann beide Augen aufmerksam auf den nächsten Finger, so fällt sein Bild in beiden Augen auf die Mitte der Netzhaut, und man sieht ihn einfach; das Bild des entfernten Fingers aber liegt in dem rechten Auge links, in dem linken rechts von der Mitte der Netzhaut, und man sieht ihn daher doppelt. Fixirt man umgekehrt den entfernten Finger, so erscheint dieser einfach und der nähere doppelt.

384. Warum erblickt man einen leuchtenden Kreis, wenn man eine glühende Kohle im Dunkeln schnell im Kreise herumschwingt?

Weil ein auf die Netzhaut gemachter Lichteindruck nicht plötzlich aufhört, sondern noch einige Zeit fortdauert, ehe er ganz erlischt, mehrere Lichteindrücke daher, die so schnell auf einander folgen, daß der vorangehende noch fortdauert, wenn der nachfolgende hinzukommt, in eine einzige Wahrnehmung zusammenfließen und von dem Auge gleichzeitig empfunden werden müssen.

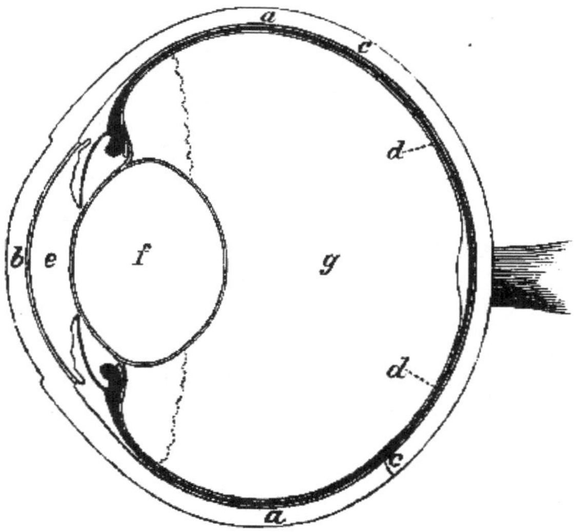

Fig. 84.
a) Harte Haut; b) durchsichtige Hornhaut; c) Aderhaut; d) Netzhaut; e) wässerige Feuchtigkeit; f) Linse; g) Glasfeuchtigkeit.

385. Warum sieht ein gesundes Auge nahe und ferne Gegenstände gleich deutlich?

Weil das Auge die Eigenschaft besitzt, seine Gestalt zu ändern und der Entfernung der Gegenstände anzupassen, d. h. sich so einzurichten, daß sowohl die von nahen als die von fernen Gegenständen kommenden Lichtstrahlen sich genau auf der empfindlichen Netzhaut vereinigen und also ein deutliches Bild erzeugen. Das Auge besteht nämlich aus mehreren durchsichtigen Häuten und Flüssigkeiten. Der ganze kugelförmige Augapfel ist äußerlich von einer harten Hornhaut umgeben, die nur in ihrem vorderen Theile durchsichtig ist. Ein durchsichtiger, linsenförmiger, d. h. nach beiden Seiten erhaben gekrümmter Körper, die sogenannte Krystalllinse, theilt das Innere des Augapfels in zwei Kammern. Die Innenwand der hinteren Kammer ist von der Aderhaut und darüber von der Netzhaut bekleidet, in welcher sich der Sehnerv ausbreitet. Den inneren Raum dieser Kammer erfüllt die durchsichtige Glasfeuchtigkeit, den der vorderen die ebenso durchsichtige wässerige Feuchtigkeit. Durch diese Häute und Flüssigkeiten – die vordere stark gekrümmte Hornhaut, die wässerige Feuchtigkeit, die Krystalllinse und die Glasfeuchtigkeit – müssen alle Lichtstrahlen hindurchgehen, ehe sie von den Nerven der Netzhaut empfunden werden. Bei diesem Durchgange erleiden sie natürlich eine Brechung und werden zu einem kleinen Bilde vereinigt. Dieses Bild kann aber nur deutlich sein, wenn es auf der Netzhaut entsteht. Nun wissen wir, daß die durch ein erhabenes Linsenglas – wie das Auge und namentlich die Krystalllinse desselben im Wesentlichen ist – entworfenen Bilder keinesweges alle die gleiche Entfernung von der Linse haben. Das Bild eines entfernten Gegenstandes entsteht vielmehr der Linse sehr nahe, während das Bild eines nahen Gegenstandes weiter von ihr entfernt erscheint. Durch die Krystalllinse würden daher nur in einer bestimmten Entfernung vom Auge befindliche Körper genau auf der Netzhaut abgebildet werden, die Bilder entfernterer Gegenstände aber vor die Netzhaut, die Bilder näherer Gegenstände hinter die Netzhaut fallen und daher auch kein deutliches Sehen möglich machen. Die Eigenschaft des Auges, sich der Entfernung der Gegenstände anzupassen, beruht also auf einer Formveränderung seiner brechenden Bestandtheile. Bei Betrachtung naher Gegenstände wölbt es sich mehr und entfernt dadurch zugleich die Krystalllinse mehr von der Netzhaut, so daß die Bilder nicht mehr hinter, sondern auf die Netzhaut fallen. Bei Betrachtung ferner Gegenstände verflacht sich das Auge und nähert die Linse der Netzhaut, so daß die Bilder nicht vor, sondern auf die Netzhaut fallen. So ist in beiden Fällen ein deutliches Sehen möglich.

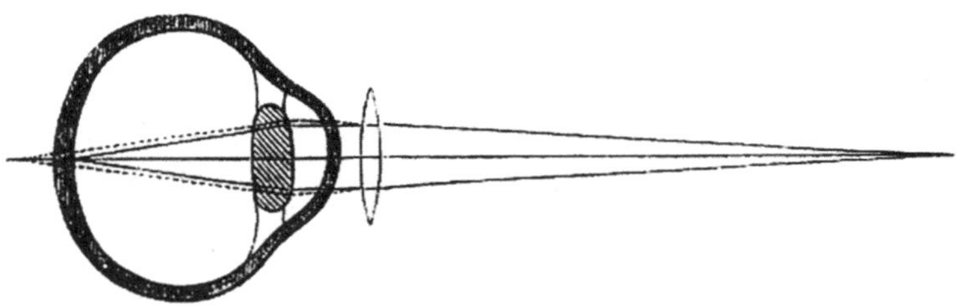

Fig. 85.

386. Warum sehen weitsichtige Personen ohne Brille nahe Gegenstände sehr undeutlich?

Weil ihre Augen in Folge des Alters oder der Gewöhnung die Fähigkeit verloren haben, sich für ein Sehen in der Nähe passend zu ändern, die von nahen Gegenständen kommenden Lichtstrahlen darum durch ihre Krystalllinse nicht stark genug gebrochen werden und deshalb schon vor ihrer Vereinigung auf die Netzhaut treffen, hier also von jedem Punkte des Gegenstandes ein Bild erzeugen, das nicht wieder ein Punkt, sondern ein kleiner Kreis ist, der mit eben solchen benachbarten Kreisen verschwimmt und so eine Undeutlichkeit des Gesammtbildes des Gegenstandes veranlaßt. Weitsichtige können sich daher beim Sehen naher Gegenstände nur durch eine Brille helfen, und zwar durch eine solche mit erhabenen Gläsern, die eine stärkere Brechung der Lichtstrahlen und eine frühere Annäherung derselben bewirken, so daß ihre Vereinigung auf der Netzhaut geschieht und hier deutliche Bilder erzeugt werden.

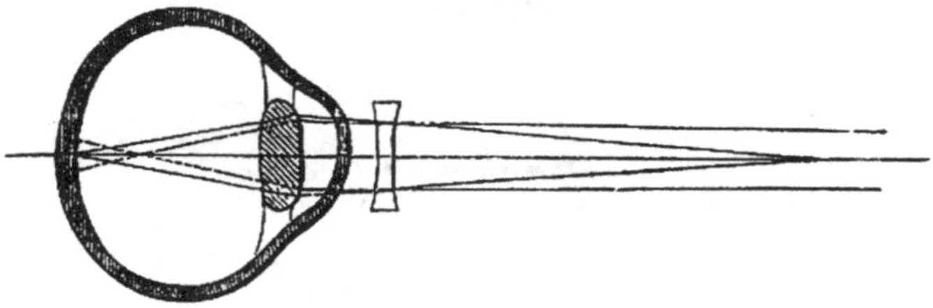

Fig. 86.

387. Warum sehen manche Menschen entfernte Gegenstände nicht oder sehr undeutlich, während sie doch gut in der Nähe sehen?

Weil die Augen solcher Menschen, die man Kurzsichtige nennt, durch Gewöhnung die Fähigkeit verloren haben, sich für ein Sehen in die Ferne einzurichten, und ihre Krystalllinse und Hornhaut zu stark gekrümmt ist, so daß die hindurchgehenden Lichtstrahlen ferner Gegenstände zu stark gebrochen werden, sich bereits vor der Netzhaut vereinigen und auf diese erst wieder auseinandergehend auffallen, so daß auf derselben wieder die Bilder von Punkten nicht als Punkte, sondern als Kreise erscheinen. Ein deutliches Sehen in die Ferne wird solchen Kurzsichtigen nur durch Brillen mit Hohlgläsern möglich, durch welche ein Auseinanderlaufen der Lichtstrahlen bewirkt wird, so daß die zu starke Brechung in der Krystalllinse nun ihre Vereinigung auf der Netzhaut nicht mehr verhindern kann.

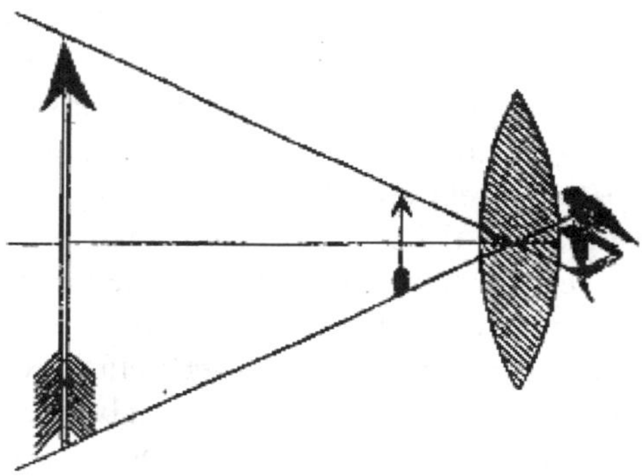

Fig. 87.

388. Warum werden uns durch eine Lupe oder ein Mikroskop Gegenstände deutlich sichtbar gemacht, die wir ihrer Kleinheit wegen mit bloßen Augen nicht sehen können?

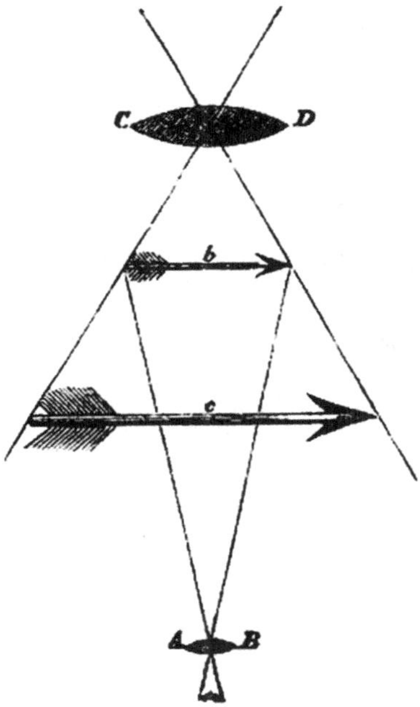

Fig. 88.

Weil die Lupe uns gestattet, den kleinen Gegenstand in großer Nähe zu betrachten, dieser aber um so größer erscheint, je näher er dem Auge, und je größer sein Sehwinkel ist. Das Auge vermag nämlich nicht in beliebiger Nähe deutlich zu sehen. Die geringste Weite des deutlichen Sehens beträgt für ein gesundes Auge etwa 21 Centimeter; von näher gebrachten Gegenständen vermögen sich die Strahlen nicht mehr auf der Netzhaut zu einem deutlichen Bilde zu vereinigen. Die Lupe ist nun eine erhabene Linse, welche von einem Gegenstande, der sich innerhalb ihrer Brennweite, d. h. zwischen ihr und dem Brennpunkt befindet, ein entferntes Bild erzeugt (Fig. 87). Hält man daher eine solche Lupe vor das Auge, so kann man es einrichten, daß das Bild des dahinter befindlichen Gegenstandes genau in der Weite des deutlichen Sehens erscheint. Je kleiner die Brennweite der Linse ist, desto näher muß der kleine Gegenstand derselben gebracht werden, wenn sein Bild in derselben Entfernung erscheinen soll. Je näher aber der Gegenstand dem Auge rückt, um so größer wird sein Sehwinkel, und um so mehr erscheint er vergrößert. Eine erhabene Linse vergrößert daher um so mehr, je kleiner ihre Brennweite ist. Eine Lupe vergrößert überhaupt so viel mal, als ihre Brennweite in der Sehweite des Auges enthalten ist. Bei dem zusammengesetzten Mikroskop (Fig. 88) wird das von einer Linse (der Objektiv-Linse, AB) in der Nähe des Auges erzeugte Bild (b) durch eine zweite Linse (das Ocular, CD) betrachtet, und der Gegenstand erscheint daher noch stärker vergrößert, weil schon das Bild, welches man durch die Lupe betrachtet, vergrößert ist. Das Mikroskop wurde zu Anfang des 17. Jahrhunderts von dem Holländer *Zacharias Janssen* erfunden.

389. Warum sieht man durch ein Fernrohr Sterne am Himmel, wo das bloße Auge kaum einen Lichtschimmer gewahrt?

Weil die von dem fernen Stern kommenden Lichtstrahlen, die durch Zerstreuung für das bloße Auge zu sehr geschwächt sind, in dem Fernrohr durch eine convexe Linse gesammelt werden, und das dadurch erzeugte Bild des Sternes dann durch eine zweite Convexlinse für das Auge in die deutliche Sehweite gerückt wird. Jedes Fernrohr besteht also aus zwei Linsen, der Objectivlinse, welche das Bild des fernen Gegenstandes erzeugt, und der Ocularlinse, durch welche das Auge das Bild in der deutlichen Sehweite betrachtet. Die Vergrößerung, welche ein Fernrohr bewirkt, ist um so stärker, je größer die Brennweite des Objectivs und je kleiner die des Oculars ist. Statt der convexen Ocularlinse kann man auch eine biconcave oder auf beiden Seiten hohl geschliffene Linse anwenden. Statt der Objectivlinsen, die sich von bedeutender Größe, wie sie zu starken Vergrößerungen erforderlich sind, nicht leicht fehlerfrei herstellen lassen, kann man auch große metallene Hohlspiegel benutzen. Die mit Linsen versehenen Fernröhre nennt man dioptrische, die mit Spiegeln versehenen katoptrische oder Spiegelteleskope. Man unterscheidet daher:

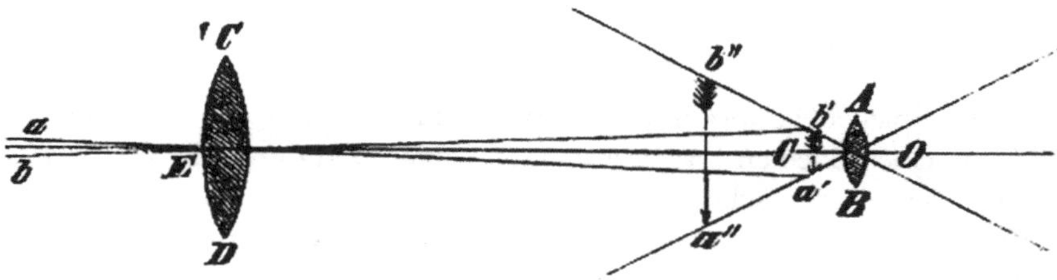

Fig. 89.

1) das astronomische oder *Kepler*'sche Fernrohr (Fig. 89) mit zwei convexen Linsen, von welchem sich das terrestrische, zur Betrachtung irdischer Gegenstände bestimmte Fernrohr nur durch eine *dritte* Convexlinse unterscheidet, die zwischen Ocular und Objectiv eingeschoben ist, um das im astronomischen Fernrohr verkehrt erscheinende Bild in die natürliche Lage umzukehren;

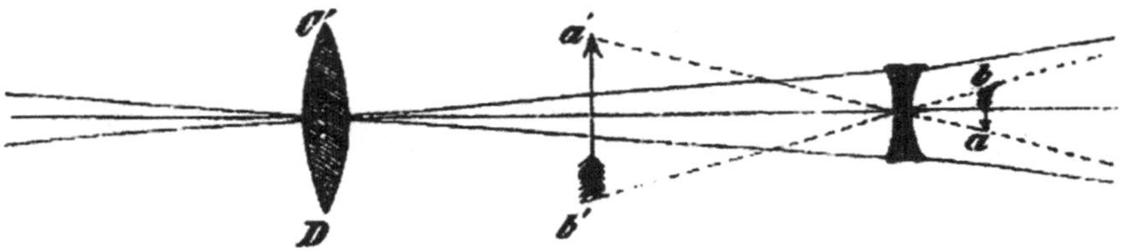

Fig. 90.

2) das holländische oder *Galilei*'sche Fernrohr (Fig. 90) mit convexer Objectiv- und concaver Ocularlinse;

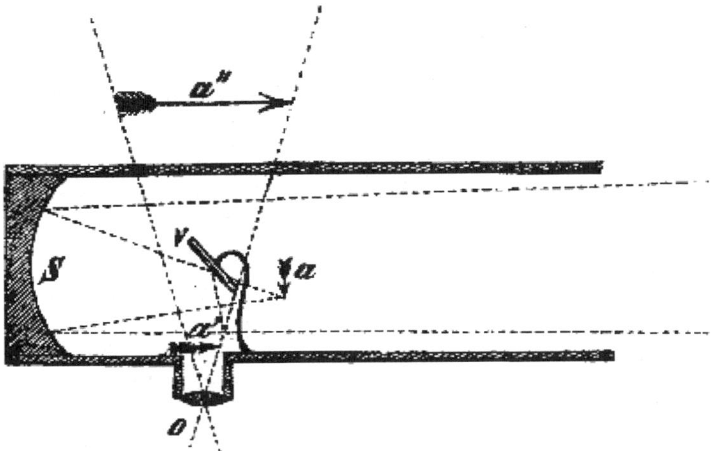

Fig. 91.

3) das Spiegelteleskop, in welchem das durch den Hohlspiegel erzeugte Bild von einem kleinen Planspiegel aufgefangen und durch die – entweder, wie bei dem *Newton*'schen Teleskop (Fig. 91), in einer Seitenöffnung des Rohrs, oder, wie bei dem *Gregory*'schen, in der Mitte des Hohlspiegels selbst befindliche – Ocularlinse betrachtet wird. Bei dem großen *Herschel*'schen Teleskop, dessen Spiegel 1¼ Meter Durchmesser und 12½ Meter Brennweite hatte, und das eine 7000malige Vergrößerung zuließ, wurde das vom Hohlspiegel erzeugte Bild unmittelbar durch das Ocular betrachtet. Das berühmte Teleskop des Lord *Rosse* bei Dublin hat sogar einen Spiegel von $1^7/_8$ Meter Durchmesser und 15½ Meter Brennweite.

Das Fernrohr wurde um das Jahr 1603 von dem Holländer *Hans Lippershey* und kurz darauf (1610) von *Galilei* erfunden. Das erste astronomische Fernrohr wurde von *Kepler* 1611 construirt. Das erste Spiegelteleskop rührt von *James Gregory* in England (1663) her.

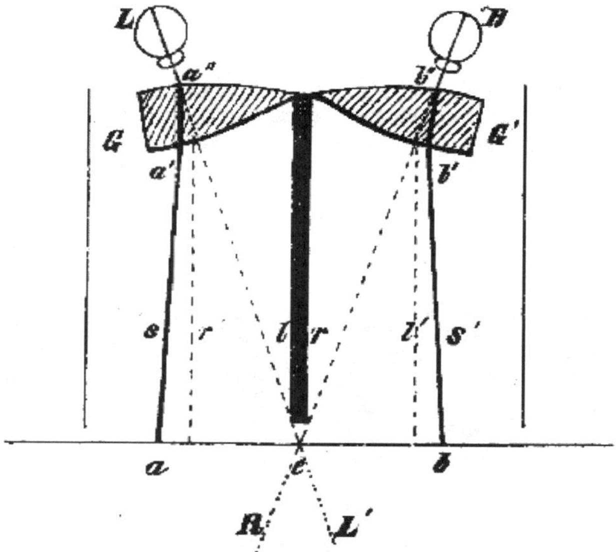

Fig. 92.

390. Warum sehen wir nur mit beiden Augen die Dinge als wirkliche Körper, und warum können wir das täuschendste Bild doch von einem Körper unterscheiden?

Weil wir von einem Körper in jedem Auge ein anderes Netzhautbild erhalten, mit dem linken Auge nämlich mehr von den linksliegenden Theilen desselben, mit dem rechten mehr von den rechtsliegenden sehen, unser Urtheil sich aber auf die Zusammenfassung dieser verschiedenen gleichzeitigen Eindrücke stützt, wenn es die Vorstellung der Körperlichkeit gewinnt. Auch das beste Gemälde kann immer nur den Eindruck einer Fläche gewähren. In dem Stereoskop ist dagegen der natürliche Vorgang des Sehens nachgeahmt. Zwei von etwas verschiedenen Standpunkten aufgenommene Zeichnungen oder Photographien eines Gegenstandes oder einer Landschaft werden neben einander gelegt und durch Linsengläser betrachtet, die so angebracht sind, daß sich ihre Achsen in der deutlichen Sehweite schneiden, und die beiden Ansichten des Gegenstandes für beide Augen darum zusammenfallen. Bei unserem gewöhnlichen Stereoskop (Fig. 92) sind die Gläser, durch welche die beiden Augen blicken, die keilförmigen Hälften einer durchgeschnittenen Sammellinse. Tritt ein Lichtstrahl aa´ in eines dieser Gläser ein, so wird er gebrochen und gelangt in der Richtung a´´ L in das Auge, das darum auch den Gegenstand der Lichtempfindung, den Punkt a, in die Verlängerung dieser Richtung, in die Linie LL´, verlegt. Dasselbe gilt auch für den vom Punkte b ausgehenden Lichtstrahl, dessen Bild vom andern Auge in der Richtung RR´ gesehen wird. Die Bilder der

Punkte a und b werden also zugleich in den Linien LL´ und RR´ gesehen und fallen darum in ihrem Schnittpunkte c zusammen. Sind nun a und b zwei um die natürliche Entfernung der Augen von einander abstehende Punkte zweier gleichen Zeichnungen, so wird dies auch von allen ähnlichen Punktpaaren, also von den ganzen Zeichnungen gelten, und auch diese müssen zusammenfallen. Auch die inneren Flächen G und *G´* der Seitenwände des Stereoskops werden dabei nach s und s´ verschoben, und ebenso wird die Fläche r der Scheidewand bei r´, die Fläche l bei l´ gesehen, so daß also r´ mit s und l´ mit s´ zusammenfallen.

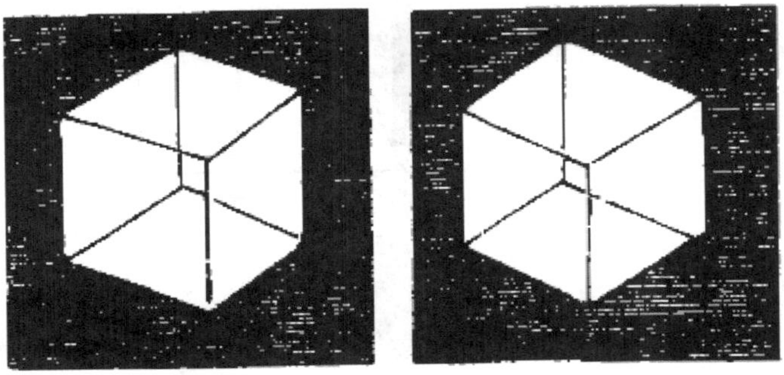

Fig. 93.

Es bedarf auch nicht immer des Stereoskops, um durch zwei für jedes der beiden Augen besonders entworfene Zeichnungen den Eindruck der Körperlichkeit zu gewinnen. Bei kleinen Zeichnungen gelingt dies schon mit den bloßen Augen. Man bringe z. B. die beistehenden, den beiden Augen entsprechenden Zeichnungen eines Würfels (Fig. 93) in die Weite des deutlichen Sehens und richte dann fest und ruhig den Blick auf dieselben oder noch besser auf den sie trennenden Zwischenraum, und man wird die Bilder bald zusammenrücken sehen und den Anblick des Körpers erhalten. Noch leichter gelingt es, wenn man einen Pappstreifen oder ein Brett senkrecht zwischen die Zeichnungen setzt und so mit jedem Auge nur eine Zeichnung fixirt.

Das Stereoskop ist von dem Engländer *Wheatstone* im Jahre 1838 erfunden und von *Brewster* verbessert worden.

Die Farben.

Wie wir Schallwellen von verschiedener Geschwindigkeit als verschiedene Töne empfinden, so empfinden wir Lichtwellen von verschiedener Geschwindigkeit als Farben. Die am schnellsten schwingenden Lichtwellen erscheinen uns als violette Strahlen, die am langsamsten schwingenden als rothe Strahlen. Die Schnelligkeit der Schwingungen, auf welchen das Licht beruht, ist aber eine bei weitem größere, als die Schnelligkeit der Schallschwingungen. Während der tiefste hörbare Ton etwa 8, der höchste 24000 Doppel-Schwingungen (oder 16 resp. 48000 einfachen Schwingungen) in der Secunde entspricht, wird das rothe Licht durch Schwingungen erzeugt, deren 450 Billionen in der Secunde erfolgen, das violette Licht sogar durch 800 Billionen Schwingungen in der Secunde. Wegen der verschiedenen Schwingungsgeschwindigkeit müssen daher auch die verschiedenfarbigen Lichtstrahlen verschieden gebrochen werden. Die rascher schwingenden, also die violetten Strahlen müssen beim Durchgange durch brechende Mittel mehr abgelenkt werden, als die langsamer schwingenden, also die rothen Strahlen. Deswegen kann das weiße Sonnenlicht, welches alle verschiedenfarbigen Strahlen gemischt enthält, durch Brechung in seine einzelnen Farben zerlegt werden.

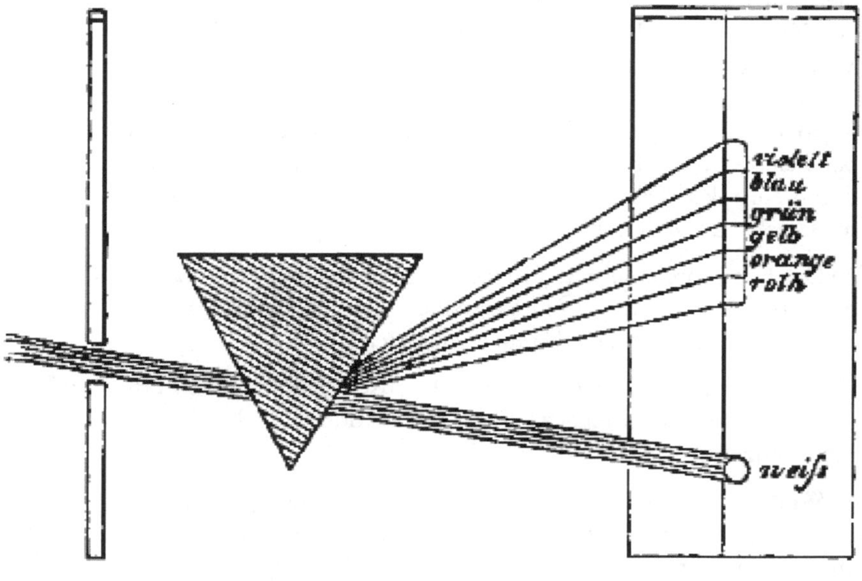

Fig. 94.

391. Warum sehen wir ein prachtvolles buntes Farbenbild, wenn die Sonne durch ein Glas Wasser hindurchscheint, oder noch besser, wenn wir das Sonnenlicht durch ein dreiseitiges Glasprisma hindurchgehen lassen, besonders in einem dunkeln Zimmer, in welches nur wenige Sonnenstrahlen durch eine kleine Oeffnung eintreten können?

Weil die Sonnenstrahlen beim Durchgange durch das Wasser oder durch das Glasprisma gebrochen und zwar, wenn die Kante des Prisma's nach unten gekehrt ist, nach oben abgelenkt werden, zugleich aber, da sie verschieden brechbar sind, auch eine verschiedene Ablenkung erfahren und so in dem Bilde nicht mehr über, sondern neben einander erscheinen. Die verschieden brechbaren Strahlen des Sonnenlichtes sind also durch das Prisma getrennt oder zerstreut und erscheinen für sich als besondere Farben: die violettem als die am stärksten brechbaren, zu oberst, dann die blauen, die grünen, die gelben, die orangefarbigen und endlich, als die am wenigsten brechbaren, die rothen. Wäre das Licht einfach, so würde es auch beim Durchgange durch ein Prisma ein kleines rundes Sonnenbild zeigen, nur an einer etwas höheren Stelle der Wand, als wir es ohne das Prisma sehen. Daß dies prismatische Farbenbild oder das Spectrum, wie man es auch nennt, aber nicht blos an einer höheren Stelle, sondern auch in die Länge gezogen erscheint, ist ein Beweis, daß das weiße Sonnenlicht aus verschiedenen Strahlen besteht, deren jeder eine andere Brechung durch das Prisma erfährt. Daß wirklich die Farben nur durch eine Trennung der verschieden brechbaren Strahlen erzeugt werden, geht daraus hervor, daß, wenn man alle diese farbigen Strahlen wieder durch ein zweites, entgegengesetzt, also mit der Kante nach oben gekehrtes Prisma durchgehen läßt, welches deren Vereinigung bewirkt, das Bild wieder weiß erscheint. Natürlich muß diese Farbenzerstreuung überall eintreten, wo das Licht durch durchsichtige Körper, seien es feste oder flüssige hindurchgeht, sobald diese nicht von parallelen ebenen Flächen begrenzt werden, also auch beim Durchgange durch ein Glas Wasser oder durch eine Glaslinse. Das Farbenbild, welches die Glaslinse erzeugt, wird natürlich ein ringförmiges sein müssen.

Der berühmte englische Physiker *Newton* war es, der im Jahre 1666 zuerst die Farbenzerstreuung durch Versuche nachwies und aus der verschiedenen Brechbarkeit der farbigen Strahlen erklärte.

392. Warum erblicken wir beim Durchsehen durch gute Fernröhre keine farbigen Ränder, obgleich das Licht doch auch durch Glaslinsen hindurchgeht?

Weil die Linsen in solchen Fernröhren keine gewöhnlichen, sondern sogenannte achromatische Linsen sind, die aus zwei Glaslinsen zusammengesetzt sind, einer erhabenen aus Crownglas und einer Hohllinse aus Flintglas, welche in dieser Verbindung die Farbenzerstreuung völlig aufheben, die Brechung aber, auf welcher die Erzeugung des Bildes im Fernrohr beruht, bestehen lassen. Das Crownglas bricht nämlich das Licht fast ebenso stark, wie das bleihaltige Flintglas, zerstreut aber die Farben in viel geringerem Maße. Das durch ein Crownglas-Prisma erzeugte Farbenbild erscheint also ziemlich an derselben Stelle, wie das durch ein Flintglas-Prisma erzeugte, ist aber weniger in die Länge gezogen. Verbindet man zwei Prismen von Crownglas und Flintglas so, daß ihre brechenden Winkel eine entgegengesetzte Lage haben, so erleidet der hindurchgehende Lichtstrahl entgegengesetzte Brechungen und entgegengesetzte Farbenzerstreuungen. Giebt man dem Crownglasprisma einen genügend größeren brechenden Winkel, so wird die Farbenzerstreuung ganz aufgehoben, die Brechung aber nur zum Theil. Ein solches zusammengesetztes Prisma hat also die Wirkung eines einfachen mit kleinerem brechenden Winkel, ohne farbige Erscheinungen hervorzurufen. Ganz dasselbe, was von Prismen gilt, muß aber auch von Linsen gelten, da ein Lichtstrahl beim Durchgang durch eine erhabene und eine Hohllinse gleichfalls entgegengesetzte Brechung und Farbenzerstreuung erleidet.

Die Erfindung dieser für Fernröhre und Mikroskope außerordentlich wichtigen achromatischen Linsen rührt von dem Engländer *Dollond* (1757) her.

393. Warum funkeln Thautropfen in der Morgensonne oft in den prachtvollsten Farben?

Weil die Thautropfen die durchgehenden Sonnenstrahlen stark brechen, jeder Thautropfen aber bei einer bestimmten Stellung des Auges ihm nur eine einzige Art farbiger Strahlen zusendet, während die übrigen farbigen Strahlen so weit von dieser Richtung abweichen, daß sie an dem Auge unbemerkt vorübergehen. Unter den vielen von der Sonne beleuchteten Thautropfen erscheint also der eine dem Auge grün, der andere niedriger befindliche violett, der dritte darüber roth, und so bieten sich dem Auge die verschiedensten Farben dar, die mit jedem Schritte wechseln müssen, da für jede andere Stellung des Auges jeder Tropfen andersfarbige Lichtstrahlen ihm zusendet.

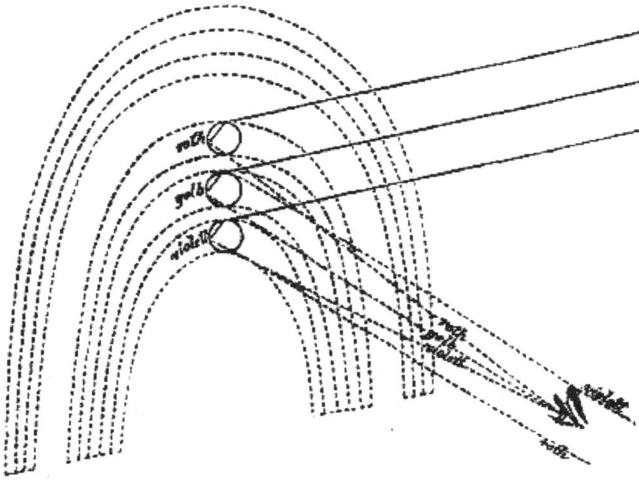

Fig. 95.

394. Warum bildet sich ein farbiger Regenbogen, wenn die Sonnenstrahlen eine regnende Wolke treffen, die der Sonne gegenüber steht?

Weil die Sonnenstrahlen beim Eintritt in die Regentropfen gebrochen, von ihrer dunkeln Hinterwand zurückgeworfen und bei ihrem Austritt aus den Tropfen nochmals gebrochen und in farbige Strahlen zertheilt werden, die in unser Auge gelangen, wenn wir so stehen, daß wir die regnende Wolke vor uns, die Sonne im Rücken haben. Jeder Tropfen sendet, wie der Thautropfen im Grase, bei einer bestimmten Stellung des Auges ihm nur eine einzige Art farbiger Strahlen zu. In einer umfangreichen Regenwolke finden sich aber Tropfen genug über einander, um zusammen alle Regenbogenfarben zu zeigen. Von den höchsten Tropfen kommen nur die untersten rothen Strahlen ins Auge, während die übrigen daran vorbeigehen. Dagegen erscheinen die untersten Tropfen violett, weil die übrigen, die blauen, grünen, gelben und rothen Strahlen das Auge nicht treffen.

395. Warum hat der Regenbogen immer die Gestalt eines Kreisbogens?

Weil diejenigen Regentropfen, welche sich in derselben Farbe darstellen lassen, offenbar gegen die Sonne und gegen das Auge des Beobachters die gleiche Lage haben müssen, alle austretenden rothen Strahlen also mit den Sonnenstrahlen denselben Winkel bilden müssen, wenn nicht mit dem Winkel sich auch die Farbe ändern soll, alle austretenden Strahlen aber zugleich die Richtung nach dem Auge haben müssen, um wahrgenommen zu werden, eine solche Lage endlich überhaupt nur die in einem Kreise liegenden Tropfen haben können. Jeder Beobachter sieht daher immer nur seinen eigenen Regenbogen, und eine von der Sonne durch das Auge des Beobachters gezogene grade Linie trifft stets den Mittelpunkt des Kreises, dessen Theil der Regenbogen ist. Eben deshalb hängt auch die Größe des Regenbogens vom Stande der Sonne ab. Er bildet bei Sonnenauf- und Untergang einen vollständigen Halbkreis und ist ein um so kleineres Stück des Kreises, je höher die Sonne steht. Um Mittag sehen wir daher überhaupt keinen Regenbogen.

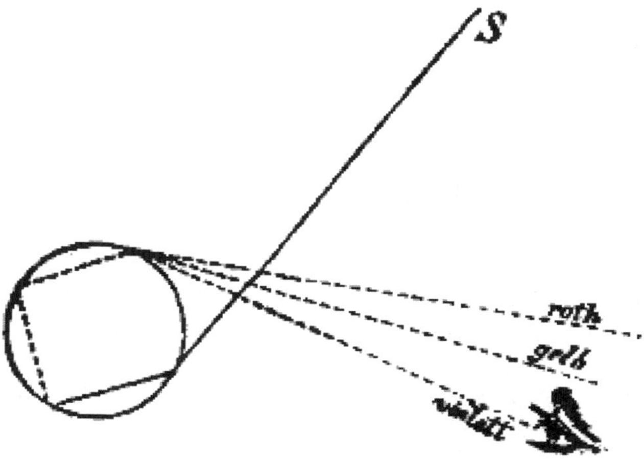

Fig. 96.

396. Warum nehmen wir gewöhnlich über dem Hauptregenbogen noch einen Nebenregenbogen wahr, der weniger lebhaft gefärbt ist, und in welchem die Farben in umgekehrter Folge geordnet sind?

Weil die Sonnenstrahlen in höher gelegenen Regentropfen bisweilen eine zweimalige Brechung und eine zweimalige Zurückwerfung erleiden, so daß der am wenigsten abgelenkte Strahl der rothe ist und hier die oberste Stelle einnimmt, während beim Hauptregenbogen die obersten Strahlen, die aus jedem Tropfen kommen, violett sind. Von den obersten Tropfen kommen aber auch hier die untersten, also die violetten, von den untersten Tropfen die obersten Strahlen, die rothen, in das Auge. Die Farben erscheinen also in der umgekehrten Ordnung; und daß sie minder lebhaft sind, liegt an der Schwächung, welche das Licht durch die zweimalige Zurückwerfung erleidet.

397. Warum zeigen uns die meisten Körper in der Natur eigenthümliche Farben?

Weil alle nichtleuchtenden Körper uns nur dadurch sichtbar werden, daß sie das auf sie fallende Licht zurückwerfen und in unser Auge senden, die meisten Körper aber die Eigenschaft haben, das auf sie fallende Licht an ihrer Oberfläche zu zersetzen und nur eine bestimmte Art des farbigen Lichtes zurückzuwerfen, alle übrigen Farbenstrahlen aber zu verschlucken. Rothe Körper werfen nur rothes, blaue nur blaues Licht zurück.

398. Warum erscheinen uns manche Körper weiß, andere dagegen schwarz?

Weil jene die Eigenschaft haben, das weiße Sonnenlicht unzersetzt zurückzuwerfen, diese dagegen fast gar kein Licht zurückwerfen und darum lichtlos erscheinen. Schneeflächen blenden darum außerordentlich, da sie kein Licht verschlucken, also fast alles auffallende Licht auch wieder in das Auge gelangen lassen.

399. Warum können wir bei Lampen- oder Kerzenlicht manche Farben, namentlich grüne oder blaue, so schwer unterscheiden?

Weil unsere Lampen- und Kerzenflammen vorzugsweise gelb gefärbt sind und wenig blaues und grünes Licht enthalten, ein Körper aber nur das Licht zurückstrahlen kann, welches er empfängt. Ein blauer Körper hat aber die Eigenschaft, nur blaues Licht zurückzuwerfen, alles übrige zu verschlucken. Empfängt er darum kein blaues Licht von der beleuchtenden Flamme, so kann er überhaupt kein Licht zurückwerfen. Er erscheint darum nur grau. Ebenso geht es aber dem grünen Körper. Beide senden bei Kerzenbeleuchtung zu wenig Licht zurück, um ihre Farben deutlich hervortreten zu lassen. Am besten können wir uns davon überzeugen, wenn wir den Docht einer Spiritusflamme mit Salz einreiben. Die Flamme derselben verbreitet dann fast nur gelbes Licht, und alle nicht gelb oder weiß gefärbten Körper erscheinen in dieser Beleuchtung schmutzig grau oder bei dunklerer Färbung fast schwarz.

400. Warum sehen wir, wenn wir ein Band von lebhaft rother Farbe auf ein weißes Blatt Papier legen und dasselbe einige Zeit aufmerksam betrachten, nach dem Wegnehmen desselben an seiner Stelle das Papier grün?

Weil die Netzhaut unseres Auges durch den längere Zeit anhaltenden Reiz des rothen Lichtes an Empfindlichkeit für dasselbe verloren hat, und der Eindruck der übrigen farbigen, von der weißen Fläche ausgehenden Strahlen nun um so lebhafter hervortritt, diese aber beim Fehlen der rothen Farbe uns als grün erscheinen. Grün ist nämlich die complementäre oder Ergänzungsfarbe zu Roth. Wenn man sämmtliche farbige Strahlen des prismatischen Farbenbildes durch eine Sammellinse vereinigt und nur die rothen Strahlen durch einen vorgesetzten Schirm ausschließt, so erhält man nicht ein weißes, sondern ein grünes Bild. Andre complementäre Farben sind Orange und Blau, Gelb und Violett.

Die erwähnte Erscheinung eines grünen Nachbildes von einem längere Zeit betrachteten rothen Bande nennt man eine physiologische Farbenerscheinung. Auf einer solchen beruhen auch die bläulichen Schatten, welche erscheinen, wenn ein Zimmer gleichzeitig durch das weiße Mondlicht und durch das gelbliche Licht einer Kerze erhellt wird.

401. Warum sieht der heitere Himmel blau aus?

Weil die Luft der Atmosphäre keineswegs völlig durchsichtig ist, sondern einen Theil des Sonnenlichts und zwar vorzugsweise die blauen Strahlen zurückwirft. Sonst würde der Himmel uns schwarz erscheinen, und wir würden am Tage die Sterne sehen. Wirklich sieht man auch in sehr bedeutenden Höhen den Himmel über sich dunkler. Nur die zu Nebelbläschen verdichteten Wasserdämpfe bleichen bisweilen das Blau des Himmels. Daher zeigt der Himmel bei uns das reinste Blau nach einem Regen, wenn die Wasserdämpfe aus der Luft niedergeschlagen sind. Ebenso ist der Himmel in südlichen Gegenden tiefer blau gefärbt als bei uns, weil die Luft dort dunstfreier ist.

402. Warum erscheint der Himmel bei Sonnenauf- und Untergang geröthet?

Weil bei Sonnenauf- und Untergang der Wasserdampf in der Luft sich zu Nebelbläschen zu verdichten beginnt, und diese die Eigenschaft haben, nur die orangerothen Strahlen des Sonnenlichtes hindurchzulassen. Am prachtvollsten erscheint das Abendroth, wenn sich die Wasserdämpfe erst in Folge der gegen Sonnenuntergang eintretenden Abkühlung des Erdbodens zu verdichten beginnen, und die Sonnenstrahlen dann wegen der tiefstehenden Sonne einen weiten Weg durch die entstehenden Nebelbläschen zurückzulegen haben. Enthielt dagegen die Atmosphäre schon zu viel Dämpfe, so daß sie sich vor Sonnenuntergang zu Nebeln verdichteten, so zeigt sich nur ein mattes gelbes Abendroth, und man hält dies mit Recht für einen Verboten baldigen Regens. Am Morgen dagegen können die Dämpfe in der Regel erst aufsteigen, wenn die Sonne bereits eine Zeit lang gewirkt hat. Die Sonne steht dann schon hoch, und ihre Strahlen haben einen kürzeren Weg durch die von Nebelbläschen erfüllten Schichten. Das Morgenroth ist daher weniger lebhaft als das Abendroth. Nur wenn die Atmosphäre bereits so dampfreich war, daß die Dämpfe trotz der aufgehenden Sonne in Nebelform übergingen, wird ein prachtvolles Morgenroth wahrgenommen, das ebenso ein Vorbote von Regenwetter ist, wie das matte Abendroth.

403. Warum ist das kleine runde Sonnenbild, das ein Lichtstrahl, der durch eine sehr kleine Oeffnung in ein dunkles Zimmer tritt, auf einem weißen Blatt Papier erzeugt, größer als die Oeffnung selbst?

Weil das Licht beim Durchgang durch die Oeffnung an den Rändern derselben eine Ablenkung erfährt, die man Beugung nennt, und diese abgelenkten Lichtstrahlen daher einen größeren Raum beleuchten müssen, als von den in grader Linie fortgehenden Lichtstrahlen getroffen wird. Die Lichtstrahlen sind nämlich Wellen oder Schwingungen, die beim Vorübergehen an Rändern, ebenso wie die Wasserwellen, neue Wellen erzeugen.

404. Warum zeigt die Perlmutter ein so prächtiges Farbenspiel?

Weil die Oberfläche der Perlmutter von zahlreichen, äußerst feinen Furchen durchzogen ist, und das Licht beim Hindurchgehen durch diese Furchen gebeugt wird, die durch die Beugung entstandenen Lichtwellen aber sich mit den von der Oberfläche zurückgeworfenen kreuzen und daher theils verstärken, theils schwächen. Diese Verstärkung oder Schwächung kann aber nur eine Vermehrung oder Verminderung der Geschwindigkeit sein, mit welcher die Aethertheilchen in den Lichtwellen schwingen. Nun sind mit verschiedener Geschwindigkeit schwingende Aetherwellen verschiedene Farben, grade wie mit verschiedener Geschwindigkeit schwingende Luftwellen verschiedene Töne sind. Aehnliche Farbenerscheinungen zeigen aus dieser Ursache auch die Flügel vieler Insekten, und man kann sie künstlich hervorrufen, wenn man durch ein feingewebtes Band nach einer Lichtflamme oder nach der Sonne sieht.

405. Warum spielen Seifenblasen in so wundervollen Farben?

Weil das Licht sowohl von der äußeren als von der inneren Fläche der dünnen Seifenwasserschicht, welche die Seifenblase umschließt, zurückgeworfen wird, die zurückgeworfenen Lichtwellen aber einander begegnen und darum verstärken oder schwächen, also verschiedene Farben hervorrufen. Da die Dicke der dünnen Seifenwasserschicht sich beständig ändert, so sind es auch beständig andere Lichtwellen, die von der innern Fläche zurückgeworfen werden, und darum müssen auch die durch sie erzeugten Farben beständig wechseln. Auf diesem Zusammentreffen verschiedener Lichtwellen, die, wie zusammentreffende Wasserwellen höhere oder flachere Wellenberge erzeugen, so sich zu schnelleren oder langsameren Schwingungen vereinigen, beruhen die Farbenerscheinungen aller dünnen Blättchen, namentlich auch das bunte Anlaufen des Stahls, das durch eine die Oberfläche desselben überziehende dünne Oxydschicht bewirkt wird.

Magnetismus und Electricität.

Unter *Magnetismus* versteht man die Eigenschaft gewisser Körper, Eisen anzuziehen. Diejenigen Körper, welche diese Anziehung oder magnetische Kraft schon im natürlichen Zustande äußern, wie der in der Erde vorkommende Magneteisenstein, heißen *natürliche Magnete*; diejenigen hingegen, welche erst durch eine künstliche Behandlung diese Kraft erlangen, werden *künstliche Magnete* genannt. Zur Erzeugung künstlicher Magnete eignet sich am besten der Stahl. Der Magnet zeigt nicht an seiner ganzen Oberfläche die Eigenschaft, Eisen anzuziehen, in gleichem Maße, sondern vorzugsweise an zwei einander entgegengesetzten Stellen, die man seine *Pole* nennt. Nähert man den Pol eines Magneten einem andern Magneten, so zieht er den einen Pol desselben an, stößt aber den andern ab. Da die Erde selber ein großer Magnet ist, dessen Pole nahezu mit ihren astronomischen Polen zusammenfallen, so wirkt auch sie anziehend und abstoßend auf die Pole eines Magneten. Jeder freischwebende Magnetstab (Magnetnadel) nimmt daher eine bestimmte Lage an und zwar so, daß die eine Spitze nach Norden, die andere nach Süden hinweist. Den nach Norden gerichteten Pol eines Magneten nennt man darum seinen *Nordpol*, den anderen seinen *Südpol*.

Manche Körper, besonders Harz, Glas, Schwefel, Hartgummi (Ebonit), erlangen durch Reiben die Fähigkeit, leichte Körper, wie Papierschnitzel, Kügelchen aus Kork oder Hollundermark, in einiger Entfernung anzuziehen. Man nennt sie dann electrisch und bezeichnet als Ursache dieser Anziehung die *Electricität*. Diese electrische Anziehung unterscheidet sich von der magnetischen dadurch, daß auf dieselbe sofort eine Abstoßung folgt, was bei jener nicht stattfindet. Die Electricität wird durch Berührung anderen Körpern mitgetheilt; aber während manche Körper in diesem Falle nur an der berührten Stelle electrisch werden, verbreitet sich die Electricität bei anderen sogleich über die ganze Oberfläche. Man nennt daher die letzteren *gute Leiter*, die ersteren *schlechte* oder *Nichtleiter* der Electricität. Seide, Glas, Harz sind Nichtleiter, Metalle gute Leiter der Electricität. Nicht alle Körper erhalten durch Reiben dieselbe Electricität. Berührt man zwei an Seidenfäden aufgehängte Kügelchen aus Hollundermark mit einem durch Reiben electrisch gemachten Glasstab, so werden sie selbst electrisch und stoßen nun einander ab. Macht man zwei andere Kügelchen durch Berührung mit einer geriebenen Siegellackstange electrisch, so stoßen sie ebenfalls einander ab. Nähert man aber eines der durch den Glasstab electrisch gemachten Kügelchen einem der durch die Siegellackstange electrisch gemachten, so ziehen sie einander lebhaft an. Sie haben also beide eine andere, und zwar eine entgegengesetzte Electricität empfangen, und man bezeichnet diese beiden Arten von Electricität als *Glas-* und *Harz-Electricität*, oder als positive und negative. Körper, die gleichnamig electrisch oder, wie man sagt, mit gleichnamiger Electricität *geladen* sind, stoßen einander ab; Körper, die ungleichnamige Electricität enthalten, ziehen einander an.

Außer durch Reibung wird auch durch andere Ursachen Electricität in den Körpern erregt, namentlich durch gegenseitige Berührung verschiedenartiger Körper, besonders verschiedener Metalle, und durch chemische Vorgänge. Die durch Berührung erzeugte Electricität nennt man auch nach ihren Entdeckern *galvanische* oder *volta*'ische Electricität, während man ihre Erscheinung unter dem Namen des *Galvanismus* zusammenfaßt. Wenn zwei Metalle durch Berührung electrisch werden, so zeigt das eine positive, das andre negative Electricität. Ein und dasselbe Metall wird bald positiv, bald negativ electrisch, je nachdem es mit dem einen oder anderen Metall in Berührung kommt. Man kann daher alle Metalle so in eine Reihe ordnen, daß jedes mit jedem vorangehenden negativ, mit jedem folgenden positiv electrisch wird. Unter den bekannteren Metallen ist das am stärksten positive das Zink; dann folgen Blei, Zinn, Eisen, Kupfer, Silber, Gold, Platin; der am meisten negative Körper ist die Kohle. Je weiter zwei Metalle in dieser Reihe auseinander stehen, um so kräftiger ist der Gegensatz der von ihnen erregten Electricitäten oder ihre *electrische Spannung*. Zink und Platin sind also eine kräftigere Electricitätsquelle als Zink und Kupfer; aber Zink und Kohle bilden eine noch kräftigere. Von der Stärke der electrischen Spannung hängt auch die Wirkung der Electricität ab, die immer auf einer Ausgleichung der electrischen Gegensätze beruht. Diese Ausgleichung erfolgt *entweder* unmittelbar durch Annäherung eines entgegengesetzt electrischen Körpers und äußert sich dann in Erscheinungen der Anziehung und Abstoßung, in Durchbohrung und Zertrümmerung nichtleitender Körper, und in überspringenden Funken; *oder* sie erfolgt durch Vermittelung eines leitenden Körpers, durch welchen sich die Electricität gleichsam von einem Pole zum andern bewegt. Diese Bewegung nennt man einen *electrischen Strom* und bezeichnet den vom positiven zum negativen Pole oder vom Zink zum Kupfer gerichteten Strom als den *positiven*, den entgegengesetzten als *negativen Strom*. Die Wirkungen dieses Stromes sind theils physikalische, theils chemische, theils physiologische. Er erzeugt Licht und Wärme, wie dies theils die überspringenden Funken, theils das Erglühen und Schmelzen selbst unter anderen Umständen sehr schwer schmelzbarer Stoffe beweisen. Er zerfetzt ferner chemische Verbindungen, und es ist bekanntlich mit seiner Hülfe zuerst gelungen, das Wasser in seine Bestandtheile, Wasserstoff und Sauerstoff, zu zerlegen. Er bringt heftige Erschütterungen, sogenannte *Schläge*, im thierischen und menschlichen Körper hervor. Er erzeugt endlich magnetische Wirkungen, indem er einerseits unmagnetisches Eisen in Magnete verwandelt, andererseits frei beweglichen Magneten eine bestimmte Richtung anweist. Auf diesen Wirkungen der electrischen Ströme beruhen daher auch die meisten Anwendungen der Electricität.

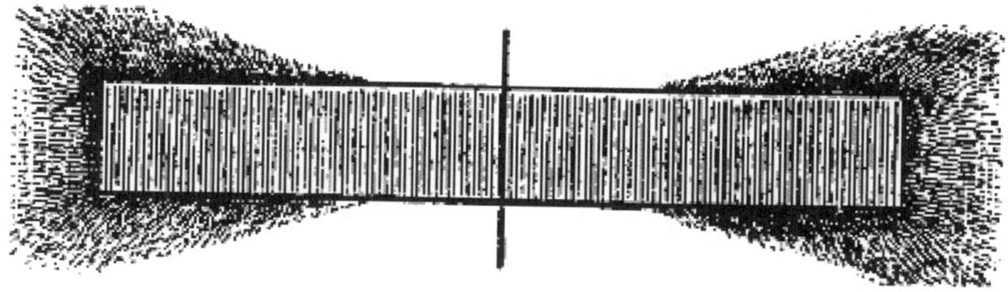

Fig. 97.

406. Warum wird ein Eisenstab, den man mit dem Pole eines Magneten in Berührung bringt, selbst magnetisch und zieht ebenfalls wieder Eisen an?

Weil in jedem Eisen von Natur bereits Magnetismus vorhanden ist, die beiden Gegensätze desselben, der Nord- und Südmagnetismus, aber einander darin das Gleichgewicht halten, bis durch Annäherung eines Magnetpoles der eine dieser Magnetismen beschäftigt und der andere dadurch frei und wirksam gemacht wird. Durch die Nähe oder Berührung eines Magneten werden also im Eisen die natürlichen Magnetismen vertheilt. War es der Südpol eines Magneten, welcher genähert wird, so beschäftigt dieser den Nordmagnetismus des Eisens, und der Südmagnetismus des Eisens wird am entgegengesetzten Ende desselben wirksam. Das Eisen vermag daher, wenn es magnetisch geworden ist, auch wieder anderes Eisen, das ihm genähert wird, magnetisch zu machen. An den Pol eines Magneten hängen sich oft ganze Ketten von Eisenfeilspähnen an, und ebenso kann man mehrere Schlüssel oder Nägel an einander hängen. Diese vertheilende Wirkung übt der Magnet selbst durch andere Körper hindurch. Auf einem Blatt Papier oder einem Brett liegende Eisenfeilspähne werden durch einen darunter gehaltenen Magneten bewegt.

Fig. 98.

407. Warum giebt ein Magnet, wenn man ihn in der Mitte durchbricht, zwei ganze Magnete?

Weil in einem Magneten die beiden magnetischen Kräfte nicht so von einander getrennt sind, daß in der einen Hälfte aller Nordmagnetismus, in der anderen aller Südmagnetismus angesammelt wäre, sondern vielmehr in jedem Theilchen des Magnets beide Magnetismen vorhanden und nur so getrennt sind, daß in allen Theilchen der südliche Magnetismus nach der einen, der nördliche nach der andern Seite hin liegt. So lange die Theilchen einander berühren, heben Nord- und Südmagnetismus an der

Berührungsstelle einander auf. Sobald sie getrennt werden, treten auch an ihren Enden die Gegensätze wieder hervor. Man kann daher einen Magneten in beliebige Stücke zerbrechen, von denen jedes wieder seinen Nord- und Südpol zeigen wird.

408. Warum kann man einen Stahlstab durch Bestreichen mit einem Magneten dauernd magnetisch machen, während weiches Eisen seine magnetische Kraft sehr schnell wieder verliert?

Weil der Stahl der Trennung beider Magnetismen zwar einen weit kräftigeren Widerstand entgegensetzt, als weiches Eisen, aber auch ebenso hartnäckig der Wiedervereinigung beider Magnetismen widerstrebt, wenn die Trennung einmal eingetreten ist. Da der Stahl also sehr schwer magnetisch wird und die magnetische Vertheilung also nur nach und nach, und nur an den Stellen erfolgt, welche von dem Magneten berührt werden, so muß man den Magneten wiederholt mit allen Stellen des Stahlstabes in Berührung bringen, wenn er magnetisch werden soll. Dies geschieht am besten, wenn man ihn mit dem Magneten mehrmals streicht und zwar so, daß man die eine Hälfte des Stahlstabes von der Mitte aus stets mit dem Nordpol, die andere stets mit dem Südpol des Magneten streicht. Auf diese Weise erhält man künstliche Magnete.

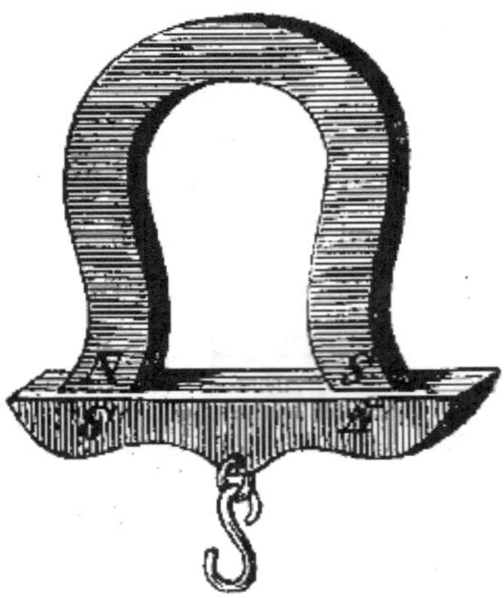

Fig. 99.

409. Warum giebt man künstlichen Magneten gern die Form eines Hufeisens?

Weil bei so geformten Magneten die beiden Pole sich neben einander befinden und darum mit vereinter Kraft auf ein Stück weiches Eisen wirken, das man an diese Pole anlegt. An dieses weiche Eisen oder den sogenannten *Anker* kann man Gewichte anhängen und danach die Tragkraft des Magneten bemessen. Noch mehr kann man die Wirkung verstärken, wenn man mehrere Magnete mit ihren gleichnamigen Polen aufeinander legt und durch eine Hülse verbindet. Jeder einzelne Magnet wirkt dann vertheilend auf die anderen. Alle zusammen besitzen darum eine größere Tragkraft als alle einzelnen.

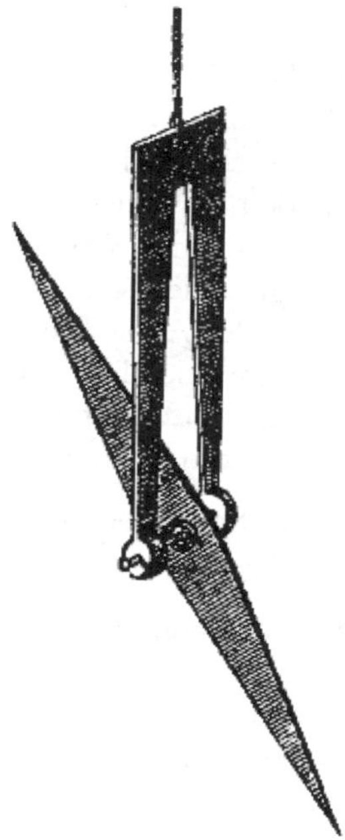

Fig. 100.

410. Warum neigt sich eine in ihrem Schwerpunkt aufgehängte horizontal schwebende Stahlnadel, wenn sie magnetisirt worden ist, sofort mit dem einen Ende gegen den Boden?

Weil die Erde selbst ein großer Magnet ist und gegen ihren Nordpol Südmagnetismus, gegen ihren Südpol Nordmagnetismus besitzt, der Südmagnetismus der Erde aber den Nordpol der Magnetnadel anziehen muß. Diejenigen Punkte der Erde, an welchen sich die Magnetnadel genau senkrecht stellt, nennt man ihre magnetischen Pole. Sie fallen nicht mit den geographischen Polen zusammen. Der magnetische Nordpol liegt vielmehr im Norden Amerika's auf Boothia Felix unter 73° 35´ n. Br. und 95° 39´ w. L. von Greenwich, der magnetische Südpol im südlichen Eismeer, etwa unter 72° 35´ s. Br. und 152° 30´ ö. L. von Greenwich. Den ersteren fand Capitän *James Roß* im Jahre 1831, dem letzteren näherte er sich im Jahre 1841 bis auf wenige Grade. Je mehr man sich von diesen Polen entfernt, um so weniger neigt sich die Magnetnadel, weil sie um so weniger angezogen wird. Da die magnetischen Pole nicht mit den geographischen zusammenfallen, so weist die Magnetnadel auch nicht überall auf den Nordpol hin, hat vielmehr an verschiedenen Orten der Erde eine verschiedene Abweichung von dieser Richtung. Wenn man sich daher der Magnetnadel in dem Compaß oder der Boussole zur Auffindung der Himmelsgegenden bedienen will, so muß man die Größe dieser Abweichung oder Declination für jeden Ort kennen. Bei uns beträgt diese Abweichung gegenwärtig etwa 12° nach Westen. Sie ist aber auch mit der Zeit veränderlich. Für Berlin war sie im Jahre 1717 10½° westlich, 1785 und 1805 18°, 1836 nur 17°, ist also gegenwärtig wieder in Abnahme begriffen. Auch die Neigung der Magnetnadel gegen den Horizont oder die Inclination ist an den verschiedenen Orten der Erde eine sehr verschiedene. In Berlin bildet sie einen Winkel von 67° mit dem Horizont. Im Jahre 1805 betrug die Neigung der Nadel für Berlin sogar 69° 53´; sie ist also gegenwärtig gleichfalls in der Abnahme begriffen. Der Gebrauch des Compaß ist den Chinesen wahrscheinlich schon anderthalb Jahrtausende früher bekannt gewesen, als den europäischen Völkern, die ihn erst im 13. Jahrhundert aus dem Orient kennen lernten.

411. Warum finden sich in Schlosser- und Schmiedewerkstätten häufig stählerne Werkzeuge, welche Eisenfeilspähne anziehen?

Weil Stahl- und Eisenstäbe, wenn sie senkrecht oder vielmehr in einer Richtung aufgehängt oder aufgestellt sind, welche der Neigung einer freibeweglichen Magnetnadel entspricht, durch den Einfluß des Erdmagnetismus zu Magneten werden. Für gewöhnlich verlieren sie zwar diese magnetische Eigenschaft in anderer Lage wieder; durch heftige Erschütterungen aber, namentlich Hammerschläge, werden sie zu bleibenden Magneten gemacht.

412. Warum werden Papierschnitzel von einem Glasstab oder einer Siegellackstange, die man mit einem wollenen Lappen oder einem Katzenfell gerieben hat, angezogen?

Weil der Siegellack und der Glasstab durch das Reiben electrisch werden. Eigentlich können alle Körper durch Reiben electrisch gemacht werden, aber sie verlieren ihre Electricität sofort wieder, da die Hand, mit welcher man sie hält, dieselbe ableitet. Versieht man aber einen Metallstab mit einer Handhabe von Glas oder Harz, so wird er wirklich durch Reiben electrisch und zieht Papierschnitzel an.

Schon die alten Griechen kannten diese electrische Anziehung wenigstens an einem Körper, dem Bernstein, und von der griechischen Benennung desselben, Electron, ist auch der Name Electricität abgeleitet worden. Erst um das Jahr 1600 wurde die electrische Anziehung auch anderer Körper von dem Engländer *Gilbert* entdeckt.

413. Warum verliert eine durch Reiben electrisch gemachte Siegellackstange allmählich ihre ganze Electricität, wenn man ihr wiederholt ein an einem leinenen Faden hängendes Korkkügelchen nähert, obgleich das Korkkügelchen nach der Entfernung keine electrische Eigenschaft zeigt?

Weil das Korkkügelchen allerdings jedesmal, wenn es die Siegellackstange berührt, Electricität von derselben annimmt, diese aber durch den Faden in die Hand und den menschlichen Körper und endlich in den Erdboden abgeleitet wird. Daß das Korkkügelchen nach der Entfernung von der Siegellackstange immer wieder unelectrisch geworden ist, geht schon daraus hervor, daß es immer wieder von derselben angezogen wird. Der leinene Faden ist also ein guter Leiter der Electricität, ebenso der menschliche Körper und der Erdboden; ein Metallfaden würde ein noch besserer Leiter sein. Der Unterschied zwischen guten und schlechten Leitern der Electricität oder zwischen electrischen Leitern und Nichtleitern wurde zuerst von dem Engländer *Gray* 1729 erkannt.

414. Warum wird ein an einem seidenen Faden aufgehängtes Korkkügelchen zuerst von einer geriebenen Siegellackstange angezogen, nach der Berührung mit derselben aber abgestoßen?

Weil dem Korkkügelchen bei Berührung mit der electrisirten Siegellackstange die Electricität derselben mitgetheilt und diese durch den seidenen Faden, der ein Nichtleiter der Electricität ist, nicht abgeleitet wird, die beiden gleich electrischen Körper aber einander abstoßen müssen. Berührt man aber nach jeder Abstoßung das Korkkügelchen mit dem Finger, so wird seine Electricität abgeleitet, und es kann als unelectrisch von der Siegellackstange wieder angezogen werden.

415. Warum hüpfen kleine leichte Markkügelchen (am besten aus dem Mark der Sonnenblume gemacht) auf einem Tische auf und nieder, wenn man ein durch Erwärmung und Reiben mit Gummi electrisch gemachtes Stück Papier darüber hält?

Weil die Kügelchen zuerst als unelectrisch von dem Papier angezogen, dann, an demselben electrisch geworden, wieder abgestoßen werden, auf die Tischplatte fallen, hier die Electricität durch Ableitung verlieren und wieder angezogen werden. Auch feiner Sand geräth in eine solche Bewegung, wenn man das geriebene Papierblatt darüber hält, und erzeugt beim Anschlagen an das Papier ein Geräusch wie feiner Regen.

416. Warum verlieren zwei Korkkügelchen, von denen das eine durch eine geriebene Siegellackstange, das andere durch einen geriebenen Glasstab electrisirt ist, ihre Electricität vollständig, sobald man sie mit einander in Berührung bringt?

Weil die beiden Korkkügelchen entgegengesetzte Electricitäten besitzen, das eine durch die Siegellackstange Harzelectricität oder negative, das andere durch den Glasstab Glaselectricität oder positive Electricität angenommen hat, und diese beiden Electricitäten bei der Berührung der beiden Korkkügelchen sich mit einander vereinigen und einander in ihren Wirkungen aufheben. Sie erscheinen darum nach der Berührung als nichtelectrische Körper. Das Vorhandensein entgegengesetzter Electricitäten wurde zuerst von dem Franzosen *du Fay* im Jahre 1733 entdeckt.

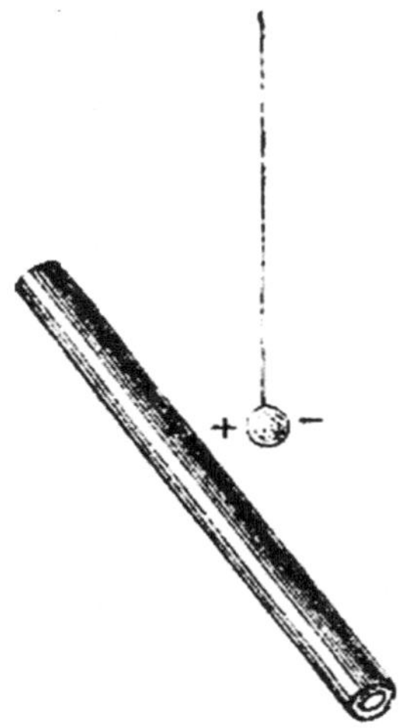

Fig. 101.

417. Warum werden überhaupt nichtelectrische Körper von electrischen angezogen und zwar schon aus beträchtlicher Entfernung?

Weil die in jedem Körper von Natur vorhandenen beiden entgegengesetzten Electricitäten, die sich aber in gebundenem Zustande befinden und darum unwirksam sind, durch die Annäherung eines electrischen Körpers getrennt oder vertheilt werden, und der electrische Körper nun die ungleichartige Electricität des nicht electrischen anzieht, um sich mit ihr auszugleichen. Ist eine Siegellackstange durch Reiben electrisch gemacht, so enthält sie *freie* negative Electricität. Nähert man ihr ein an einem Seidenfaden aufgehängtes Korkkügelchen, so werden in letzterem die bisher *gebundenen* Electricitäten vertheilt, und die positive begiebt sich auf die der Siegellackstange zugewandte Seite, die negative auf die entgegengesetzte. Berührt das Korkkügelchen die Siegellackstange, so vereinigen sich die beiden entgegengesetzten Electricitäten, und es bleibt nur freie negative Electricität in dem Kügelchen zurück. Berührt man vorher das Kügelchen mit dem Finger, so wird die negative Electricität abgeleitet, und die zurückbleibende positive Electricität des Kügelchens strebt um so heftiger sich mit der negativen der Siegellackstange zu vereinigen; das Kügelchen wird aber nach dieser Vereinigung wieder unelectrisch. Alle electrische Anziehung beruht also nur auf dem Bestreben entgegengesetzter Electricitäten, sich auszugleichen. Dieses Bestreben nennt man auch electrische *Spannung*.

418. Warum sehen wir bisweilen, namentlich im Dunkeln, Funken überspringen, wenn wir den Fingerknöchel einer stark geriebenen Siegellackstange nähern?

Weil, wenn die electrische Spannung so groß ist, daß die entgegengesetzten Electricitäten, um sich zu vereinigen, die zwischen ihnen befindliche Luftschicht durchbrechen, ihre Vereinigung von einer Wärme- und Lichtentwicklung begleitet ist, welche die Erscheinung eines Funkens bewirkt. Der electrische Funke ist daher immer das Zeichen einer *wirklichen* Ausgleichung der getrennten Electricitäten, während Anziehung und Abstoßung nur ein *Streben* zur Ausgleichung bezeichnen.

Fig. 102.

419. Warum kann man kleine Electricitätsmengen, die sich durch gewöhnliche Anziehungserscheinungen nicht mehr verrathen, doch noch mit Hülfe eines sogenannten Electroskops erkennen? (Fig. 102.)

Weil bei Annäherung eines electrischen Körpers an die Kugel eines Electroskops die Electricität in dieser und in den durch einen Draht damit verbundenen beiden Strohhälmchen oder Goldblättchen vertheilt wird, die gleichnamige Electricität daher in die äußersten Spitzen der feinen Blättchen flieht, und diese nun in Folge der abstoßenden Wirkung auseinander fahren müssen. Um jeden störenden Luftzug fern zu halten, sind die Blättchen gewöhnlich in ein Glas eingeschlossen. Man kann das Electroskop auch benutzen, um die Art der Electricität zu erkennen, welche ein Körper besitzt. Berührt man nämlich die Kugel desselben mit einem Körper, dessen electrischen Zustand man genau kennt, z. B. mit einer geriebenen Harzstange, so behält das Electroskop auch nach Entfernung dieses Körpers die ihm mitgetheilte Electricität. Nähert man dann der Kugel einen Körper, dessen electrischen Zustand man prüfen will, so werden die Blättchen noch weiter auseinanderfahren, wenn der zu prüfende Körper die gleiche Electricität, sich aber nähern oder gänzlich zusammenfallen, wenn er die entgegengesetzte Electricität besitzt.

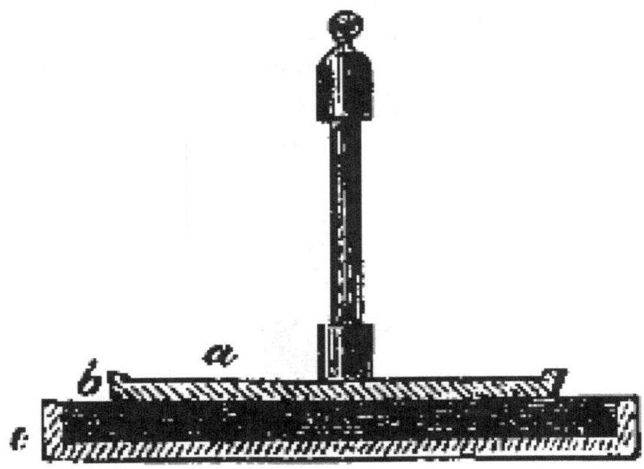

Fig. 103.

420. Warum kann man einem Electrophor, wenn er einmal electrisch gemacht ist, noch nach Wochen und Monaten Funken entziehen?

Weil in dem Electrophor die beiden entgegengesetzten Electricitäten gebunden sind und daher nicht fortströmen können, aber sofort wieder frei werden, wenn man den Deckel desselben aufhebt. Der von *Volta* in Padua im Jahre 1775 erfundene Electrophor (Fig. 103) besteht nämlich aus einem Harzkuchen (b), der in eine metallene Form (c) gegossen ist, und einem metallenen Deckel (a), der mit nichtleitenden seidenen Schnüren, oder einem nichtleitenden gläsernen Handgriff versehen ist. Durch Schlagen mit einem Fuchsschwanz oder Katzenpelz wird der Harzkuchen negativ electrisch. Setzt man dann vermittelst eines nichtleitenden Handgriffs den Deckel darauf, so wird in diesem eine electrische Vertheilung bewirkt, die positive Electricität von der negativen des Harzkuchens angezogen oder gebunden, die negative abgestoßen und an der oberen Fläche des Deckels angehäuft. Berührt man den Deckel daher mit einem Finger, so wird alle negative Electricität daraus abgeleitet, und der Deckel enthält nur noch positive

Electricität, die aber durch die negative des Harzkuchens gebunden ist. Hebt man dann den Deckel ab, so wird seine positive Electricität frei. Berührt man dann gleichzeitig mit einem Finger den Deckel, mit einem andern Finger den Harzkuchen, so verbinden sich beide freie Electricitäten wieder, und man sieht einen Funken überspringen und empfindet zugleich einen Schlag in den Fingern. So lange also der Deckel auf dem Harzkuchen liegt, sind die Electricitäten gebunden, und sie werden erst frei, wenn man den Deckel aufhebt, gleichviel nach welcher Zeitdauer es geschieht.

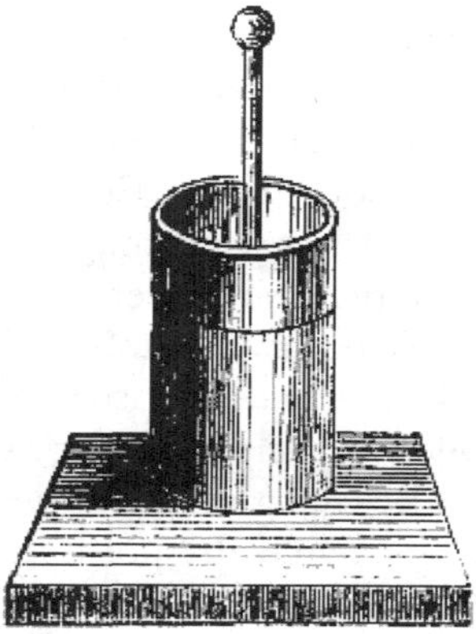

Fig. 104.

421. Warum fühlt man eine so heftige Erschütterung, wenn man eine mit Electricität geladene sogenannte *electrische Flasche* oder *Leydener Flasche* in die Hand nimmt und mit der anderen Hand den Kopf derselben berührt?

Fig. 105.

Weil in einer solchen Flasche bedeutende Mengen entgegengesetzter Electricitäten angehäuft sind, die einander gebunden halten, so lange sie durch das Glas getrennt sind, die sich aber mit großer Heftigkeit vereinigen, sobald sie den Weg durch einen gutleitenden Körper nehmen können, und wenn dies der menschliche Körper ist, eine heftige Nervenerschütterung in demselben veranlassen müssen. Eine electrische Flasche (Fig. 104) ist ein gewöhnliches cylinderförmiges Glas, das außen und innen mit Zinnfolie (Stanniol) belegt ist, doch so, daß oben ein Rand von 2–4 Centimeter Breite freibleibt. Zur inneren Belegung führt ein Metallstab, der oben in eine Kugel endet. Man ladet diese Flasche mit Electricität, indem man sie in die eine Hand nimmt, mit der anderen den Deckel des Electrophors aufhebt, nachdem man ihn zuvor mit dem Finger berührt hat, ihn dem Knopf der Flasche nähert und einen Funken überspringen läßt, dann den Electrophordeckel wieder auf den Harzkuchen legt, wieder mit dem Finger berührt, wieder aufhebt und dem Knopf der Flasche nähert. Bei jedesmaliger Berührung des Knopfes wird durch den Electrophordeckel der inneren Belegung der Flasche positive Electricität mitgetheilt, die dann durch das Glas vertheilend auf die Electricitäten in der äußeren Belegung wirkt, die negative Electricität anzieht, die positive abstößt. Hält man die Flasche in der Hand, berührt man also die äußere Belegung, so wird alle positive Electricität aus derselben in den Erdboden abgeleitet. Wiederholt man das Verfahren, so sammelt sich in der äußeren Belegung negative Electricität an, die sich aber nicht entfernen kann, weil sie durch die positive Electricität der inneren Belegung gebunden wird. Berührt man aber mit der einen Hand die äußere Belegung, mit der anderen den Knopf, der mit der inneren Belegung in Verbindung steht, so stellt man eine leitende Verbindung zwischen beiden Belegungen her, und die beiden Electricitäten können sich dann vereinigen, indem sie ihren Weg durch den menschlichen Körper nehmen. Es können auch mehrere Personen eine solche leitende Verbindung herstellen, wenn dieselben einander an den Händen anfassen, die erste dann die äußere Belegung der Flasche und die letzte den Knopf derselben berührt. Sie empfinden dann alle zugleich die Erschütterung oder den electrischen Schlag. Dieser Schlag kann noch mehr verstärkt werden, wenn man mehrere electrische Flaschen so mit einander verbindet, daß ihre äußeren Belegungen durch die Stanniolbelegung des Brettes, auf dem sie stehen, in leitender Verbindung mit einander sind, während zugleich ihre inneren Belegungen durch einen von Knopf zu Knopf gehenden Draht in Zusammenhang stehen. Man nennt eine solche Einrichtung eine *electrische Batterie.* Will man eine Flasche oder eine Batterie entladen, ohne den Erschütterungsschlag zu empfinden, so bedient man sich dazu eines sogenannten *Ausladers* (Fig. 105), d. h. eines gebogenen Drahtes, der an beiden Enden in Metallkugeln ausläuft und in der Mitte mit einem gläsernen, also nichtleitenden Griff versehen ist. Die beiden Electricitäten nehmen dann ihren Weg durch diesen Draht, ohne den menschlichen Körper zu berühren. – Die Wirkung des electrischen Schlages ist bei starken Batterien so groß, daß feine Goldblättchen oder dünne Metalldrähte, durch welche man den Schlag hindurchleitet, geschmolzen oder verflüchtigt, dünne Brettchen oder Glasscheiben durchbohrt, leicht brennbare Körper entzündet werden. Die ersten Versuche mit der electrischen Flasche wurden von dem Domherrn v. *Kleist* in Kammin in Pommern im Jahre 1745 und ein halbes Jahr später von *Cunaeus* in Leyden angestellt. Man nennt deshalb die Flasche auch bald Kleist'sche, bald Leydener Flasche.

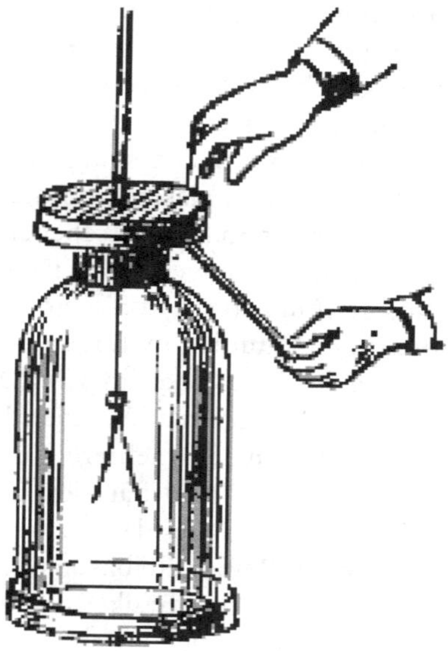

Fig. 106.

422. Warum ist ein sogenannter Condensator für schwache Electricitäten noch viel empfindlicher, als ein gewöhnliches Electroskop? (Fig. 106.)

Weil der Condensator statt der Kugel des Electroskops mit einer sorgfältig abgeschliffenen Metallplatte versehen ist, die oben mit einer ganz dünnen Firnißschicht überzogen ist, und wenn nun eine zweite ähnliche, aber mit gläsernem Griff versehene Platte, die zuvor mit dem zu prüfenden schwachelectrischen Körper berührt wurde, darauf gesetzt wird, die dieser mitgetheilte Electricität die entgegengesetzte in der unteren Platte anziehen, diese aber wieder anziehend und bindend auf die Electricität der oberen Platte wirken muß, dadurch aber weit mehr Electricität aus dem berührenden Körper in die Platte übergeht, als sonst geschehen würde. Es geschieht also beim Condensator ganz dasselbe wie bei der Leydener Flasche, da die trennende Firnißschicht hier die Stelle des Glases vertritt. Der Condensator wurde von *Volta* im Jahre 1782 erfunden.

423. Warum erhält man weit kräftigere Funken, wenn man den Finger dem Conductor einer Electrisirmaschine, als wenn man ihn der Scheibe derselben nähert?

Weil die gläserne Scheibe der Electrisirmaschine als schlechter Leiter die Electricität nur von der nächsten Stelle abgiebt, während der metallische Conductor als guter Leiter alle in ihm vorhandene Electricität auf einmal abgiebt. Eine Electrisirmaschine besteht gewöhnlich aus einem gläsernen Cylinder oder besser einer runden Scheibe aus starkem Spiegelglas, die durch eine Kurbel um eine Achse gedreht wird und sich dabei an dem sogenannten Reibzeug reibt, das aus zwei Lederkissen besteht, die mit einem Amalgam von Zinn, Zink und Quecksilber bestrichen sind. Der Conductor ist eine hohle Messingkugel, welche auf einem gläsernen Fuße steht, und ist dazu bestimmt, vermittelst besonderer mit Spitzen versehener Saugarme die in der Glasscheibe durch Reiben erzeugte positive Electricität aufzunehmen. Auch am Reibzeuge befindet sich gewöhnlich ein Conductor, welcher die negative Electricität desselben aufnimmt. Natürlich muß man die eine Electricität in den Boden ableiten, wenn man die andere im Conductor sammeln will. Nähert man dem Conductor einen anderen leitenden Körper, so springen Funken über, die bei großen Maschinen mehrere Zoll lang sein können. Ebenso kann man aber auch die Electricität des Conductors auf eine Leydener Flasche überführen und diese dadurch laden. – Die ersten wirklichen Electrisirmaschinen mit Reiber, Reibzeug und Conductor wurden um das Jahr 1744 von den deutschen Physikern *Hausen* und *Winkler* in Leipzig, *Bose* in Wittenberg u. A. angefertigt.

424. Warum kann man aus dem Körper eines Menschen, der auf einem sogenannten *Isolirschemel*, d. h. einem Schemel mit gläsernen Beinen, steht und zugleich den Conductor einer in Thätigkeit gesetzten Electrisirmaschine berührt, Funken ziehen?

Weil die gläsernen Füße jede Ableitung der aus dem Conductor in den menschlichen Körper überströmenden Electricität verhindern, dieser also gleichsam zu einem Theile des Conductors gemacht wird und alle Eigenschaften desselben theilen muß.

425. Warum kann man einem Conductor keine Funken mehr entlocken, wenn man eine metallische Spitze daran angebracht hat?

Weil alle Theile einer und derselben Electricität sich nach dem Gesetze der Abstoßung von einander zu entfernen streben, alle in den Conductor übergehende Electricität daher sich in der Spitze anzuhäufen strebt und, da ihr die Luft hier nur einen geringen Widerstand leistet, in diese ausströmt. Man kann dieses Ausströmen der Electricität empfinden, wenn man die flache Hand über die Spitze hält; sie erzeugt nämlich hier, indem sie die umgebende Luft abstößt, einen Luftzug, den sogenannten electrischen Wind.

Im Dunkeln sieht man sie auch in Form eines Strahlenbüschels ausströmen, doch nur, wenn die ausströmende Electricität positiv ist, dagegen in Form eines kleinen leuchtenden Sterns, wenn sie negativ ist. Wegen dieses Ausströmens der Electricität muß man bei der Electrisirmaschine Alles vermeiden, was dasselbe begünstigt, also Spitzen und scharfe Kanten, sowie eine Umgebung feuchter Luft. Daher dürfen nicht zu viele Menschen bei Versuchen mit der Electrisirmaschine anwesend sein. Am trockensten pflegt die Luft im Winter in geheizten Zimmern zu sein.

426. Warum ist es gefährlich, sich während eines Gewitters unter einen hohen Baum zu stellen?

Weil das Gewitter eine electrische Erscheinung im Großen ist, die gewöhnlich auf einer Ausgleichung mit entgegengesetzten Electricitäten geladener Wolken beruht, bei welcher bisweilen aber auch eine Ausgleichung zwischen der Electricität einer Wolke und der entgegengesetzten des Erdbodens und zwar vorzugsweise der der Wolke zunächst gelegenen, also höchsten Gegenstände des Erdbodens stattfindet, die man Einschlagen nennt, und die oft mit furchtbaren Zerstörungen verbunden ist. Wenn nämlich eine mit positiver Electricität geladene Wolke sich gegen den Erdboden herabgesenkt hat, so strömt die entgegengesetzte Electricität nach dem Gesetze der Vertheilung in die der Wolke am nächsten gelegenen Gegenstände, und beide Electricitäten vereinigen sich endlich in dem einschlagenden Blitze, indem sie den Zwischenraum der Luft durchbrechen. Natürlich folgt die irdische Electricität, wenn sie der Wolke, um sich mit ihrer entgegengesetzten Electricität zu vereinigen, entgegenströmt, vorzugsweise den guten Leitern, zu denen besonders Metalle, Wasser, feuchter Boden, aber auch saftreiche Bäume gehören. Nichtleiter, die sie auf ihrem Wege findet, werden gewaltsam durchbrochen und zerschmettert. Da das Holz des Baumes nur ein mittelmäßiger Leiter ist, so wird auch der Baum meist vom Blitze zerschmettert. Metalle, durch welche die Entladung hindurchgeht, werden oft geschmolzen, leicht brennbare Körper entzündet, Thiere und Menschen getödtet oder gelähmt.

427. Warum schützen Blitzableiter auf Gebäuden vor den gefährlichen Wirkungen des Blitzes?

Weil die hoch über das Gebäude emporragende eiserne Auffangestange des Blitzableiters, vermöge der bekannten Wirkung der Spitzen, der electrischen Wolke beständig die entgegengesetzte Electricität des Erdbodens zuleitet und dadurch ihre Electricität entweder aufhebt oder doch sehr verringert. Selbst wenn die aus der Spitze ausströmende Electricität nicht im Stande ist, das Einschlagen des Blitzes aus der zu schnell sich nähernden Wolke zu hindern, so wird doch der Blitz vorzugsweise die hohe Stange des Blitzableiters treffen und, da diese außerhalb am Gebäude herunter in den feuchten Erdboden geführt ist, seinen Weg diesen guten Leiter entlang nehmen und das Gebäude selbst unberührt lassen. Allerdings schützt der Blitzableiter ein Gebäude ringsum nur etwa auf eine Entfernung, welche der doppelten Höhe der Auffangestange über die höchsten Theile des Hauses gleich ist. Erfinder des Blitzableiters ist der berühmte Amerikaner *Franklin*, der auch zuerst durch einen mit Hülfe eines aufsteigenden Papierdrachens angestellten Versuch im Juni 1752 die electrische Natur des Gewitters nachwies.

428. Warum vernimmt man beim Einschlagen des Blitzes in der Nähe nur einen einfachen Donnerschlag ohne nachfolgendes Rollen?

Weil der Donner nur durch die Schwingungen der vom Blitz durchbrochenen und erschütterten Luftmassen entsteht, diese Luftschwingungen aber, wenn die Wolke sich nahe über uns befindet, sämmtlich fast in dem gleichen Augenblick unser Ohr treffen müssen, während, wenn der Blitz von Wolke zu Wolke, von Wasserbläschen zu Wasserbläschen überspringt, also einen weiten Weg durchläuft, die durch die einzelnen überspringenden Blitze erzeugten Luftschwingungen erst allmählich je nach der Entfernung in unser Ohr kommen und darum als eine Reihe von Donnerschlägen, als ein Rollen empfunden werden.

429. Warum beschreibt der Blitz gewöhnlich eine Zickzacklinie?

Weil der Blitz, indem er von Wasserbläschen zu Wasserbläschen überspringt, beständig durch plötzliche Erhitzung die Luft aus der Stelle treibt und darum vor sich her verdichtet, die dichtere Luft aber die Electricität nun weniger gut leitet, und der Blitz so veranlaßt wird, immer wieder vom graden Wege abzugehen und sich seitwärts in weniger dichter, also besser leitender Luft einen Ausweg zu suchen.

430. Warum ziehen die meisten Gewitter bei uns gegen den Wind?

Weil die meisten Gewitter bei uns entstehen, wenn in unserer Atmosphäre ein herrschender Aequatorialstrom von unten her durch die schwerere kältere Luft eines Polarstromes verdrängt wird, also wenn die Windfahne sich von West durch Nordwest nach Nord dreht. Die Gewitter ziehen daher mit nördlichem Winde auf, nachdem vorher südliche Winde geweht hatten. Sie machen uns dadurch den eingetretenen Windwechsel erkennbar, der eine Ursache, aber nicht eine Folge der Gewitter ist. Solche Gewitter kühlen auch das Wetter ab, weil die kälteren Nordwinde mit ihnen zur Herrschaft gelangen.

431. Warum sieht man bisweilen während eines Gewitters die Spitzen von hohen Gegenständen, namentlich von Thürmen, Schiffsmasten, hohen Bäumen, leuchten?

Weil die in Folge der Einwirkung electrischer Wolken an der Oberfläche der Erde angehäufte Electricität aus solchen hervorragenden, in Spitzen auslaufenden Gegenständen fortwährend ausströmt und dann in der Dunkelheit als Lichtbüschel erscheint. Man nennt diese Erscheinung das *St. Elmsfeuer* und beobachtet sie häufiger bei heftigen Stürmen und Wintergewittern als bei Sommergewittern. Sie zeigt sich auf freiem Felde oft auch an Gesträuch, an den Ohren und Mähnen der Pferde, selbst an den Fingerspitzen.

Als *Wetterleuchten* bezeichnen wir den aufflackernden, oft sehr hellen Lichtschein, der ohne allen Donner besonders an heißen Sommerabenden, selbst ohne vorangegangenes Gewitter und oft an ganz wolkenfreiem Horizont erscheint. Es mag zum Theil von Gewittern herrühren, die allzu entfernt sind, als daß wir den Donner zu vernehmen vermöchten, zum Theil aber auch durch den Widerschein solcher Blitze am Himmel entstehen, welche von Wolken unter dem Horizont ausgehen. Bisweilen dürfte aber diese Erklärung nicht ausreichen, und an das freiwillige Ausströmen der Electricität aus starken geladenen Wolken zu denken sein, wie es auch beim stark geladenen Conductor einer Electrisirmaschine erfolgt, wenn kein leitender Gegenstand innerhalb der Schlagweite vorhanden ist.

Das *Nordlicht* oder vielmehr *Polarlicht*, weil es auch in Südpolarländern am südlichen Horizonte auftritt, ist eine besonders in Polargegenden häufige Lichterscheinung, die mit dem Ausströmen der Electricität im Dunkeln einige Aehnlichkeit hat und unzweifelhaft mit dem Erdmagnetismus in Verbindung steht, da sie unregelmäßige Schwankungen oder Störungen der Magnetnadel oft auf weite Strecken hin und schon am Tage vor ihrer Sichtbarkeit bewirkt. Das Nordlicht erscheint am Himmel als ein hellleuchtender, ein dunkleres Segment umschließender, weißer Lichtbogen, dessen Mittelpunkt ungefähr im magnetischen Meridian liegt. Von dem hellen Lichtbogen, der abwechselnd auch in gelbe, rothe und violette Farben spielt, fahren von Zeit zu Zeit nach allen Richtungen weiße und rothe Lichtbüschel aus, die sich bis zum Zenith und über dasselbe hinaus erstrecken und mit dunkeln Streifen wechseln, bisweilen sich auch im Zenith zur sogenannten Krone vereinigen. Als Ursache des Nordlichts nimmt man die Erzeugung von electrischen Strömen in Folge der Achsendrehung der gleichsam einen großen Magneten darstellenden Erde an, wie sie bei rotirenden künstlichen Magneten von *Faraday* nachgewiesen wurde.

432. Warum empfindet man einen sauren oder laugenhaften Geschmack, wenn man die Zungenspitze zwischen einen blanken Kupferstreifen und einen blanken Zinkstreifen bringt und dann beide Metallstreifen außerhalb vor dem Munde in Berührung mit einander setzt?

Weil zwei verschiedene Metalle bei gegenseitiger Berührung einander electrisch erregen, und diese Electricität, wenn sie auch so schwach ist, daß sie sonst nicht bemerkt werden kann, doch wenigstens durch ihre Wirkung auf die Geschmacksnerven sich bemerklich macht. Der Geschmack ist sauer, wenn das Kupfer auf der Zunge liegt, laugenhaft, wenn das Kupfer unter der Zunge liegt. Auch auf die Gesichtsnerven macht die Electricität einen Eindruck. Legt man einen Kupferstreifen an das rechte, einen Zinkstreifen an das linke Zahnfleisch der oberen Kinnlade, und bringt man dann die vorderen Enden der Metallstreifen mit einander in Berührung, so empfindet man vor den Augen einen vorübergehenden Lichtschimmer. Man nennt diese durch Berührung verschiedener Metalle erzeugte Electricität Berührungs- oder galvanische Electricität. Daß wirklich Electricität dabei im Spiele ist, kann man erkennen, wenn man zwei mit isolirenden Glasgriffen versehene Metallplatten, die eine aus Kupfer, die andere aus Zink, mit ihren geschliffenen Flächen aufeinander legt und nach der Trennung jede derselben am Condensator prüft. Das Auseinanderfahren der Goldblättchen beweist dann ihre electrische Eigenschaft. Diese Berührungselectricität wurde zuerst von *Galvani* in Bologna im Jahre 1786 entdeckt, aber erst von *Volta* in Pavia im Jahre 1800 richtig erkannt.

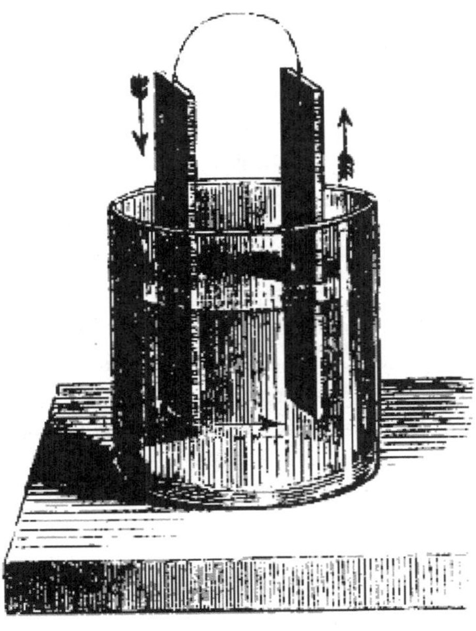

Fig. 107.

433. Warum erhält man eine weit stärkere electrische Wirkung, wenn man eine Kupfer- und eine Zinkplatte, ohne daß sie einander berühren, in eine gesäuerte Flüssigkeit taucht und dann an ihren hervorragenden Enden durch einen Metalldraht leitend verbindet, als wenn man sie trocken an einander legt?

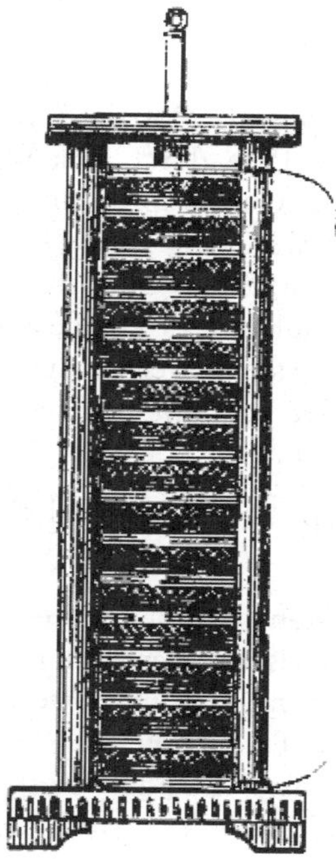

Fig. 108.

Weil die Metalle in Berührung mit Flüssigkeiten, namentlich gesäuerten, kräftiger electrisch erregt werden, als bei gegenseitiger Berührung. Taucht man eine Zinkplatte in eine gesäuerte Flüssigkeit, so wird das Zink negativ, die Flüssigkeit positiv electrisch. Taucht man auch eine Kupferplatte ein, so nimmt diese als guter Leiter die positive Electricität der Flüssigkeit auf, und verbindet man beide Platten durch einen Kupferdraht, so erfolgt durch diesen die Wiedervereinigung der getrennten Electricitäten. Da aber das Zink mit der Flüssigkeit in Berührung bleibt, so werden beide in demselben Augenblicke wieder electrisch, die positive Electricität strömt wieder vom Kupfer zum Zink. So besteht eine immerwährende Erregung und Ausgleichung der Electricitäten, und dadurch unterscheidet sich diese galvanische Electricität wesentlich von der Reibungselectricität, bei welcher immer nur augenblickliche Ausgleichungen möglich sind. Man nennt daher auch diese fortdauernde Bewegung einen electrischen Strom und sagt, daß der positive Strom vom Kupfer zum Zink gerichtet sei. Die Einrichtung selbst nennt man eine einfache galvanische Kette, oder ein galvanisches Element (Fig. 107). Man kann aber auch mehrere solcher Elemente zusammensetzen, indem man die Zinkplatte des ersten Elements mit der Kupferplatte des zweiten, die Zinkplatte des zweiten Elements mit der Kupferplatte des dritten etc. durch einen Kupferdraht leitend verbindet. Eine solche zusammengesetzte Kette nennt man eine galvanische *Batterie.* Die äußersten unverbundenen Glieder derselben heißen ihre Pole und zwar die äußerste Kupferplatte der positive Pol, die äußerste Zinkplatte der negative Pol. Verbindet man diese Pole durch einen Leitungsdraht, so geht der (positive) electrische Strom vom Kupfer zum Zink. Man nennt in diesem Falle die Kette *geschlossen*, während sie *geöffnet* heißt, wenn kein Leitungsdraht die Pole verbindet. Die einfachste und älteste Form einer galvanischen Batterie ist die voltaische Säule (Fig. 108), die aus übereinandergeschichteten Zink- und Kupferplatten besteht, welche durch angefeuchtete Tuch- oder Pappscheiben von einander getrennt sind. Sie wurde zuerst von *Volta* in Pavia im Jahre 1800 construirt.

434. Warum verlieren solche galvanische Ketten sehr bald ihre Wirksamkeit?

Weil sowohl die Platten als die Säuren chemische Veränderungen erleiden, welche die electrische Bewegung schwächen. Dauernde oder constante galvanische Ketten erhält man, wenn man die beiden Metalle in verschiedene Flüssigkeiten taucht, die nur durch eine poröse Wand von einander getrennt sind, also einander berühren und darum gleichfalls electrisch erregen. Zu den wirksamsten solcher Ketten gehören die *Grove*'sche und die *Bunsen*'sche. Erstere besteht aus Zink und Platina. Das Platinablech befindet sich in einer mit Salpetersäure gefüllten Thonzelle, die Zinkplatte in einem größeren, mit verdünnter Schwefelsäure gefüllten Gefäß. In dieses letztere wird die poröse Thonzelle getaucht, so daß also die beiden Säuren nur durch die poröse Scheidewand getrennt sind. Bei der *Bunsen*'schen Batterie wird statt des Platina's ein massiver Kohlencylinder angewandt. In neuerer Zeit hat auch die *Smee*'sche Kette eine sehr verbreitete Anwendung gefunden. Sie besteht aus Zink, Silber und verdünnter Schwefelsäure. Das Silberblech ist aber mit einem Ueberzug von sehr fein zertheiltem Platin, sogenanntem Platinmohr, versehen, welcher den Zweck hat, das die Wirkung schwächende Anhängen der sich bildenden Wasserstoffbläschen zu verhindern, indem er demselben feine Spitzen darbietet. Um beide Seiten der Silberplatte wirksam zu machen, ist jeder Seite derselben eine Zinkplatte gegenübergestellt; beide Zinkplatten sind aber unter sich zu einem Element verbunden. Solche constante Ketten bringen sehr kräftige Wirkungen hervor, die im Allgemeinen denjenigen gleichen, welche der Funken der electrischen Flasche erzeugt. Besonders stark sind ihre Licht- und Wärmewirkungen.

435. Warum kann man aus großer Entfernung eine Mine entzünden, wenn man von dem einen Pole einer galvanischen Batterie einen

Leitungsdraht bis zum Pulver leitet und hier durch einen sehr feinen Eisendraht mit einem zweiten Leitungsdraht verbindet, der zum anderen Pole der Batterie zurückkehrt?

Weil in demselben Augenblicke, in welchem der zweite Leitungsdraht den Pol der Batterie berührt, die Kette geschlossen ist, der electrische Strom daher den ganzen Leitungsdraht durchläuft und den eingeschalteten dünnen Eisendraht glühend macht, so daß dieser das Pulver entzündet. Die Länge des Weges ist für den Strom kein Hinderniß, da er die größten Strecken in fast unmeßbarer Zeit durchläuft.

436. Warum wird ein Eisenstab, den man in eine Auflösung von Kupfervitriol eintaucht, sehr bald mit metallischem Kupfer überzogen, wenn man gleichzeitig einen Kupferstab eintaucht und durch Drähte den letzteren mit dem positiven, den Eisenstab mit dem negativen Pole einer galvanischen Kette verbindet?

Weil der electrische Strom, welcher durch die beiden Metalle in Berührung mit der Flüssigkeit erregt wird, den Kupfervitriol chemisch zersetzt und metallisches Kupfer daraus abscheidet, welches sich an dem negativen Pole, also an dem Eisen absetzt. Auf dieser Zersetzung metallischer Salzlösungen durch den electrischen Strom beruht die *Galvanoplastik*, d. h. die Kunst, plastische Gegenstände, wie Münzen, Gypsabdrücke, Holzschnitte, Kupferstiche etc., in Kupfer treu nachzubilden. Gewöhnlich bedient man sich dazu eines weiten Glasgefäßes, in welches vermittelst eines Drahtringes ein kurzer, unten nur durch eine Thierblase geschlossener Glascylinder eingehängt wird. In dem größeren Gefäße befindet sich die Kupfervitriollösung, in dem kleineren verdünnte Schwefelsäure. Dann wird ein starker Zinkstreifen mit einem Kupferstreifen zusammengelöthet und so gebogen, daß der Zinkstreifen in das engere Gefäß hinabhängt, während der Kupferstreifen in das weitere, mit der Vitriollösung gefüllte taucht und grade unter dem Boden des engeren Gefäßes eine wagerechte Fläche bildet, auf welche die in Kupfer nachzubildende Form gelegt werden kann. Diese Form verschafft man sich durch einen Abguß in Wachs oder Stearin, dessen Oberfläche man dann mit feinem Graphit- oder Broncepulver bepinselt und dadurch leitend macht. Der Strom, der hier zwischen Zink und Kupfer durch beide Flüssigkeiten erregt wird, ist nur schwach, genügt aber, die Vitriollösung zu zersetzen und im Laufe einiger Tage den Abdruck mit einer dicken Kupferschicht zu überziehen, welche genau der Form des Abdrucks entspricht. Auch die galvanische Vergoldung und Versilberung geschieht in ähnlicher Weise. Die Galvanoplastik wurde von *Jacobi* in Dorpat und von *Spencer* in England im Jahre 1838 fast gleichzeitig erfunden.

437. Warum wird Eisen durch einen Zinküberzug vor dem Rosten bewahrt?

Weil Zink und Eisen eine galvanische Kette bilden, in welcher Zink das positive, Eisen das negative Metall darstellt. Wenn durch diese galvanische Kette in Berührung mit Feuchtigkeit das Wasser zersetzt wird, so scheidet sich der Sauerstoff desselben stets am positiven Pole, also hier am Zink, aus, während das Eisen davon befreit bleibt. Da aber dieser Sauerstoff die Ursache des Rostens des Eisens ist, so muß das Eisen in Gegenwart von Zink rein bleiben. In Verbindung mit Kupfer würde das Entgegengesetzte stattfinden; das Eisen würde dann das positive Metall sein, und an diesem also der Sauerstoff sich ausscheiden. Daher rosten eiserne Nägel in kupfernen Bedachungen sehr leicht.

438. Warum wird eine Magnetnadel in der Nähe electrischer Ströme zur Ortsbestimmung unbrauchbar?

Weil eine frei bewegliche Magnetnadel durch einen electrischen Strom aus ihrer Nordrichtung abgelenkt wird, und zwar nach Osten, wenn der Strom über der Nadel von Norden nach Süden, – nach Westen, wenn er unter der Nadel von Norden nach Süden geht; ebenso nach Westen, wenn der Strom über der Nadel von Süden nach Norden, – nach Osten, wenn er unter der Nadel von Süden nach Norden geht. Denkt man sich in den vom electrischen Strome durchlaufenen Leitungsdraht eine menschliche Figur so eingeschaltet, daß der positive Strom von den Füßen nach dem Kopfe geht, und das Gesicht der Figur nach der Nadel gewendet ist, so wird die Magnetnadel immer so abgelenkt, daß ihr Nordende sich nach links, ihr Südende nach rechts wendet. Diese Ablenkung ist so empfindlich, daß man sie benutzt, um sehr schwache electrische Ströme nachzuweisen. Man verstärkt zu dem Zwecke die Wirkung des Stromes auf die Magnetnadel, indem man den Leitungsdraht in vielen Windungen über und unter der Nadel herumführt. Man nennt eine solche Vorrichtung einen *Multiplicator*. Die Einwirkung des electrischen Stromes auf die Magnetnadel wurde von *Oersted* in Kopenhagen im Jahre 1820 entdeckt, und noch in demselben Jahre erfand *Schweigger* in Halle den Multiplicator.

Fig. 109.

439. Warum erhält ein Stab aus weichem, nicht magnetischem Eisen die Eigenschaft Eisen anzuziehen, wenn man einen mit Seide übersponnenen Kupferdraht um denselben windet, und die Enden des Drahts mit den Polen einer galvanischen Kette verbindet?

Weil der weiche Eisenstab wirklich durch den ihn umkreisenden electrischen Strom in einen Magneten verwandelt wird. Man nennt diesen Magneten einen *Electromagneten.* Durch sehr kräftige electrische Ströme kann man daher auch sehr kräftige Electromagnete erzeugen, die mehrere Centner zu tragen vermögen. Weiches Eisen wird aber nur vorübergehend durch den electrischen Strom magnetisch gemacht; es verliert seinen Magnetismus, sobald der electrische Strom aufhört. Ein Stahlstab aber behält seinen Magnetismus dauernd.

440. Warum stellt sich bei den electrischen Telegraphen der Zeiger auf der entfernten Station immer genau auf denselben Buchstaben, auf welchen der Zeiger der Anfangsstation gerückt wird?

Weil durch die Bewegung des Zeigers auf der ersten Station bei Berührung eines Buchstaben zugleich eine galvanische Kette geschlossen und also ein electrischer Strom durch den langen Leitungsdraht zur entfernten Station geführt wird, hier aber dieser Strom einen kleinen Electromagneten magnetisch macht und ihn dadurch veranlaßt, einen Anker anzuziehen und durch diesen wieder einen kleinen Hebel zu bewegen, der endlich in ein Zahnrad eingreift und dies sammt dem daran befindlichen Zeiger um einen Zahn forttreibt. Sobald der Zeiger auf der ersten Station den Buchstaben oder vielmehr den damit in Verbindung stehenden kleinen Stift verläßt, wird die galvanische Kette geöffnet, der electrische Strom also unterbrochen, und der Electromagnet auf der anderen Station seines Magnetismus beraubt, so daß der Anker wieder fällt, und das Zahnrad mit dem Zeiger still steht. Das Wesen des electrischen Telegraphen beruht also einmal auf der außerordentlichen Geschwindigkeit des electrischen Stromes, die auf 150000 bis 450000 Kilometer in der Secunde geschätzt wird; dann auf der Leitungsfähigkeit der Metalle und des Erdbodens, da der Strom von der einen Station zur zweiten durch einen Kupfer- oder starken Eisendraht geleitet wird, von jeder der beiden Stationen aber in die Erde als Leiter abströmt; endlich auf der Möglichkeit, in jeder Entfernung vermittelst des durch eine Drahtspirale geleiteten electrischen Stromes ein Eisenstück nach Belieben magnetisch zu machen und ihm diese Eigenschaft wieder beliebig zu nehmen.

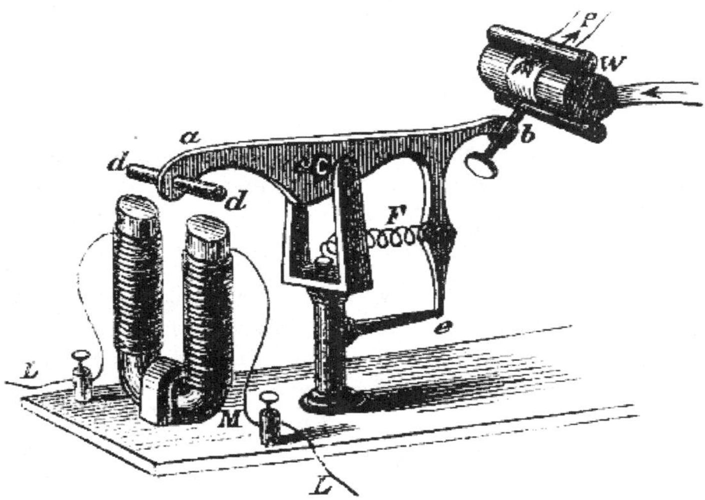

Fig. 110.

Je nach der Art, in welcher die Zeichen gegeben werden, unterscheidet man *Nadel-Telegraphen*, *Zeiger-Telegraphen*, *Druck-* oder *Schreib-Telegraphen* und *Copir-Telegraphen*. Der oben beschriebene ist der *Zeiger-Telegraph*. Bei dem *Nadel-Telegraphen* werden die Zeichen zum Theil durch die Bewegungen einer oder zweier Magnetnadeln gegeben, die an ihrem Ende mit einem Stifte versehen sind, der in einen Farbennapf taucht und auf einem vorübergleitenden Papiere die Spuren der Nadelbewegung als schwarze Punkte hinterläßt. Durch bestimmte Gruppen dieser Punkte werden die verschiedenen Buchstaben bezeichnet; andererseits genügt auch schon das abwechselnde Ausschlagen der Magnetnadel nach links und rechts, um eine Zeichensprache daraus zu bilden. Der seit 1866 in regelmäßigem Betriebe befindliche atlantische Telegraph ist gleichfalls ein Nadel-Telegraph. Der *Schreib-* oder *Druck-Telegraph* (Fig. 110) bewirkt das Aufschreiben der aus der Ferne mitgetheilten Zeichen in noch vollkommnerer Weise. Derselbe besteht in der Hauptsache aus einem aufrechtstehenden, kräftigen Electromagneten, an dessen Anker das Ende eines Hebels befestigt ist, dessen anderes Ende einen kleinen stumpfen Stahlstift trägt. Sobald dieser Hebel durch den Electromagneten angezogen wird, drückt sein Stahlstift auf einen Streifen Papier, welcher durch ein Räderwerk gleichmäßig unter einer Walze hingezogen wird. Wird der Strom unterbrochen, so hört auch die Anziehung des Electromagneten auf, und eine Feder zieht dann den Hebelarm und den Stahlstift von dem Papiere wieder zurück. Je nachdem der Strom also für einen Augenblick oder für längere Zeit geschlossen ist, entstehen eingedrückte Punkte oder Striche auf dem Papier und durch die verschiedenen Verbindungen dieser Punkte und Striche lassen sich dann alle Buchstaben des Alphabets darstellen. Bei dem *Copir-Telegraphen* wird sogar die Handschrift selbst wieder gegeben und es können selbst ganze Zeichnungen und Situations-Pläne telegraphirt werden. Man benutzt nämlich hierbei die farbigen Niederschläge, welche gewisse chemische Substanzen bei der Zersetzung durch den electrischen Strom geben. Eine rotirende Walze wird mit einem in dieser Weise chemisch präparirten Papier bedeckt. Wird nun während der Umdrehung der Walze vermittelst einer Feder ein Stift beständig gegen das Papier gedrückt, so beschreibt dieser Stift, so lange ein electrischer Strom durch ihn hindurch zur Walze geht, auf dem Papier einen farbigen, braunen oder blauen Strich. Läßt man zugleich die Walze nach jeder Umdrehung sich etwa um ½ Millimeter seitwärts verschieben, so wird das ganze Papier allmählich mit schraffirten Linien bedeckt. Jede Unterbrechung des Stromes hat natürlich auch eine Lücke in diesen Linien zur Folge, und wenn diese Unterbrechungen der Form von Buchstaben entsprechen, so erhält man eine weiße Schrift auf schraffirtem Grunde. Um solche Unterbrechungen zu bewirken, stellt man auf der Station, von welcher die Mittheilung ausgeht, eine völlig gleiche und sich gleichbewegende Walze auf, deren Achse mit der Batterie verbunden ist. Ueber diese Walze aber legt man ein Papier, auf welches die Depesche mit firnißhaltiger Schwärze gedruckt oder geschrieben ist. Die Spitze des einen Leitungsdrahts ruht ebenso auf diesem Papier, wie die Spitze des anderen auf dem chemischen Papiere der andern Station, so daß der electrische Strom durch beide Papiere gehen muß. Der Firniß aber unterbricht als Nichtleiter den Strom, so oft der Draht während der Umdrehung der Walze auf ein Schriftzeichen trifft. Drehen sich also beide Walzen mit gleicher Geschwindigkeit, so müssen, da auch die Unterbrechungen des Stromes auf beiden Stationen gleichzeitig geschehen, die Lücken auf dem chemischen Papiere dieselbe Schrift bilden, welche mit der firnißhaltigen Schwärze auf das Blatt der entfernten Station geschrieben war.

Auf einer ganz ähnlichen Einrichtung, wie die electrischen Telegraphen, beruhen auch die *electrischen Uhren*, bei welchen durch die Pendelschläge einer Normaluhr ein electrischer Strom geöffnet und geschlossen und dadurch der Anker eines Electromagneten in Bewegung gesetzt wird, der dann in das Getriebe einer Uhr eingreift und dieses in Bewegung setzt.

Der erste Gedanke einer electrischen Telegraphie rührt wohl von *Sömmering* her, der bereits im Jahre 1808 die Berührungselectricität dazu zu benutzen versuchte. Als die Erfinder wirklich brauchbarer electrischer Telegraphen müssen aber die Professoren *Gauß* und *Weber* gelten, welche im Jahre 1833 zwischen der Sternwarte und dem physikalischen Kabinet in Göttingen die erste telegraphische Verbindung dieser Art herstellten. *Steinheil* in München führte im Jahre 1838 einen neuen glänzenden Fortschritt dieser Erfindung herbei, indem er die Leitungsfähigkeit des Erdbodens benutzte, um den einen Leitungsdraht zu ersparen. *Wheatstone* in England führte im Jahre 1840 den ersten Zeigertelegraphen aus, der durch *Siemens* und *Halske* in Berlin glänzende Verbesserungen erhielt. Der Amerikaner *Morse* (1837) ist der Erfinder des Schreib- und Druck-Telegraphen. Gegenwärtig umspannt das Drahtnetz des electrischen Telegraphen bereits die ganze Erde. Durch Drähte, die in isolirende Kabel eingeschlossen sind, werden selbst unter dem Meere hinweg Continente mit einander telegraphisch verbunden. – Kaum dürfte irgend eine andere Erfindung so tief in das geistige wie materielle Leben der Völker eingegriffen haben, als diese, die den Gedanken mit Blitzesschnelle von Land zu Land über Meere und Wüsten hinweg zu tragen gelehrt hat.
